工程机械运用与维修专业
国家技能人才培养
工学一体化课程标准

人力资源社会保障部

中国劳动社会保障出版社

图书在版编目（CIP）数据

工程机械运用与维修专业国家技能人才培养工学一体化课程标准 / 人力资源社会保障部编 . -- 北京：中国劳动社会保障出版社，2023

ISBN 978-7-5167-6177-9

Ⅰ . ①工… Ⅱ . ①人… Ⅲ . ①工程机械 – 人才培养 – 课程标准 – 技工学校 – 教学参考资料 Ⅳ . ①TU6

中国国家版本馆 CIP 数据核字（2023）第 222453 号

中国劳动社会保障出版社出版发行

（北京市惠新东街 1 号　邮政编码：100029）

*

北京市艺辉印刷有限公司印刷装订　　新华书店经销

787 毫米 ×1092 毫米　16 开本　13.5 印张　302 千字

2023 年 11 月第 1 版　　2023 年 11 月第 1 次印刷

定价：41.00 元

营销中心电话：400-606-6496

出版社网址：http://www.class.com.cn

http://jg.class.com.cn

人力资源社会保障部办公厅关于印发31 个专业国家技能人才培养工学一体化课程标准和课程设置方案的通知

人社厅函〔2023〕152 号

各省、自治区、直辖市及新疆生产建设兵团人力资源社会保障厅（局）：

为贯彻落实《技工教育"十四五"规划》（人社部发〔2021〕86 号）和《推进技工院校工学一体化技能人才培养模式实施方案》（人社部函〔2022〕20 号），我部组织制定了 31 个专业国家技能人才培养工学一体化课程标准和课程设置方案（31 个专业目录见附件），现予以印发。请根据国家技能人才培养工学一体化课程标准和课程设置方案，指导技工院校规范设置课程并组织实施教学，推动人才培养模式变革，进一步提升技能人才培养质量。

附件：31 个专业目录

人力资源社会保障部办公厅

2023 年 11 月 13 日

31 个专业目录

（按专业代码排序）

1. 机床切削加工（车工）专业
2. 数控加工（数控车工）专业
3. 数控机床装配与维修专业
4. 机械设备装配与自动控制专业
5. 模具制造专业
6. 焊接加工专业
7. 机电设备安装与维修专业
8. 机电一体化技术专业
9. 电气自动化设备安装与维修专业
10. 楼宇自动控制设备安装与维护专业
11. 工业机器人应用与维护专业
12. 电子技术应用专业
13. 电梯工程技术专业
14. 计算机网络应用专业
15. 计算机应用与维修专业
16. 汽车维修专业
17. 汽车钣金与涂装专业
18. 工程机械运用与维修专业
19. 现代物流专业
20. 城市轨道交通运输与管理专业
21. 新能源汽车检测与维修专业
22. 无人机应用技术专业
23. 烹饪（中式烹调）专业
24. 电子商务专业
25. 化工工艺专业
26. 建筑施工专业
27. 服装设计与制作专业
28. 食品加工与检验专业
29. 工业设计专业
30. 平面设计专业
31. 环境保护与检测专业

说　明

为贯彻落实《推进技工院校工学一体化技能人才培养模式实施方案》，促进技工院校教学质量提升，推动技工院校特色发展，依据《〈国家技能人才培养工学一体化课程标准〉开发技术规程》，人力资源社会保障部组织有关专家制定了《工程机械运用与维修专业国家技能人才培养工学一体化课程标准》。

本课程标准的开发工作由人力资源社会保障部技工教育和职业培训教材工作委员会办公室、新能源与交通运输类技工教育和职业培训教学指导委员会共同组织实施。具体开发单位有：组长单位徐州工程机械技师学院，参与单位（按照笔画排序）山东公路技师学院、山东交通技师学院、广东省城市技师学院、广西交通技师学院、宁波技师学院、江苏省交通技师学院、呼伦贝尔技师学院、贵州铁路技师学院、浙江公路技师学院。主要开发人员有：李超、蒋炜、冯跃虹、马骏、陈永静、陈勇、刘庆华、朱文佳、陈伟光、李琦、李国帅、王海朋、李鹏飞、钱星宇、龚明华、苑举勇、刘海峰、毕胜强、磨练夫、路兴勇、段德军、蔡伟铭、李攀攀等，其中李超、蒋炜、冯跃虹为主要执笔人。

本课程标准的评审专家有：淄博市技师学院王玉环、江苏省常州技师学院周晓峰、江苏汽车技师学院魏垂浩、徐州重型机械有限公司李戈、徐工集团工程机械股份有限公司亢涛、徐工集团工程机械股份有限公司科技分公司陈素芹、中机科（北京）车辆检测工程研究院有限公司李晓飞、江苏集萃道路工程技术与装备研究所有限公司李家春。

在本课程标准的开发过程中，徐工集团工程机械股份有限公司科技分公司刘文生、徐州徐工基础工程机械有限公司吴东作为技术指导专家提供了全程技术指导，中国人力资源和社会保障出版集团提供了技术支持并承担了编辑出版工作。此外，在本课程标准的试用过程中，技工院校一线教师、相关领域专家等提出了很好的意见建议，在此一并表示诚挚的谢意。

本课程标准业经人力资源社会保障部批准，自公布之日起执行。

目　录

一、专业信息 ··· 1
  （一）专业名称 ··· 1
  （二）专业编码 ··· 1
  （三）学习年限 ··· 1
  （四）就业方向 ··· 1
  （五）职业资格／职业技能等级 ································· 1

二、培养目标和要求 ·· 2
  （一）培养目标 ··· 2
  （二）培养要求 ··· 3

三、培养模式 ··· 15
  （一）培养体制 ·· 15
  （二）运行机制 ·· 15

四、课程安排 ··· 17
  （一）中级技能层级工学一体化课程表（初中起点三年） ·············· 17
  （二）高级技能层级工学一体化课程表（高中起点三年） ·············· 18
  （三）高级技能层级工学一体化课程表（初中起点五年） ·············· 19
  （四）预备技师（技师）层级工学一体化课程表（高中起点四年） ······ 20
  （五）预备技师（技师）层级工学一体化课程表（初中起点六年） ······ 21

五、课程标准 ··· 22
  （一）工程机械零件手工加工课程标准 ····························· 22
  （二）工程机械底盘部件装配课程标准 ····························· 30

（三）工程机械液压系统安装与调试课程标准 ……………………… 39

（四）工程机械电气系统安装与调试课程标准 ……………………… 48

（五）工程机械发动机装配课程标准 ………………………………… 57

（六）工程机械操作与维护课程标准 ………………………………… 66

（七）工程机械液压简单故障检修课程标准 ………………………… 80

（八）工程机械电气简单故障检修课程标准 ………………………… 88

（九）工程机械发动机简单故障检修课程标准 ……………………… 98

（十）工程机械液电系统安装与调试课程标准 …………………… 107

（十一）工程机械液压故障诊断与排除课程标准 ………………… 117

（十二）工程机械电气故障诊断与排除课程标准 ………………… 128

（十三）工程机械发动机故障诊断与排除课程标准 ……………… 138

（十四）轮式工程机械底盘故障诊断与排除课程标准 …………… 148

（十五）履带式工程机械底盘故障诊断与排除课程标准 ………… 156

（十六）工程机械液压疑难故障诊断与排除课程标准 …………… 164

（十七）工程机械电气疑难故障诊断与排除课程标准 …………… 172

（十八）工程机械发动机疑难故障诊断与排除课程标准 ………… 182

（十九）工程机械总成大修课程标准 ……………………………… 190

（二十）工程机械维修技术指导课程标准 ………………………… 197

六、实施建议 ……………………………………………………………… 205

（一）师资队伍 ……………………………………………………… 205

（二）场地设备 ……………………………………………………… 205

（三）教学资源 ……………………………………………………… 207

（四）教学管理制度 ………………………………………………… 208

七、考核与评价 …………………………………………………………… 208

（一）综合职业能力评价 …………………………………………… 208

（二）职业技能评价 ………………………………………………… 208

（三）毕业生就业质量分析 ………………………………………… 208

一、专业信息

（一）专业名称

工程机械运用与维修

（二）专业编码

工程机械运用与维修专业中级：0409-4

工程机械运用与维修专业高级：0409-3

工程机械运用与维修专业预备技师（技师）：0409-2

（三）学习年限

工程机械运用与维修专业中级：初中起点三年

工程机械运用与维修专业高级：高中起点三年、初中起点五年

工程机械运用与维修专业预备技师（技师）：高中起点四年、初中起点六年

（四）就业方向

中级技能层级：面向工程机械制造、工程施工、工程机械维修、工程机械租赁等行业企业就业，适应工程机械维修工、工程机械操作人员等工作岗位要求，胜任工程机械零件手工加工、工程机械底盘部件装配、工程机械液压系统安装与调试、工程机械电气系统安装与调试、工程机械发动机装配、工程机械操作与维护、工程机械液压简单故障检修、工程机械电气简单故障检修、工程机械发动机简单故障检修等工作任务。

高级技能层级：面向工程机械制造、工程施工、工程机械维修、工程机械租赁等行业企业就业，适应工程机械维修工、工程机械售后服务人员、工程机械技术服务人员等工作岗位要求，胜任工程机械液电系统安装与调试、工程机械液压故障诊断与排除、工程机械电气故障诊断与排除、工程机械发动机故障诊断与排除、轮式工程机械底盘故障诊断与排除、履带式工程机械底盘故障诊断与排除等工作任务。

预备技师（技师）层级：面向工程机械制造、工程施工、工程机械维修、工程机械租赁等行业企业就业，适应工程机械维修工、工程机械售后服务人员、工程机械技术服务人员、工程机械备件管理人员、工程机械设备管理人员等工作岗位要求，胜任工程机械液压疑难故障诊断与排除、工程机械电气疑难故障诊断与排除、工程机械发动机疑难故障诊断与排除、工程机械总成大修、工程机械维修技术指导等工作任务。

（五）职业资格 / 职业技能等级

工程机械运用与维修专业中级：工程机械维修工四级 / 中级工

工程机械运用与维修专业高级：工程机械维修工三级 / 高级工

工程机械运用与维修专业预备技师（技师）：工程机械维修工二级／技师

二、培养目标和要求

（一）培养目标

1. 总体目标

培养面向工程机械制造、工程施工、工程机械维修、工程机械租赁等行业企业就业，适应工程机械维修工、工程机械操作人员、工程机械售后服务人员、工程机械技术服务人员、工程机械备件管理人员、工程机械设备管理人员等工作岗位要求，胜任工程机械零件手工加工、工程机械底盘部件装配、工程机械液压系统安装与调试、工程机械电气系统安装与调试、工程机械发动机装配、工程机械操作与维护、工程机械液压简单故障检修、工程机械电气简单故障检修、工程机械发动机简单故障检修、工程机械液电系统安装与调试、工程机械液压故障诊断与排除、工程机械电气故障诊断与排除、工程机械发动机故障诊断与排除、轮式工程机械底盘故障诊断与排除、履带式工程机械底盘故障诊断与排除、工程机械液压疑难故障诊断与排除、工程机械电气疑难故障诊断与排除、工程机械发动机疑难故障诊断与排除、工程机械总成大修、工程机械维修技术指导等工作任务，具备自主学习、自我管理、信息检索、理解与表达、交往与合作、创新思维、解决问题等通用能力，规范意识、安全意识、质量意识、环保意识、责任意识、成本意识、服务意识、优化意识、效率意识等职业素养，以及劳模精神、劳动精神、工匠精神等思政素养的技能人才。

2. 中级技能层级

培养面向工程机械制造、工程施工、工程机械维修、工程机械租赁等行业企业就业，适应工程机械维修工、工程机械操作人员等工作岗位要求，胜任工程机械零件手工加工、工程机械底盘部件装配、工程机械液压系统安装与调试、工程机械电气系统安装与调试、工程机械发动机装配、工程机械操作与维护、工程机械液压简单故障检修、工程机械电气简单故障检修、工程机械发动机简单故障检修等工作任务，具备自主学习、自我管理、信息检索、理解与表达、交往与合作、创新思维、解决问题等通用能力，规范意识、安全意识、质量意识、环保意识、责任意识、成本意识、服务意识、优化意识、效率意识等职业素养，以及劳模精神、劳动精神、工匠精神等思政素养的技能人才。

3. 高级技能层级

培养面向工程机械制造、工程施工、工程机械维修、工程机械租赁等行业企业就业，适应工程机械维修工、工程机械售后服务人员、工程机械技术服务人员等工作岗位要求，胜任工程机械液电系统安装与调试、工程机械液压故障诊断与排除、工程机械电气故障诊断与排除、工程机械发动机故障诊断与排除、轮式工程机械底盘故障诊断与排除、履带式工程机械底盘故障诊断与排除等工作任务，具备自主学习、自我管理、信息检索、理解与表达、交往与合作、创新思维、解决问题等通用能力，规范意识、安全意识、质量意识、环保意识、责任意识、成本意识、服务意识、优化意识、效率意识等职业素养，以及劳模精神、劳动精神、工匠精神等思政素养的技能人才。

4. 预备技师（技师）层级

培养面向工程机械制造、工程施工、工程机械维修、工程机械租赁等行业企业就业，适应工程机械维修工、工程机械售后服务人员、工程机械技术服务人员、工程机械备件管理人员、工程机械设备管理人员等工作岗位要求，胜任工程机械液压疑难故障诊断与排除、工程机械电气疑难故障诊断与排除、工程机械发动机疑难故障诊断与排除、工程机械总成大修、工程机械维修技术指导等工作任务，具备自主学习、自我管理、信息检索、理解与表达、交往与合作、创新思维、解决问题等通用能力，规范意识、安全意识、质量意识、环保意识、责任意识、成本意识、服务意识、优化意识、效率意识等职业素养，以及劳模精神、劳动精神、工匠精神等思政素养的技能人才。

（二）培养要求

工程机械运用与维修专业技能人才培养要求见下表。

工程机械运用与维修专业技能人才培养要求表

培养层级	典型工作任务	职业能力要求
中级技能	工程机械零件手工加工	1. 能解读工程机械零件手工加工任务单，与上级主管围绕工作内容和要求进行沟通交流，获取材料型号、尺寸要求、加工精度等任务信息。 2. 能识读工程机械零件图，分析加工工艺卡，制订工程机械零件手工加工工作计划。 3. 能依据钳工操作规程、工艺规范，确认工程机械零件加工方法、加工步骤和技术要求。 4. 能遵守企业设备、工具、材料管理制度，与仓库管理员进行沟通，领取工程机械零件手工加工所需的金属原料、坯料等材料，准备锉刀、锯弓等工具以及台式钻床、砂轮机等设备。 5. 能按照钳工操作规程、工艺规范和企业安全生产制度，有效运用锯削、锉削、套螺纹、攻螺纹、钻孔、铰孔等加工方法，规范完成工程机械零件手工加工工作；加工任务完成后，对零件加工精度进行自检，按照企业环保管理制度和"6S"管理制度清理场地，归置物品，处置废弃物。 6. 能依据工作流程，填写用户服务卡，将加工合格的工程机械零件交付客户验收，并对自己的工作进行总结。
	工程机械底盘部件装配	1. 能解读工程机械底盘部件装配任务单，与上级主管围绕工作内容和要求进行沟通交流，获取部件型号、装配精度等任务信息。

培养层级	典型工作任务	职业能力要求
	工程机械底盘部件装配	2. 能识读工程机械底盘部件装配图，分析工艺卡和检验卡，制订工程机械底盘部件装配工作计划。 3. 能参照《工程机械 装配通用技术条件》（JB/T 5945—2018），依据装配操作规程、工艺规范，确认工程机械底盘部件装配步骤和技术要求。 4. 能遵守企业设备、工具、材料管理制度，与仓库管理员进行沟通，领取工程机械底盘部件装配所需的密封胶、润滑脂等材料，准备扭力扳手、呆扳手等工具以及部件工装、KPK起重机、行车等设备。 5. 能按照装配操作规程、工艺规范和企业安全生产制度，有效运用部件装配法，规范完成工程机械底盘部件装配工作；装配任务完成后，对部件装配质量进行自检，按照企业环保管理制度和"6S"管理制度清理场地，归置物品，处置废弃物。 6. 能依据工作流程，填写用户服务卡，将装配合格的工程机械底盘部件交付客户验收，并对自己的工作进行总结。
中级技能	工程机械液压系统安装与调试	1. 能解读工程机械液压系统安装与调试任务单，与上级主管围绕工作内容和要求进行沟通交流，获取工程机械使用信息、客户要求、安装项目等任务信息。 2. 能识读工程机械液压系统装配图、布管图，分析工艺卡和检验卡，制订工程机械液压系统安装与调试工作计划。 3. 能参照《工程机械 装配通用技术条件》（JB/T 5945—2018），依据液压系统安装操作规程、工艺规范，确认工程机械液压系统安装步骤和技术要求。 4. 能遵守企业设备、工具、材料管理制度，与仓库管理员进行沟通，领取工程机械液压系统安装所需的液压元件、液压管路、管路接头、管卡、螺栓等材料，准备呆扳手、风动扳手等工具以及行车、翻转机等设备，按照液压系统安装操作规程、工艺规范和企业安全生产制度，有效运用液压元件安装法、液压管路连接法，规范完成工程机械液压系统安装工作；安装任务完成后，进行自检，按照企业环保管理制度和"6S"管理制度清理场地，归置物品，处置废弃物。 5. 能识读工程机械液压原理图，准备压力表等工具以及行车、翻转机等设备，按照液压系统调试操作规程、工艺规范和企业安全生产制度，有效运用液压系统调试法，规范完成工程机械液压系统调试工作；调试任务完成后，进行自检，按照企业环保管理制度和"6S"管理制度清理场地，归置物品，处置废弃物。 6. 能依据工作流程，填写用户服务卡，将安装、调试合格的工程机械液压系统交付客户验收，并对自己的工作进行总结。

培养层级	典型工作任务	职业能力要求
中级技能	工程机械电气系统安装与调试	1. 能解读工程机械电气系统安装与调试任务单，与上级主管围绕工作内容和要求进行沟通交流，获取工程机械使用信息、客户要求、安装项目等任务信息。 2. 能识读工程机械电气系统元件布置图、布线图，分析工艺卡和检验卡，制订工程机械电气系统安装与调试工作计划。 3. 能参照《工程机械 装配通用技术条件》(JB/T 5945—2018)，依据电气系统安装操作规程、工艺规范，确认工程机械电气系统安装步骤和技术要求。 4. 能遵守企业设备、工具、材料管理制度，与仓库管理员进行沟通，领取工程机械电气系统安装所需的电气元件、导线等材料，准备呆扳手、十字旋具等工具以及行车、翻转机等设备，按照电气系统安装操作规程、工艺规范和企业安全生产制度，有效运用电气元件安装法、电气线路连接法，规范完成工程机械电气系统安装工作；安装任务完成后，进行自检，按照企业环保管理制度和"6S"管理制度清理场地，归置物品，处置废弃物。 5. 能识读工程机械电气原理图，准备万用表等工具以及行车、翻转机等设备，按照电气系统调试操作规程、工艺规范和企业安全生产制度，有效运用电气系统调试法，规范完成工程机械电气系统调试工作；调试任务完成后，进行自检，按照企业环保管理制度和"6S"管理制度清理场地，归置物品，处置废弃物。 6. 能依据工作流程，填写用户服务卡，将安装、调试合格的工程机械电气系统交付客户验收，并对自己的工作进行总结。
	工程机械发动机装配	1. 能解读工程机械发动机装配任务单，与上级主管围绕工作内容和要求进行沟通交流，获取发动机型号、装配项目、装配精度等任务信息。 2. 能识读工程机械发动机装配图、零件图，分析工艺卡和检验卡，制订工程机械发动机装配工作计划。 3. 能参照《工程机械 装配通用技术条件》(JB/T 5945—2018)，依据发动机装配操作规程、工艺规范，确认工程机械发动机装配步骤和技术要求。 4. 能遵守企业设备、工具、材料管理制度，与仓库管理员进行沟通，领取工程机械发动机装配所需的机油、润滑脂等材料，准备扭力扳手、呆扳手等工具以及发动机工装、行车等设备。 5. 能按照发动机装配操作规程、工艺规范和企业安全生产制度，有效运用发动机装配法，规范完成工程机械发动机装配工作；装配任务完成后，对发动机装配质量进行自检，按照企业环保管理制度和"6S"管理制度清理场地，归置物品，处置废弃物。

培养层级	典型工作任务	职业能力要求
中级技能	工程机械发动机装配	6. 能依据工作流程，填写用户服务卡，将装配合格的工程机械发动机交付客户验收，并对自己的工作进行总结。
	工程机械操作与维护	1. 工程机械操作 （1）能解读工程机械施工作业任务单，与上级主管围绕工作内容和要求进行沟通交流，获取施工信息、客户要求等任务信息。 （2）能查阅施工技术交底资料和工艺指导书，分析施工图，观察工作环境，规划运行路线，选择作业方法，设置作业参数，制订施工作业计划，并将施工作业计划报上级主管审批。 （3）能根据上级主管审批意见，调整并确定运行路线、作业方法和作业参数。 （4）能查阅工程机械操作手册，严格按照安全操作规程，有效运用工程机械操作法、施工作业法，规范操作工程机械完成施工作业；施工作业任务完成后，对施工质量进行自检，按照企业环保管理制度和"6S"管理制度清理设备。 （5）能依据工作流程，填写用户服务卡，将施工作业合格的工程交付客户验收，并对自己的工作进行总结。 2. 工程机械维护 （1）能解读工程机械维护任务单，与上级主管围绕工作内容和要求进行沟通交流，获取工程机械使用信息、客户要求等任务信息。 （2）能查阅工程机械维护手册，制订工程机械维护工作计划。 （3）能遵守企业设备、工具、材料管理制度，与仓库管理员进行沟通，领取材料，准备工具、设备。 （4）能按照工程机械维护手册、安全操作规程，有效运用工程机械维护法，规范完成工程机械维护工作；维护任务完成后，对维护质量进行自检，按照企业环保管理制度和"6S"管理制度清理场地，归置物品，处置废弃物。 （5）能依据工作流程，填写用户服务卡，将维护合格的工程机械交付客户验收，并对自己的工作进行总结。
	工程机械液压简单故障检修	1. 能解读工程机械液压简单故障检修任务单，与上级主管围绕工作内容和要求进行沟通交流，获取工程机械使用信息、故障描述、客户信息等任务信息。 2. 能查阅工程机械液压系统维修手册，制订工程机械液压简单故障检修工作计划。 3. 能查阅用户手册、操作手册，与客户围绕工程机械使用状况、故障现

培养层级	典型工作任务	职业能力要求
中级技能	工程机械液压简单故障检修	象等进行沟通交流，勘查现场，规范操作工程机械液压系统各功能，进一步确认工程机械液压简单故障现象，记录故障数据信息。 4. 能查阅工程机械液压元件结构图，分析液压元件结构，确认工程机械液压简单故障检查流程，并得到客户的认可。 5. 能遵守企业工具管理制度，依据检查流程，使用呆扳手、内六角扳手等工具，通过外观检查、触碰、液压元件拆解、元件替代等方法查找故障点，确认故障原因。 6. 能遵守企业材料管理制度，与仓库管理员进行沟通，领取工程机械液压简单故障维修所需的管路接头、密封件等材料，有效运用液压系统清洗、元件更换等工程机械液压系统维修法，按照液压系统维修操作规程、工艺规范和企业安全生产制度，规范完成工程机械液压简单故障维修工作；检修任务完成后，进行自检，按照《机动车维修服务规范》（JT/T 816—2021）、企业环保管理制度和"6S"管理制度清理场地，归置物品，处置废弃物。 7. 能依据工作流程，填写用户服务卡，将检修合格的工程机械液压系统交付客户验收，并对自己的工作进行总结。
	工程机械电气简单故障检修	1. 能解读工程机械电气简单故障检修任务单，与上级主管围绕工作内容和要求进行沟通交流，获取工程机械使用信息、故障描述、客户信息等任务信息。 2. 能查阅工程机械电气系统元件布置图、布线图、维修手册，制订工程机械电气简单故障检修工作计划。 3. 能查阅用户手册、操作手册，与客户围绕工程机械使用状况、故障现象等进行沟通交流，勘查现场，规范操作工程机械电气系统各功能，进一步确认工程机械电气简单故障现象，记录故障数据信息。 4. 能参照《汽车维护、检测、诊断技术规范》（GB/T 18344—2016），查阅工程机械电气原理图，运用故障树、流程图分析法，确认工程机械电气简单故障检查流程，并得到客户的认可。 5. 能遵守企业工具管理制度，依据检查流程，使用退针器、万用表等工具，通过外观检查、听声音、测量、对比、元件替代等方法查找故障点，确认故障原因。 6. 能遵守企业材料管理制度，与仓库管理员进行沟通，领取工程机械电气简单故障维修所需的电气元件、导线、接线端子等材料，有效运用断线并接、元件更换等工程机械电气系统维修法，按照电气系统维修操作规程、工艺规范和企业安全生产制度，规范完成工程机械电气简单故障维修工作；检修任务完成后，进行自检，按照《机动车维修服务规范》（JT/T 816—2021）、企业环保管理制度和"6S"管理制度清理场地，归置物品，处置

培养层级	典型工作任务	职业能力要求
中级技能	工程机械电气简单故障检修	废弃物。 7. 能依据工作流程，填写用户服务卡，将检修合格的工程机械电气系统交付客户验收，并对自己的工作进行总结。
	工程机械发动机简单故障检修	1. 能解读工程机械发动机简单故障检修任务单，与上级主管围绕工作内容和要求进行沟通交流，获取工程机械使用信息、故障描述、客户信息等任务信息。 2. 能查阅发动机装配图、维修手册，制订工程机械发动机简单故障检修工作计划。 3. 能查阅用户手册、操作手册，与客户围绕工程机械使用状况、故障现象等进行沟通交流，勘查现场，规范操作工程机械发动机各功能，进一步确认工程机械发动机简单故障现象，记录故障数据信息。 4. 能参照《汽车发动机大修竣工出厂技术条件》（GB/T 3799—2021），查阅发动机装配图，运用故障树、流程图分析法，确认工程机械发动机简单故障检查流程，并得到客户的认可。 5. 能遵守企业工具管理制度，依据检查流程，使用套筒扳手、内径百分表等工具，通过外观检查、听声音、测量、对比等方法查找故障点，确认故障原因。 6. 能遵守企业材料管理制度，与仓库管理员进行沟通，领取工程机械发动机简单故障维修所需的机油等材料，有效运用元件清洗、更换等发动机维修法，按照发动机维修操作规程、工艺规范和企业安全生产制度，规范完成工程机械发动机简单故障维修工作；检修任务完成后，进行自检，按照《机动车维修服务规范》（JT/T 816—2021）、企业环保管理制度和"6S"管理制度清理场地，归置物品，处置废弃物。 7. 能依据工作流程，填写用户服务卡，将检修合格的工程机械发动机交付客户验收，并对自己的工作进行总结。
高级技能	工程机械液电系统安装与调试	1. 能解读工程机械液电系统安装与调试任务单，必要时与上级主管围绕工作内容和要求进行沟通交流，分析工程机械使用信息、客户要求、安装项目等任务信息。 2. 能查阅工程机械液压系统装配图、布管图、元件布置图、布线图，分析工艺卡和检验卡，制订工程机械液电系统安装与调试工作计划。 3. 能参照《工程机械 装配通用技术条件》（JB/T 5945—2018），依据液压、电气系统安装操作规程、工艺规范，确认工程机械液电系统安装步骤和技术要求。 4. 能遵守企业设备、工具、材料管理制度，与仓库管理员进行沟通，领取工程机械液电系统安装所需的液压元件、电气元件等材料，准备呆扳手、

培养层级	典型工作任务	职业能力要求
高级技能	工程机械液电系统安装与调试	剥线钳等工具以及行车、翻转机等设备,按照液压、电气系统安装操作规程、工艺规范和企业安全生产制度,熟练运用液压元件安装法、电气元件安装法、液压管路连接法、电气线路连接法,规范完成工程机械液电系统安装工作;安装任务完成后,进行自检,按照企业环保管理制度和"6S"管理制度清理场地,归置物品,处置废弃物。 5. 能查阅工程机械液压原理图、电气原理图,准备压力表、万用表等工具以及行车、翻转机等设备,按照液压、电气系统调试操作规程、工艺规范和企业安全生产制度,熟练运用液压系统调试法、电气系统调试法,规范完成工程机械液电系统调试工作;调试任务完成后,进行自检,按照企业环保管理制度和"6S"管理制度清理场地,归置物品,处置废弃物。 6. 能依据工作流程,填写用户服务卡,将安装、调试合格的工程机械液电系统交付客户验收,并对自己的工作进行总结。
	工程机械液压故障诊断与排除	1. 能解读工程机械液压故障诊断与排除任务单,必要时与上级主管围绕工作内容和要求进行沟通交流,分析工程机械使用信息、故障描述、客户信息等任务信息。 2. 能查阅工程机械液压系统装配图、布管图、维修手册,制订工程机械液压故障诊断与排除工作计划。 3. 能查阅用户手册、操作手册,与客户围绕工程机械使用状况、故障现象等进行沟通交流,勘查现场,规范操作工程机械液压系统各功能,进一步确认工程机械液压故障现象,记录故障数据信息。 4. 能查阅工程机械液压原理图,运用故障树、流程图分析法,确认工程机械液压故障诊断流程,并得到客户的认可。 5. 能遵守企业工具管理制度,依据诊断流程,使用呆扳手、内六角扳手等工具,通过外观检查、听声音、测量、对比、元件替代等方法查找故障点,确认故障原因。 6. 能遵守企业材料管理制度,与仓库管理员进行沟通,领取工程机械液压故障排除所需的液压元件、纱布等材料,熟练运用液压系统清洗、元件更换等工程机械液压系统维修法,按照液压系统维修操作规程、工艺规范和企业安全生产制度,规范完成工程机械液压故障排除工作;故障诊断与排除任务完成后,进行自检,按照《机动车维修服务规范》(JT/T 816—2021)、企业环保管理制度和"6S"管理制度清理场地,归置物品,处置废弃物。 7. 能依据工作流程,填写用户服务卡,将维修合格的工程机械液压系统交付客户验收,并对自己的工作进行总结。

培养层级	典型工作任务	职业能力要求
高级技能	工程机械电气故障诊断与排除	1. 能解读工程机械电气故障诊断与排除任务单，分析工程机械使用信息、故障描述、客户信息等任务信息。 2. 能查阅工程机械电气系统元件布置图、布线图、维修手册，制订工程机械电气故障诊断与排除工作计划。 3. 能查阅用户手册、操作手册，与客户围绕工程机械使用状况、故障现象等进行沟通交流，勘查现场，规范操作工程机械电气系统各功能，进一步确认工程机械电气故障现象，记录故障数据信息。 4. 能参照《汽车维护、检测、诊断技术规范》（GB/T 18344—2016），查阅工程机械电气原理图，运用故障树、流程图分析法，确认工程机械电气故障诊断流程，并得到客户的认可。 5. 能遵守企业工具管理制度，依据诊断流程，使用退针器、万用表等工具，通过外观检查、听声音、测量、对比、元件替代等方法查找故障点，确认故障原因。 6. 能遵守企业材料管理制度，与仓库管理员进行沟通，领取工程机械电气故障排除所需的电气元件、导线、并线端子等材料，熟练运用断线并接、元件更换等工程机械电气系统维修法，按照电气系统维修操作规程、工艺规范和企业安全生产制度，规范完成工程机械电气故障排除工作；故障诊断与排除任务完成后，进行自检，按照《机动车维修服务规范》（JT/T 816—2021）、企业环保管理制度和"6S"管理制度清理场地，归置物品，处置废弃物。 7. 能依据工作流程，填写用户服务卡，将维修合格的工程机械电气系统交付客户验收，并对自己的工作进行总结。
	工程机械发动机故障诊断与排除	1. 能解读工程机械发动机故障诊断与排除任务单，分析工程机械使用信息、故障描述、客户信息等任务信息。 2. 能查阅工程机械电气原理图、发动机装配图、维修手册，制订工程机械发动机故障诊断与排除工作计划。 3. 能查阅用户手册、操作手册，与客户围绕工程机械使用状况、故障现象等进行沟通交流，勘查现场，规范操作工程机械发动机各功能，进一步确认工程机械发动机故障现象，记录故障数据信息。 4. 能参照《汽车发动机大修竣工出厂技术条件》（GB/T 3799—2021）、《汽车维护、检测、诊断技术规范》（GB/T 18344—2016），查阅工程机械电气原理图、发动机装配图，运用故障树、流程图分析法，确认工程机械发动机故障诊断流程，并得到客户的认可。 5. 能遵守企业工具管理制度，依据诊断流程，使用发动机故障诊断仪、

培养层级	典型工作任务	职业能力要求
高级技能	工程机械发动机故障诊断与排除	尾气检测仪等工具，通过外观检查、听声音、测量、对比、元件替代等方法查找故障点，确认故障原因。 6. 能遵守企业材料管理制度，与仓库管理员进行沟通，领取工程机械发动机故障排除所需的机油等材料，熟练运用元件清洗、更换、断线并接等发动机维修法，按照发动机维修操作规程、工艺规范和企业安全生产制度，规范完成工程机械发动机故障排除工作；故障诊断与排除任务完成后，进行自检，按照《机动车维修服务规范》（JT/T 816—2021）、企业环保管理制度和"6S"管理制度清理场地，归置物品，处置废弃物。 7. 能依据工作流程，填写用户服务卡，将维修合格的工程机械发动机交付客户验收，并对自己的工作进行总结。
	轮式工程机械底盘故障诊断与排除	1. 能解读轮式工程机械底盘故障诊断与排除任务单，分析工程机械使用信息、故障描述、客户信息等任务信息。 2. 能查阅用户手册、操作手册，与客户围绕工程机械使用状况、故障现象等进行沟通交流，勘查现场，规范操作轮式工程机械底盘各功能，进一步确认轮式工程机械底盘故障现象，记录故障数据信息。 3. 能查阅轮式工程机械底盘维修手册，制订轮式工程机械底盘故障诊断与排除工作计划。 4. 能遵守企业工具管理制度，依据诊断流程，使用百分表、轮胎气压表等工具，通过外观检查、听声音、测量、对比、拆解等方法查找故障点，确认故障原因。 5. 能遵守企业材料管理制度，与仓库管理员进行沟通，领取轮式工程机械底盘故障排除所需的材料，熟练运用轮式工程机械底盘维修法，按照底盘维修操作规程、工艺规范和企业安全生产制度，规范完成轮式工程机械底盘故障排除工作；故障诊断与排除任务完成后，进行自检，按照《机动车维修服务规范》（JT/T 816—2021）、企业环保管理制度和"6S"管理制度清理场地，归置物品，处置废弃物。 6. 能依据工作流程，填写用户服务卡，将维修合格的轮式工程机械底盘交付客户验收，并对自己的工作进行总结。
	履带式工程机械底盘故障诊断与排除	1. 能解读履带式工程机械底盘故障诊断与排除任务单，分析工程机械使用信息、故障描述、客户信息等任务信息。 2. 能查阅用户手册、操作手册，与客户围绕工程机械使用状况、故障现象等进行沟通交流，勘查现场，规范操作履带式工程机械底盘各功能，进一步确认履带式工程机械底盘故障现象，记录故障数据信息。

培养层级	典型工作任务	职业能力要求
高级技能	履带式工程机械底盘故障诊断与排除	3. 能查阅履带式工程机械底盘维修手册，制订履带式工程机械底盘故障诊断与排除工作计划。 4. 能遵守企业工具管理制度，依据诊断流程，使用千分尺、百分表、压力表等工具，通过外观检查、听声音、测量、对比、拆解等方法查找故障点，确认故障原因。 5. 能遵守企业材料管理制度，与仓库管理员进行沟通，领取履带式工程机械底盘故障排除所需的材料，熟练运用履带式工程机械底盘维修法，按照底盘维修操作规程、工艺规范和企业安全生产制度，规范完成履带式工程机械底盘故障排除工作；故障诊断与排除任务完成后，进行自检，按照《机动车维修服务规范》（JT/T 816—2021）、企业环保管理制度和"6S"管理制度清理场地，归置物品，处置废弃物。 6. 能依据工作流程，填写用户服务卡，将维修合格的履带式工程机械底盘交付客户验收，并对自己的工作进行总结。
预备技师（技师）	工程机械液压疑难故障诊断与排除	1. 能解读和分析工程机械液压疑难故障诊断与排除任务单，有效获取工程机械使用信息、故障描述、客户信息等任务信息。 2. 能指导团队查阅工程机械液压系统装配图、布管图、维修手册，制订工程机械液压疑难故障诊断与排除工作计划。 3. 能指导团队查阅用户手册、操作手册，与客户围绕工程机械使用状况、故障现象等进行沟通交流，勘查现场，熟练操作工程机械液压系统各功能，进一步确认工程机械液压疑难故障现象，记录故障数据信息。 4. 能查阅工程机械液压原理图，熟练运用故障树、流程图分析法，确认工程机械液压疑难故障诊断流程，并得到客户的认可。 5. 能遵守企业工具管理制度，依据诊断流程，准备呆扳手、内六角扳手等工具，熟练使用工具通过外观检查、听声音、测量、对比、元件替代等方法查找故障点，组织团队讨论分析，确认故障原因。 6. 能遵守企业材料管理制度，与仓库管理员进行沟通，领取工程机械液压疑难故障排除所需的液压元件、纱布等材料，组织团队熟练运用液压系统清洗、元件更换等工程机械液压系统维修法，按照液压系统维修操作规程、工艺规范和企业安全生产制度，完成工程机械液压疑难故障排除工作；故障诊断与排除任务完成后，进行自检，按照《机动车维修服务规范》（JT/T 816—2021）、企业环保管理制度和"6S"管理制度清理场地，归置物品，处置废弃物。 7. 能依据工作流程，填写用户服务卡，将维修合格的工程机械液压系统交付客户验收，并对自己的工作进行总结，传授经验给团队成员。

培养层级	典型工作任务	职业能力要求
预备技师 （技师）	工程机械电气疑难故障诊断与排除	1. 能解读和分析工程机械电气疑难故障诊断与排除任务单，有效获取工程机械使用信息、故障描述、客户信息等任务信息。 2. 能指导团队查阅工程机械电气系统元件布置图、布线图、维修手册，制订工程机械电气疑难故障诊断与排除工作计划。 3. 能指导团队查阅用户手册、操作手册，与客户围绕工程机械使用状况、故障现象等进行沟通交流，勘查现场，熟练操作工程机械电气系统各功能，进一步确认工程机械电气疑难故障现象，记录故障数据信息。 4. 能参照《汽车维护、检测、诊断技术规范》（GB/T 18344—2016）、《纯电动汽车维护、检测、诊断技术规范》（JT/T 1344—2020），查阅工程机械电气原理图，熟练运用故障树、流程图分析法，确认工程机械电气疑难故障诊断流程，并得到客户的认可。 5. 能遵守企业工具管理制度，依据诊断流程，准备万用表、CAN总线分析仪、放电工具等工具，熟练使用工具通过外观检查、听声音、测量、对比、元件替代等方法查找故障点，组织团队讨论分析，确认故障原因。 6. 能遵守企业材料管理制度，与仓库管理员进行沟通，领取工程机械电气疑难故障排除所需的电气元件、导线、并线端子等材料，组织团队熟练运用断线并接、元件更换等工程机械电气系统维修法，按照电气系统维修操作规程、工艺规范和企业安全生产制度，规范完成工程机械电气疑难故障排除工作；故障诊断与排除任务完成后，进行自检，按照《机动车维修服务规范》（JT/T 816—2021）、企业环保管理制度和"6S"管理制度清理场地，归置物品，处置废弃物。 7. 能依据工作流程，填写用户服务卡，将维修合格的工程机械电气系统交付客户验收，并对自己的工作进行总结，传授经验给团队成员。
	工程机械发动机疑难故障诊断与排除	1. 能解读和分析工程机械发动机疑难故障诊断与排除任务单，有效获取工程机械使用信息、故障描述、客户信息等任务信息。 2. 能指导团队查阅工程机械电气原理图、发动机装配图、维修手册，制订工程机械发动机疑难故障诊断与排除工作计划。 3. 能指导团队查阅用户手册、操作手册，与客户围绕工程机械使用状况、故障现象等进行沟通交流，勘查现场，熟练操作工程机械发动机各功能，进一步确认工程机械发动机疑难故障现象，记录故障数据信息。 4. 能参照《汽车发动机大修竣工出厂技术条件》（GB/T 3799—2021）、《汽车维护、检测、诊断技术规范》（GB/T 18344—2016），查阅工程机械电气原理图、发动机装配图，熟练运用故障树、流程图分析法，确认工程机械发动机疑难故障诊断流程，并得到客户的认可。

培养层级	典型工作任务	职业能力要求
	工程机械发动机疑难故障诊断与排除	5. 能遵守企业工具管理制度，依据诊断流程，准备发动机故障诊断仪等工具，熟练使用工具通过外观检查、听声音、测量、对比、元件替代等方法查找故障点，组织团队讨论分析，确认故障原因。 6. 能遵守企业材料管理制度，与仓库管理员进行沟通，领取工程机械发动机疑难故障排除所需的机油等材料，组织团队熟练运用元件清洗、更换、断线并接等发动机维修法，按照发动机维修操作规程、工艺规范和企业安全生产制度，规范完成工程机械发动机疑难故障排除工作；故障诊断与排除任务完成后，进行自检，按照《机动车维修服务规范》（JT/T 816—2021）、企业环保管理制度和"6S"管理制度清理场地，归置物品，处置废弃物。 7. 能依据工作流程，填写用户服务卡，将维修合格的工程机械发动机交付客户验收，并对自己的工作进行总结，传授经验给团队成员。
预备技师（技师）	工程机械总成大修	1. 能解读和分析工程机械总成大修任务单，有效获取工程机械使用信息、故障描述、客户信息等任务信息。 2. 能依据任务内容和要求，与使用单位的技术负责人、管理人员和操作人员等进行沟通交流，对工程机械总成进行技术分析鉴定，根据分析结果制订工程机械总成大修工作计划。 3. 能遵守企业设备、工具、材料管理制度，与仓库管理员进行沟通，领取工程机械总成大修所需的材料，准备工具、设备，做好工作现场准备。 4. 能按照总成大修操作规程和企业安全生产制度，组织团队将工程机械总成进行解体、清洗、检查和修理，并严格按照工艺规范进行工程机械总成装配与装机。 5. 能依据工程机械总成质量标准及原生产厂家提供的主要技术参数，对大修后的工程机械总成进行技术性能测试；任务完成后，按照《机动车维修服务规范》（JT/T 816—2021）、企业环保管理制度和"6S"管理制度清理场地，归置物品，处置废弃物。 6. 能依据工作流程，填写用户服务卡，将维修合格的工程机械总成交付客户验收，并对自己的工作进行总结，传授经验给团队成员。
	工程机械维修技术指导	1. 能解读和分析工程机械维修技术指导任务单，有效获取培训课题、培训目标、学员信息等任务信息，与培训对象以及培训对象所在业务部门和人力资源部门的管理人员进行沟通，了解培训需求。 2. 能依据培训目标、培训需求，与技术部门、客服中心进行沟通，系统收集图样、故障库、维修案例、软件使用说明书、相关技术标准等技术资料，并整理出与工程机械维修技术指导相关的培训资料。

培养层级	典型工作任务	职业能力要求
预备技师 （技师）	工程机械维修 技术指导	3. 能结合任务要求和培训需求，参考培训资料，遵循知识学习的逻辑性、递进性、理实结合等原则，确定培训内容，制订科学、合理的工程机械维修技术指导工作计划。 4. 能根据培训内容，完成培训课件、培训手册等教学资料的制作，准备培训所需的设备、工具、材料和场地。 5. 能根据工作计划，合理选择小组讨论法、鱼骨图分析法、头脑风暴法、案例分析法、示范操作法等培训方法，灵活运用信息化手段，组织实施工程机械维修技术指导工作。 6. 能结合培训内容，合理运用理论考试和实操技能考核相结合的方式，对培训对象进行考核，并组织培训对象对培训质量进行评价。 7. 能结合培训考核及培训质量评价结果，全面、细致地对工程机械维修技术指导工作进行总结，分析存在的问题并提出改进措施，撰写技术指导工作总结报告。

三、培养模式

（一）培养体制

依据职业教育有关法律法规和校企合作、产教融合相关政策要求，按照技能人才成长规律，紧扣本专业技能人才培养目标，结合学校办学实际情况，成立专业建设指导委员会。通过整合校企双方优质资源，制定校企合作管理办法，签订校企合作协议，推进校企共创培养模式、共同招生招工、共商专业规划、共议课程开发、共组师资队伍、共建实训基地、共搭管理平台、共评培养质量的"八个共同"，实现本专业高素质技能人才的有效培养。

（二）运行机制

1. 中级技能层级

中级技能层级宜采用"学校为主、企业为辅"的校企合作运行机制。

校企双方根据工程机械运用与维修专业中级技能人才特征，建立适应中级技能层级的运行机制。一是结合中级技能层级工学一体化课程以执行定向任务为主的特点，研讨校企协同育人方法路径，共同制定和采用"学校为主、企业为辅"的培养方案，共创培养模式；二是发挥各自优势，按照人才培养目标要求，以初中生源为主，制订招生招工计划，通过开设企业订单班等措施，共同招生招工；三是对接本领域行业协会和标杆企业，紧跟本产业发展趋势、技术更新和生产方式变革，紧扣企业岗位能力最新要求，以学校为主推进专业优化调整，共商专业规划；四是围绕就业导向和职业特征，结合本地本校办学条件和学情，推进本专业工学一体化课程标准校本转化，进行学习任务二次设计、教学资源开发，共议课程开发；五是发挥学校教师专业教学能力和企业技术人员工作实践能力优势，通过推进教师开展企业工作实践、聘用企业技术人员开展学校教学实践等方式，以学校教师为主、企业兼职教师为辅，共组师资队伍；六是基于一体化学习工作站和校内实训基地建设，规划建设集校园文化与企业文化、学习过程与工作过程为一体的校内外学习环境，共建实训基地；七是基于一体化学习工作站、校内实训基地等学习环境，参照企业管理规范，突出企业在职业认知、企业文化、就业指导等职业素养养成层面的作用，共搭管理平台；八是根据本层级人才培养目标、国家职业标准和企业用人要求，制定评价标准，对学生职业能力、职业素养和职业技能等级实施评价，共评培养质量。

基于上述运行机制，校企双方共同推进本专业中级技能人才综合职业能力培养，并在培养目标、培养过程、培养评价中实施学生相应通用能力、职业素养和思政素养的培养。

2. 高级技能层级

高级技能层级宜采用"校企双元、人才共育"的校企合作运行机制。

校企双方根据工程机械运用与维修专业高级技能人才特征，建立适应高级技能层级的运行机制。一是结合高级技能层级工学一体化课程以解决系统性问题为主的特点，研讨校企协同育人方法路径，共同制定和采用"校企双元、人才共育"的培养方案，共创培养模式；二是发挥各自优势，按照人才培养目标要求，以初中、高中、中职生源为主，制订招生招工计划，通过开设校企双制班、企业订单班等措施，共同招生招工；三是对接本领域行业协会和标杆企业，紧跟本产业发展趋势、技术更新和生产方式变革，紧扣企业岗位能力最新要求，合力制定专业建设方案，推进专业优化调整，共商专业规划；四是围绕就业导向和职业特征，结合本地本校办学条件和学情，推进本专业工学一体化课程标准的校本转化，进行学习任务二次设计、教学资源开发，共议课程开发；五是发挥学校教师专业教学能力和企业技术人员工作实践能力优势，通过推进教师开展企业工作实践、聘请企业技术人员为兼职教师等方式，涵盖学校专业教师和企业兼职教师，共组师资队伍；六是以一体化学习工作站和校内外实训基地为基础，共同规划建设兼具实践教学功能和生产服务功能的大师工作室，集校园文化与企业文化、学习过程与工作过程为一体的校内外学习环境，创建产教深度融合的产业学院等，共建实训基地；七是基于一体化学习工作站、校内外实训基地等学习环境，参照企业管理机制，组建校企管理队伍，明确校企双方责任权利，推进人才培养全过程校企协同管理，共搭管理平台；八是根据本层级人才培养目标、国家职业标准和企业用人要求，共同构建人才培养质量评价体系，共同制定评价标准，共同实施学生职业能力、职业素养和职业技能等级评价，共评培养质量。

基于上述运行机制，校企双方共同推进本专业高级技能人才综合职业能力培养，并在培养目标、培养过程、培养评价中实施学生相应通用能力、职业素养和思政素养的培养。

3. 预备技师（技师）层级

预备技师（技师）层级宜采用"企业为主、学校为辅"的校企合作运行机制。

校企双方根据工程机械运用与维修专业预备技师（技师）人才特征，建立适应预备技师（技师）层级的运行机制。一是结合预备技师（技师）层级工学一体化课程以分析解决开放性问题为主的特点，研讨校企协同育人方法路径，共同制定和采用"企业为主、学校为辅"的培养方案，共创培养模式；二是发挥各自优势，按照人才培养目标要求，以初中、高中、中职生源为主，制订招生招工计划，通过开设校企双制班、企业订单班和开展企业新型学徒制培养等措施，共同招生招工；三是对接本领域行业协会和标杆企业，紧跟本产业发展趋势、技术更新和生产方式变革，紧扣企业岗位能力最新要求，以企业为主，共同制定专业建设方案，共同推进专业优化调整，共商专业规划；四是围绕就业导向和职业特征，结合本地本校办学条件和学情，推进本专业工学一体化课程标准的校本转化，进行学习任务二次设计、教学资源开发，并根据岗位能力要求和工作过程推进企业培训课程开发，共议课程开发；五是发挥学校教师专业教学能力和企业技术人员专业实践能力优势，推进教师开展企业工作实践，通过聘用等方式，涵盖学校专业教师、企业培训师、实践专家、企业技术人员，共组师资队伍；六是以校外实训基地、校内生产性实训基地、产业学院等为主要学习环境，以完成企业真实工作任务为学习载体，以地方品牌企业实践场所为工作环境，共建实训基地；七是基于校内外实训基地等学习环境，学校参照企业管理机制，企业参照学校教学管理机制，组建校企管理队伍，明确校企双方责任权利，推进人才培养全过程校企协同管理，共搭管理平台；八是根据本层级人才培养目标、国家职业标准和企业用人要求，共同构建人才培养质量评价体系，共同制定评价标准，共同实施学生综合职业能力、职业素养和职业技能等级评价，共评培养质量。

基于上述运行机制，校企双方共同推进本专业预备技师（技师）技能人才综合职业能力培养，并在培养目标、培养过程、培养评价中实施学生相应通用能力、职业素养和思政素养的培养。

四、课程安排

使用单位应根据人力资源社会保障部颁布的《工程机械运用与维修专业国家技能人才培养工学一体化课程设置方案》开设本专业课程。本课程安排只列出工学一体化课程及建议学时，使用单位可依据院校学习年限和教学安排确定具体学时分配。

（一）中级技能层级工学一体化课程表（初中起点三年）

序号	课程名称	基准学时	学时分配					
			第1学期	第2学期	第3学期	第4学期	第5学期	第6学期
1	工程机械零件手工加工	150	150					
2	工程机械底盘部件装配	150		150				
3	工程机械液压系统安装与调试	150			150			

序号	课程名称	基准学时	学时分配					
			第1学期	第2学期	第3学期	第4学期	第5学期	第6学期
4	工程机械电气系统安装与调试	150			150			
5	工程机械发动机装配	150				150		
6	工程机械操作与维护	300				300		
7	工程机械液压简单故障检修	150					150	
8	工程机械电气简单故障检修	150					150	
9	工程机械发动机简单故障检修	150					150	
	总学时	1 500	150	150	300	450	450	

（二）高级技能层级工学一体化课程表（高中起点三年）

序号	课程名称	基准学时	学时分配					
			第1学期	第2学期	第3学期	第4学期	第5学期	第6学期
1	工程机械零件手工加工	90	90					
2	工程机械底盘部件装配	120	120					
3	工程机械液压系统安装与调试	90		90				
4	工程机械电气系统安装与调试	90		90				
5	工程机械发动机装配	90		90				
6	工程机械操作与维护	240			240			
7	工程机械液压简单故障检修	120			120			
8	工程机械电气简单故障检修	120			120			
9	工程机械发动机简单故障检修	150				150		
10	工程机械液电系统安装与调试	150				150		
11	工程机械液压故障诊断与排除	150				150		
12	工程机械电气故障诊断与排除	120					120	
13	工程机械发动机故障诊断与排除	150					150	
14	轮式工程机械底盘故障诊断与排除	150					150	
15	履带式工程机械底盘故障诊断与排除	150					150	
	总学时	1 980	210	270	480	450	570	

（三）高级技能层级工学一体化课程表（初中起点五年）

序号	课程名称	基准学时	学时分配									
			第1学期	第2学期	第3学期	第4学期	第5学期	第6学期	第7学期	第8学期	第9学期	第10学期
1	工程机械零件手工加工	150	150									
2	工程机械底盘部件装配	150		150								
3	工程机械液压系统安装与调试	150			150							
4	工程机械电气系统安装与调试	150			150							
5	工程机械发动机装配	150				150						
6	工程机械操作与维护	300				300						
7	工程机械液压简单故障检修	150					150					
8	工程机械电气简单故障检修	150					150					
9	工程机械发动机简单故障检修	150					150					
10	工程机械液电系统安装与调试	150							150			
11	工程机械液压故障诊断与排除	150							150			
12	工程机械电气故障诊断与排除	150								150		
13	工程机械发动机故障诊断与排除	150								150		
14	轮式工程机械底盘故障诊断与排除	150									150	
15	履带式工程机械底盘故障诊断与排除	150									150	
	总学时	2 400	150	150	300	450	450		300	300	300	

（四）预备技师（技师）层级工学一体化课程表（高中起点四年）

序号	课程名称	基准学时	学时分配							
			第1学期	第2学期	第3学期	第4学期	第5学期	第6学期	第7学期	第8学期
1	工程机械零件手工加工	90	90							
2	工程机械底盘部件装配	120	120							
3	工程机械液压系统安装与调试	90		90						
4	工程机械电气系统安装与调试	90		90						
5	工程机械发动机装配	90		90						
6	工程机械操作与维护	240			240					
7	工程机械液压简单故障检修	120			120					
8	工程机械电气简单故障检修	120			120					
9	工程机械发动机简单故障检修	150				150				
10	工程机械液电系统安装与调试	150				150				
11	工程机械液压故障诊断与排除	150				150				
12	工程机械电气故障诊断与排除	120					120			
13	工程机械发动机故障诊断与排除	150					150			
14	轮式工程机械底盘故障诊断与排除	150					150			
15	履带式工程机械底盘故障诊断与排除	150					150			
16	工程机械液压疑难故障诊断与排除	150						150		
17	工程机械电气疑难故障诊断与排除	150						150		
18	工程机械发动机疑难故障诊断与排除	150						150		
19	工程机械总成大修	150							150	
20	工程机械维修技术指导	150							150	
	总学时	2 730	210	270	480	450	570	450	300	

（五）预备技师（技师）层级工学一体化课程表（初中起点六年）

序号	课程名称	基准学时	学时分配											
			第1学期	第2学期	第3学期	第4学期	第5学期	第6学期	第7学期	第8学期	第9学期	第10学期	第11学期	第12学期
1	工程机械零件手工加工	150	150											
2	工程机械底盘部件装配	150		150										
3	工程机械液压系统安装与调试	150			150									
4	工程机械电气系统安装与调试	150			150									
5	工程机械发动机装配	150				150								
6	工程机械操作与维护	300				300								
7	工程机械液压简单故障检修	150					150							
8	工程机械电气简单故障检修	150					150							
9	工程机械发动机简单故障检修	150					150							
10	工程机械液电系统安装与调试	150							150					
11	工程机械液压故障诊断与排除	150							150					
12	工程机械电气故障诊断与排除	150								150				
13	工程机械发动机故障诊断与排除	150								150				
14	轮式工程机械底盘故障诊断与排除	150									150			
15	履带式工程机械底盘故障诊断与排除	150									150			

序号	课程名称	基准学时	学时分配											
			第1学期	第2学期	第3学期	第4学期	第5学期	第6学期	第7学期	第8学期	第9学期	第10学期	第11学期	第12学期
16	工程机械液压疑难故障诊断与排除	150										150		
17	工程机械电气疑难故障诊断与排除	150										150		
18	工程机械发动机疑难故障诊断与排除	150										150		
19	工程机械总成大修	150											150	
20	工程机械维修技术指导	150											150	
	总学时	3 150	150	150	300	450	450		300	300	300	450	300	

五、课程标准

（一）工程机械零件手工加工课程标准

工学一体化课程名称	工程机械零件手工加工	基准学时	150[①]

典型工作任务描述

工程机械零件手工加工是指组成工程机械的基本单元中有不可拆分的单个零件，在一定的装夹平台上利用手工工具和小型设备对其进行手工加工的工作过程。根据使用工具的不同，工程机械零件手工加工主要包括锯削加工、锉削加工、套螺纹加工、攻螺纹加工、钻孔加工、铰孔加工等。

在施工、维修现场或零件加工过程中，因零件没有达到使用要求，为了简化工艺、提高效率，而直接由工程机械维修工对工程机械零件进行手工加工。工程机械零件手工加工工作一般发生在工程机械制造企业、工程施工企业、工程机械维修企业和工程机械租赁企业中，主要由中级工层级的工程机械维修工完成。

工程机械维修工从上级主管处接受工程机械零件手工加工任务，阅读任务单，明确任务要求；识读工程机械零件图，分析加工工艺卡，制订工作计划；在班组长或师傅的指导下，确认加工方法、加工步骤和技术要求；根据工作需要，领取材料，准备工具、设备，做好工作现场准备；严格按照钳工操作规程、工艺规范进行工程机械零件手工加工工作；加工任务完成后，对零件加工精度进行自检，清理场地，归置物品，处置废弃物；填写用户服务卡，交付客户验收，对自己的工作进行总结。

---

① 此基准学时为初中生源学时，下同。

工程机械零件手工加工过程中，应严格按照钳工操作规程、工艺规范作业，遵守企业安全生产制度、环保管理制度和"6S"管理制度。

工作内容分析

工作对象：	工具、材料、设备与资料：	工作要求：
1. 任务单的领取和解读； 2. 工程机械零件图的识读，加工工艺卡的分析，工程机械零件手工加工工作计划的制订； 3. 加工方法、加工步骤和技术要求的确认； 4. 材料的领取，工具、设备的准备； 5. 工程机械零件手工加工与检验，场地清理、物品归置、废弃物处置； 6. 用户服务卡的填写，交付客户验收，工作总结。	1. 工具：工程机械零件加工专用工具、游标卡尺、千分尺、游标万能角度尺、刀口形直角尺、游标高度卡尺、百分表、塞规、锉刀、锯弓、锯条、麻花钻、铰刀、丝锥、板牙、台虎钳、平口钳、压板、垫铁、圆柱销等； 2. 材料：清洗液、润滑油、金属原料、坯料等； 3. 设备：台式钻床、砂轮机等； 4. 资料：任务单、材料领用单、工程机械零件图、加工工艺卡、钳工操作规程、工艺规范、企业安全生产制度、环保管理制度、"6S"管理制度、用户服务卡等。 **工作方法：** 1. 工作现场沟通法； 2. 资料查阅法； 3. 图样识读法； 4. 展示汇报法； 5. 材料领用法； 6. 工具使用法； 7. 设备使用法； 8. 零件手工加工法； 9. 用户服务卡填写法； 10. 目视检查法； 11. 加工精度检测法； 12. 工作总结法。 **劳动组织方式：** 以独立或小组合作的方式进行工作。从上级主管处领取工作任务，与其他部门有效沟通、协调，从仓库领取材料，准备工具、设备，完成工程机械零件的手工加工，完工自检后交付客户验收。	1. 解读任务单，与上级主管进行沟通交流，获取任务信息； 2. 识读工程机械零件图，分析加工工艺卡，制订工程机械零件手工加工工作计划； 3. 依据钳工操作规程、工艺规范，确认工程机械零件加工方法、加工步骤和技术要求； 4. 遵守企业设备、工具、材料管理制度，与仓库管理员进行沟通，领取材料，准备工具、设备； 5. 按照钳工操作规程、工艺规范和企业安全生产制度进行工程机械零件手工加工工作；加工任务完成后，进行自检，按照企业环保管理制度和"6S"管理制度清理场地，归置物品，处置废弃物； 6. 依据工作流程，填写用户服务卡，将加工合格的工程机械零件交付客户验收，并对自己的工作进行总结。

课程目标

学习完本课程后，学生应当能够胜任工程机械零件手工加工工作，包括：

1. 能解读工程机械零件手工加工任务单，与教师围绕工作内容和要求进行沟通交流，获取材料型号、尺寸要求、加工精度等任务信息。

2. 能识读工程机械零件图，通过小组合作分析加工工艺卡，制订工程机械零件手工加工工作计划。

3. 能依据钳工操作规程、工艺规范，在教师的指导下确认工程机械零件加工方法、加工步骤和技术要求。

4. 能遵守企业设备、工具、材料管理制度，与模拟仓库管理员进行沟通，领取工程机械零件手工加工所需的金属原料、坯料等材料，准备锉刀、锯弓等工具以及台式钻床、砂轮机等设备。

5. 能按照钳工操作规程、工艺规范和企业安全生产制度，有效运用锯削、锉削、套螺纹、攻螺纹、钻孔、铰孔等加工方法，规范完成工程机械零件手工加工工作；加工任务完成后，对零件加工精度进行自检，按照企业环保管理制度和"6S"管理制度清理场地，归置物品，处置废弃物。

6. 能依据工作流程，填写用户服务卡，将加工合格的工程机械零件交付教师验收，并对自己的工作进行总结。

学习内容

本课程的主要学习内容包括：

一、任务单的领取和解读

实践知识：

工程机械零件手工加工任务单的使用。

用以准确提取任务单关键信息的工作现场沟通法的应用。

任务单中材料型号、尺寸要求、加工精度等任务信息的解读。

理论知识：

零件手工加工类型及含义（锯削、锉削、套螺纹、攻螺纹、钻孔、铰孔），任务的交付标准。

二、工程机械零件图的识读，加工工艺卡的分析，工程机械零件手工加工工作计划的制订

实践知识：

工程机械零件图、加工工艺卡的使用。

资料查阅法、工程机械零件图识读法的应用。

工程机械零件图的识读，加工工艺卡的分析，工程机械零件手工加工工作计划的制订。

理论知识：

工程机械零件图的参数和技术要求，工程机械零件手工加工工作计划的格式、内容与撰写要求。

三、加工方法、加工步骤和技术要求的确认

实践知识：

钳工操作规程、工艺规范的使用。

用以准确交流加工方法、加工步骤和技术要求的工作现场沟通法、展示汇报法的应用。

工程机械零件手工加工工作计划合理性的判断、计划的修改完善、最终计划的展示汇报，加工方法、加工步骤和技术要求的确认。

理论知识：

工程机械零件手工加工的原则、工作流程和职责，工程机械零件加工方法、加工步骤和技术要求。

四、材料的领取，工具、设备的准备

实践知识：

材料领用单的使用。

用以准确交流材料领取的工作现场沟通法的应用，材料领用法的应用。

材料的领取，工具、设备的准备，材料、工具、设备的检查与确认。

理论知识：

企业设备、工具、材料管理制度，工具、设备的选用原则和使用方法，设备的精度、量程、型号等，材料的型号、类别等，材料管理制度和领用流程。

五、工程机械零件手工加工与检验，场地清理、物品归置、废弃物处置

实践知识：

工程机械零件加工专用工具、游标卡尺、千分尺、游标万能角度尺、刀口形直角尺、游标高度卡尺、百分表、塞规、锉刀、锯弓、锯条、麻花钻、铰刀、丝锥、板牙、台虎钳、平口钳、压板、垫铁、圆柱销等工具的使用，清洗液、润滑油、金属原料、坯料等材料的使用，台式钻床、砂轮机等设备的使用，钳工操作规程、工艺规范、企业安全生产制度、环保管理制度、"6S"管理制度等资料的使用。

用以准确交流产品验收的工作现场沟通法的应用，工具使用法的应用（零件手工加工工具的使用），设备使用法的应用（台式钻床、砂轮机的使用），零件手工加工法的应用，用以检查工程机械零件加工质量的目视检查法、加工精度检测法的应用。

刀具的刃磨和操作，工程机械零件手工加工（固定板的锯削加工、固定板的锉削加工、固定螺栓的加工、螺孔的加工、机罩安装孔的钻孔及攻螺纹加工等），加工精度的自检（使用游标卡尺、刀口形直角尺、千分尺、百分表、塞规等量具检测被加工零件），场地清理、物品归置、废弃物处置。

理论知识：

刀具（锉刀、锯条、麻花钻、铰刀、丝锥、板牙等）、量具（游标卡尺、刀口形直角尺、千分尺、百分表、塞规等）、台式钻床、砂轮机的安全操作规程和保养注意事项，钳工操作规程、工艺规范，企业安全生产制度、环保管理制度和"6S"管理制度，零件加工精度检测标准。

六、用户服务卡的填写，交付客户验收，工作总结

实践知识：

用户服务卡填写法的应用。

用户服务卡的填写。

用以准确交流产品验收的工作现场沟通法的应用，工作总结法的应用。

将加工合格的工程机械零件交付客户验收（使用游标卡尺、刀口形直角尺、千分尺、百分表、塞规等量具检测被加工零件的精度），工作总结。

理论知识：

零件加工精度检测标准。

七、通用能力、职业素养、思政素养

自主学习、自我管理、信息检索、理解与表达、交往与合作、创新思维、解决问题等通用能力，规范

意识、安全意识、质量意识、环保意识、责任意识、成本意识、服务意识、优化意识、效率意识等职业素养，以及劳模精神、劳动精神、工匠精神等思政素养。

参考性学习任务

序号	名称	学习任务描述	参考学时
1	QY25K汽车起重机固定板锯削加工	某工程机械再制造企业的工程机械维修工接到上级主管下发的任务，为完成QY25K汽车起重机固定板外形的修复，需要工程机械维修工手工锯削成型，要求在1天内完成并交付验收。 学生从教师处接受QY25K汽车起重机固定板锯削加工任务，阅读任务单，明确任务要求；识读QY25K汽车起重机固定板零件图，分析加工工艺卡，制订工作计划；在教师的指导下，确认加工方法、加工步骤和技术要求；根据工作需要，领取材料，准备工具、设备，做好工作现场准备；严格按照钳工操作规程、工艺规范进行QY25K汽车起重机固定板锯削加工工作；加工任务完成后，对零件加工精度进行自检，清理场地，归置物品，处置废弃物；填写用户服务卡，交付验收，对自己的工作进行总结。 工作过程中，学生应严格按照钳工操作规程、工艺规范作业，遵守企业安全生产制度、环保管理制度和"6S"管理制度。	30
2	QY25K汽车起重机固定板锉削加工	某工程机械再制造企业的工程机械维修工接到上级主管下发的任务，为完成QY25K汽车起重机固定板外形的修复，需要工程机械维修工手工锉削成型，要求在1天内完成并交付验收。 学生从教师处接受QY25K汽车起重机固定板锉削加工任务，阅读任务单，明确任务要求；识读QY25K汽车起重机固定板零件图，分析加工工艺卡，制订工作计划；在教师的指导下，确认加工方法、加工步骤和技术要求；根据工作需要，领取材料，准备工具、设备，做好工作现场准备；严格按照钳工操作规程、工艺规范进行QY25K汽车起重机固定板锉削加工工作；加工任务完成后，对零件加工精度进行自检，清理场地，归置物品，处置废弃物；填写用户服务卡，交付验收，对自己的工作进行总结。 工作过程中，学生应严格按照钳工操作规程、工艺规范作业，遵守企业安全生产制度、环保管理制度和"6S"管理制度。	30
3	QY50K汽车起重机变幅平衡阀固定螺栓、螺孔加工	某工程机械再制造企业的工程机械维修工接到上级主管下发的任务，为完成QY50K汽车起重机变幅平衡阀的安装工作，需要工程机械维修工手工加工一组固定螺栓、螺孔，要求在1天内完成并交付验收。	30

3	QY50K 汽车起重机变幅平衡阀固定螺栓、螺孔加工	学生从教师处接受 QY50K 汽车起重机变幅平衡阀固定螺栓、螺孔加工任务，阅读任务单，明确任务要求；识读 QY50K 汽车起重机变幅平衡阀固定螺栓、螺孔零件图，分析加工工艺卡，制订工作计划；在教师的指导下，确认加工方法、加工步骤和技术要求；根据工作需要，领取材料，准备工具、设备，做好工作现场准备；严格按照钳工操作规程、工艺规范进行 QY50K 汽车起重机变幅平衡阀固定螺栓、螺孔加工工作；加工任务完成后，对零件加工精度进行自检，清理场地，归置物品，处置废弃物；填写用户服务卡，交付验收，对自己的工作进行总结。 工作过程中，学生应严格按照钳工操作规程、工艺规范作业，遵守企业安全生产制度、环保管理制度和"6S"管理制度。	
4	LW300F 装载机机罩安装孔加工	某工程机械再制造企业的工程机械维修工接到上级主管下发的任务，为完成 LW300F 装载机机罩的安装工作，需要工程机械维修工手工加工安装孔，要求在 2 天内完成并交付验收。 学生从教师处接受 LW300F 装载机机罩安装孔加工任务，阅读任务单，明确任务要求；识读 LW300F 装载机机罩安装孔零件图，分析加工工艺卡，制订工作计划；在教师的指导下，确认加工方法、加工步骤和技术要求；根据工作需要，领取材料，准备工具、设备，做好工作现场准备；严格按照钳工操作规程、工艺规范进行 LW300F 装载机机罩安装孔加工工作；加工任务完成后，对零件加工精度进行自检，清理场地，归置物品，处置废弃物；填写用户服务卡，交付验收，对自己的工作进行总结。 工作过程中，学生应严格按照钳工操作规程、工艺规范作业，遵守企业安全生产制度、环保管理制度和"6S"管理制度。	60

教学实施建议

1. 师资要求

任课教师须具有工程机械零件手工加工的企业实践经验，具备工程机械零件手工加工工学一体化课程教学设计与实施、工学一体化课程教学资源选择与应用等能力。

2. 教学组织方式方法建议

采用行动导向的教学方法。为确保教学安全，合理使用实训设施设备，提高教学效果，建议采用分组教学的形式（5~6 人/组），同时培养学生的通用能力；在完成工作任务的过程中，教师须加强示范与指导，注重学生职业素养的培养。

有条件的地区，建议通过引企入校或建立校外实训基地为学生提供工程机械零件手工加工的真实工作环境，由企业导师与专业教师协同教学。部分不具备条件的院校，可通过仿真软件模拟、观看视频等方式进行学习。

3. 教学资源配备建议

（1）教学场地

工程机械零件手工加工教学场地须具备良好的安全、照明和通风条件。其中校内教学场地配备实施工程机械零件手工加工工学一体化课程的一体化学习工作站，分为教学区、资讯区、工作区、工具区和展示区，并配备相应的多媒体教学设备等，面积以至少同时容纳 30 人开展教学活动为宜，可进行资料查阅、教师授课、小组研讨、任务实施、成果展示等功能；企业实训基地应具备工程机械零件手工加工工作任务实践与技术培训等功能。

（2）工具、材料、设备（按组配置）

工具：工程机械零件加工专用工具、游标卡尺、千分尺、游标万能角度尺、刀口形直角尺、游标高度卡尺、百分表、塞规、锉刀、锯弓、锯条、麻花钻、铰刀、丝锥、板牙、台虎钳、平口钳、压板、垫铁、圆柱销等。

材料：清洗液、润滑油、金属原料、坯料等。

设备：台式钻床、砂轮机等。

（3）教学资料

以工作页为主，配备信息页、任务单、材料领用单、工程机械零件图、加工工艺卡、钳工操作规程、工艺规范、课件、微课等教学资料。

4. 教学管理制度

执行工学一体化教学场所和教学组织的管理规定，如需要进行校外认识实习和岗位实习，应严格遵守校外实训基地、企业实习等管理制度。

教学考核要求

课程考核采用过程性考核与终结性考核相结合的方式。课程考核成绩 = 过程性考核成绩 ×60%+ 终结性考核成绩 ×40%。

1. 过程性考核（60%）

由 4 个参考性学习任务考核构成过程性考核，各参考性学习任务占比均为 25%。

上述参考性学习任务考核，应以其对应代表性工作任务的职业能力要求为依据，充分考虑任务的关键技能、学习重难点及学生未来的发展需求设计考核内容和评分细则，从专业能力、通用能力、职业素养、思政素养等维度对学生综合职业能力进行考核。

（1）专业能力的考核：主要包括各学习环节产出的学习成果，如任务单的领取和解读，工程机械零件图的识读，加工工艺卡的分析，工程机械零件手工加工工作计划的制订，加工方法、加工步骤和技术要求的确认，工程机械零件手工加工与检验，工程机械零件的交付验收等完成任务的关键操作技能和心智技能，输出成果包括但不限于任务单、加工方案、作业流程等多种形式。

（2）通用能力、职业素养和思政素养的考核：在学习任务实施过程中，依据任务的职业能力要求，考核学生的通用能力、职业素养和思政素养的养成。例如：通过解读任务单的准确性、与教师沟通交流的逻辑性和流畅性，考核学生的信息检索能力和交往与合作能力；通过识读工程机械零件图的准确性、小组合作分析加工工艺卡的正确性、制订加工工作计划的合理性和可行性，考核学生的自主学习能力和交往与合作能力；通过查阅钳工操作规程、工艺规范，确认加工方法、加工步骤和技术要求的正确性，考核学生的信息检索能力；通过领用材料、准备工具和设备的精准性，考核学生的责任意识；通过钳工操作规程、工艺规范、企业安全生产制度、环保管理制度和"6S"管理制度的执行性，完成工程机械零件手工加工并对加工精度自检的规范性、责任性，清理场地、归置物品、处置废弃物的执行性，考核学生的规范意识、安全意识、质量意识、环保意识和责任意识；通过工程机械零件交付流程的完整性、总结报告的撰写，考核学生的责任意识等。

2. 终结性考核（40%）

终结性考核应围绕课程目标，结合课程终结性考核要点，选择企业真实工作任务或设计学习任务进行考核。

学生根据任务情境中的要求，制订工作计划，查找相关标准和操作规程，明确作业流程，领取材料，准备工具、设备，按照作业流程和工艺要求，在规定时间内完成工程机械零件手工加工，作业完成后应符合工程机械零件验收标准，工程机械零件加工精度达到客户要求。

考核说明：本课程的4个参考性学习任务属于平行式学习任务，故设计综合性任务QY25K汽车起重机销轴固定块加工为终结性考核任务，该考核任务能够覆盖终结性考核要点。通过该任务的考核，能客观反映课程目标的达成情况。

考核任务案例：QY25K汽车起重机销轴固定块加工

【情境描述】

某工程机械再制造企业接到订单，需要更换一台QY25K汽车起重机的臂架销轴，在装配时发现缺少销轴固定块，设计部门已经设计销轴固定块零件图并编写加工工艺卡，现班组长安排你负责该项工作。请你在1 h内依据钳工操作规程、工艺规范，完成QY25K汽车起重机销轴固定块加工工作，要求加工完成的销轴固定块符合装配要求。

【任务要求】

根据任务的情境描述，在规定时间内，完成QY25K汽车起重机销轴固定块加工工作。

（1）解读任务单，列出QY25K汽车起重机销轴固定块加工的工作内容及要求，列出与班组长的沟通要点。

（2）识读QY25K汽车起重机销轴固定板零件图，分析加工工艺卡，制订合理的加工工作计划。

（3）查阅钳工操作规程、工艺规范，整理并列出QY25K汽车起重机销轴固定块加工方法、加工步骤和技术要求。

（4）以表格形式列出完成任务所需的工具、材料、设备清单。

（5）按照钳工操作规程、工艺规范和企业安全生产制度，完成QY25K汽车起重机销轴固定块加工。

（6）依据企业质检流程和标准，规范完成零件加工精度的自检并记录。

（7）严格遵守企业环保管理制度和"6S"管理制度，清理场地，归置物品，处置废弃物。

（8）完成用户服务卡的填写和QY25K汽车起重机销轴固定块的交付验收，并对自己的工作进行总结，提交用户服务卡、总结报告等过程性材料。

【参考资料】

完成上述任务时，可以使用常见的教学资源，如工作页、信息页、任务单、材料领用单、QY25K 汽车起重机销轴固定块零件图、加工工艺卡、钳工操作规程、工艺规范、企业安全生产制度、环保管理制度、"6S"管理制度等。

（二）工程机械底盘部件装配课程标准

工学一体化课程名称	工程机械底盘部件装配	基准学时	150

典型工作任务描述

工程机械底盘部件装配是指将若干零件、组件按照装配技术要求经过组件、部件装配，并经过调整、检验和试车等，形成工程机械上具有独立功能的底盘部件的工作过程。根据工程机械底盘部件类别，工程机械底盘部件装配主要包括工程机械蜗轮蜗杆减速器装配、工程机械回转减速器装配、工程机械分动箱装配、工程机械转向桥装配、工程机械驱动桥装配、工程机械变矩器－变速箱装配等。

在工程机械生产制造或维修过程中，为了满足部件的使用要求，实现或恢复部件的设计功能，需要按照工艺规范对工程机械底盘部件进行装配。工程机械底盘部件装配工作一般发生在工程机械制造企业、工程施工企业、工程机械维修企业和工程机械租赁企业中，主要由中级工层级的工程机械维修工完成。

工程机械维修工从上级主管处接受工程机械底盘部件装配任务，阅读任务单，明确任务要求；识读工程机械底盘部件装配图，分析工艺卡和检验卡，制订工作计划；在班组长或师傅的指导下，确认装配步骤和技术要求；根据工作需要，领取材料，准备工具、设备，做好工作现场准备；严格按照装配操作规程、工艺规范进行工程机械底盘部件装配工作；装配任务完成后，对部件装配质量进行自检，清理场地，归置物品，处置废弃物；填写用户服务卡，交付客户验收，对自己的工作进行总结。

工程机械底盘部件装配过程中，应参照《工程机械　装配通用技术条件》（JB/T 5945—2018），按照装配操作规程、工艺规范作业，遵守企业安全生产制度、环保管理制度和"6S"管理制度。

工作内容分析

工作对象：	工具、材料、设备与资料：	工作要求：
1. 任务单的领取和解读；	1. 工具：扭力扳手、呆扳手、梅花扳手、棘轮扳手、风动扳手、套筒扳手、手锤、铜棒、游标卡尺、千分尺、塞尺、平尺、百分表、内径百分表等；	1. 解读任务单，与上级主管进行沟通交流，获取任务信息；
2. 工程机械底盘部件装配图的识读，工艺卡和检验卡的分析，工程机械底盘部件装配工作计划的制订；	2. 材料：密封胶、清洗液、制动液、润滑脂、机油、齿轮油等；	2. 识读工程机械底盘部件装配图，分析工艺卡和检验卡，制订工程机械底盘部件装配工作计划；
3. 装配步骤和技术要求的确认；	3. 设备：蜗轮蜗杆减速器、回转减速器、分动箱、转向桥、驱动桥、变矩器－变速箱、压力机、部件工装、KPK 起重机、行车等；	3. 参照《工程机械　装配通用技术条件》（JB/T 5945—2018），依据装配操作规程、工艺规范，确认工程机械底盘部
	4. 资料：任务单、材料领用单、工程机械底盘	

4. 材料的领取，工具、设备的准备； 5. 工程机械底盘部件装配与检验，场地清理、物品归置、废弃物处置； 6. 用户服务卡的填写，交付客户验收，工作总结。	部件装配图、工艺卡、检验卡、《工程机械 装配通用技术条件》（JB/T 5945—2018）、装配操作规程、工艺规范、企业安全生产制度、环保管理制度、"6S"管理制度、用户服务卡等。 **工作方法：** 1. 工作现场沟通法； 2. 资料查阅法； 3. 图样识读法； 4. 展示汇报法； 5. 材料领用法； 6. 工具使用法； 7. 设备使用法； 8. 部件装配法； 9. 用户服务卡填写法； 10. 目视检查法； 11. 装配质量检测法； 12. 工作总结法。 **劳动组织方式：** 以独立或小组合作的方式进行工作。从上级主管处领取工作任务，与其他部门有效沟通、协调，从仓库领取材料，准备工具、设备，完成工程机械底盘部件的装配，完工自检后交付客户验收。	件装配步骤和技术要求； 4. 遵守企业设备、工具、材料管理制度，与仓库管理员进行沟通，领取材料，准备工具、设备； 5. 按照装配操作规程、工艺规范和企业安全生产制度进行工程机械底盘部件装配工作；装配任务完成后，进行自检，按照企业环保管理制度和"6S"管理制度清理场地，归置物品，处置废弃物； 6. 依据工作流程，填写用户服务卡，将装配合格的工程机械底盘部件交付客户验收，并对自己的工作进行总结。

课程目标

学习完本课程后，学生应当能够胜任工程机械底盘部件装配工作，包括：

1. 能解读工程机械底盘部件装配任务单，与教师围绕工作内容和要求进行沟通交流，获取部件型号、装配精度等任务信息。

2. 能识读工程机械底盘部件装配图，通过小组合作分析工艺卡和检验卡，制订工程机械底盘部件装配工作计划。

3. 能参照《工程机械 装配通用技术条件》（JB/T 5945—2018），依据装配操作规程、工艺规范，在教师的指导下确认工程机械底盘部件装配步骤和技术要求。

4. 能遵守企业设备、工具、材料管理制度，与模拟仓库管理员进行沟通，领取工程机械底盘部件装配所需的密封胶、润滑脂等材料，准备扭力扳手、呆扳手等工具以及部件工装、KPK起重机、行车等设备。

5. 能按照装配操作规程、工艺规范和企业安全生产制度，有效运用部件装配法，规范完成工程机械底盘部件装配工作；装配任务完成后，对部件装配质量进行自检，按照企业环保管理制度和"6S"管理制度清理场地，归置物品，处置废弃物。

6. 能依据工作流程，填写用户服务卡，将装配合格的工程机械底盘部件交付教师验收，并对自己的工作进行总结。

学习内容

本课程的主要学习内容包括：

一、任务单的领取和解读

实践知识：

工程机械底盘部件装配任务单的使用。

任务单中部件型号、装配项目、装配精度等任务信息的解读。

理论知识：

工程机械蜗轮蜗杆减速器、回转减速器、分动箱、转向桥、驱动桥、变矩器－变速箱的含义及功用，任务的交付标准。

二、工程机械底盘部件装配图的识读，工艺卡和检验卡的分析，工程机械底盘部件装配工作计划的制订

实践知识：

工程机械底盘部件装配图、工艺卡和检验卡的使用。

工程机械底盘部件装配图识读法的应用。

工程机械底盘部件装配图的识读，工艺卡和检验卡的分析，工程机械底盘部件装配工作计划的制订（装配工量具的选用、装配工艺卡的编写、装配步骤、装配安全防护措施、装配质量检测标准等）。

理论知识：

工程机械蜗轮蜗杆减速器、回转减速器、分动箱、转向桥、驱动桥、变矩器－变速箱的结构组成和工作原理，工程机械底盘部件装配图的参数和技术要求，工程机械底盘部件装配工作计划的格式、内容与撰写要求。

三、装配步骤和技术要求的确认

实践知识：

《工程机械 装配通用技术条件》（JB/T 5945—2018）、装配操作规程、工艺规范的使用。

工程机械底盘部件装配工作计划合理性的判断、计划的修改完善、最终计划的展示汇报，装配步骤和技术要求的确认。

理论知识：

装配操作规程（蜗轮蜗杆减速器装配作业指导书、回转减速器装配作业指导书、分动箱装配作业指导书、转向桥装配作业指导书、驱动桥装配作业指导书、变矩器－变速箱装配作业指导书等），工程机械底盘部件装配的原则、工作流程和职责，工程机械底盘部件装配步骤和技术要求。

四、材料的领取，工具、设备的准备

实践知识：

材料领用单的使用。

材料的领取，工具、设备的准备，材料、工具、设备的检查与确认。

理论知识：

企业设备、工具、材料管理制度，工具、设备的选用原则，设备的精度、量程、型号等，材料的型号、类别等，材料管理制度和领用流程。

五、工程机械底盘部件装配与检验，场地清理、物品归置、废弃物处置

实践知识：

扭力扳手、呆扳手、梅花扳手、棘轮扳手、风动扳手、套筒扳手、手锤、铜棒、游标卡尺、千分尺、塞尺、平尺、百分表、内径百分表等工具的使用，密封胶、清洗液、制动液、润滑脂、机油、齿轮油等材料的使用，蜗轮蜗杆减速器、回转减速器、分动箱、转向桥、驱动桥、变矩器–变速箱、压力机、部件工装、KPK起重机、行车等设备的使用，装配操作规程、工艺规范、企业安全生产制度、环保管理制度、"6S"管理制度等资料的使用。

工具使用法的应用（部件装配工具的使用），设备使用法的应用（部件工装、KPK起重机、行车的使用），部件装配法的应用，用以检查部件装配质量的目视检查法、装配质量检测法的应用。

工程机械蜗轮蜗杆减速器的装配与检验，工程机械回转减速器的装配与检验，工程机械分动箱的装配与检验，工程机械转向桥的装配与检验，工程机械驱动桥的装配与检验，工程机械变矩器–变速箱的装配与检验；场地清理、物品归置、废弃物处置。

理论知识：

装配操作规程、工艺规范，企业安全生产制度、环保管理制度和"6S"管理制度，工程机械底盘部件运行性能参数，部件装配质量检测标准。

六、用户服务卡的填写，交付客户验收，工作总结

实践知识：

用户服务卡的填写。

将装配合格的工程机械底盘部件交付客户验收，工作总结。

理论知识：

部件装配质量检测标准。

七、通用能力、职业素养、思政素养

自主学习、自我管理、信息检索、理解与表达、交往与合作、创新思维、解决问题等通用能力，规范意识、安全意识、质量意识、环保意识、责任意识、成本意识、服务意识、优化意识、效率意识等职业素养，以及劳模精神、劳动精神、工匠精神等思政素养。

参考性学习任务

序号	名称	学习任务描述	参考学时
1	GR215平地机蜗轮蜗杆减速器装配	某工程机械零部件制造企业的工程机械维修工接到上级主管下发的任务，为满足GR215平地机的铲刀回转使用性能要求，需要工程机械维修工装配一批GR215平地机蜗轮蜗杆减速器，要求在1天内完成并交付验收。 学生从教师处接受GR215平地机蜗轮蜗杆减速器装配任务，阅	18

1	GR215 平地机蜗轮蜗杆减速器装配	读任务单，明确任务要求；识读 GR215 平地机蜗轮蜗杆减速器装配图，分析工艺卡和检验卡，制订工作计划；在教师的指导下，确认装配步骤和技术要求；根据工作需要，领取材料，准备工具、设备，做好工作现场准备；严格按照装配操作规程、工艺规范进行 GR215 平地机蜗轮蜗杆减速器装配工作；装配任务完成后，对部件装配质量进行自检，清理场地，归置物品，处置废弃物；填写用户服务卡，交付验收，对自己的工作进行总结。 工作过程中，学生应参照《工程机械 装配通用技术条件》（JB/T 5945—2018），按照装配操作规程、工艺规范作业，遵守企业安全生产制度、环保管理制度和"6S"管理制度。	
2	XE210 挖掘机回转减速器装配	某工程机械零部件制造企业的工程机械维修工接到上级主管下发的任务，为满足 XE210 挖掘机回转使用性能要求，需要工程机械维修工装配一批 XE210 挖掘机回转减速器，要求在 1 天内完成并交付验收。 学生从教师处接受 XE210 挖掘机回转减速器装配任务，阅读任务单，明确任务要求；识读 XE210 挖掘机回转减速器装配图，分析工艺卡和检验卡，制订工作计划；在教师的指导下，确认装配步骤和技术要求；根据工作需要，领取材料，准备工具、设备，做好工作现场准备；严格按照装配操作规程、工艺规范进行 XE210 挖掘机回转减速器装配工作；装配任务完成后，对部件装配质量进行自检，清理场地，归置物品，处置废弃物；填写用户服务卡，交付验收，对自己的工作进行总结。 工作过程中，学生应参照《工程机械 装配通用技术条件》（JB/T 5945—2018），按照装配操作规程、工艺规范作业，遵守企业安全生产制度、环保管理制度和"6S"管理制度。	18
3	HB37K 混凝土泵车分动箱装配	某工程机械零部件制造企业的工程机械维修工接到上级主管下发的任务，为满足 HB37K 混凝土泵车行驶与工作状态切换的使用性能要求，需要工程机械维修工装配一批 HB37K 混凝土泵车分动箱，要求在 1 天内完成并交付验收。 学生从教师处接受 HB37K 混凝土泵车分动箱装配任务，阅读任务单，明确任务要求；识读 HB37K 混凝土泵车分动箱装配图，分析工艺卡和检验卡，制订工作计划；在教师的指导下，确认装配步骤和技术要求；根据工作需要，领取材料，准备工具、设备，做好工作现场准备；严格按照装配操作规程、工艺规范进行 HB37K 混凝土泵车分动箱装配工作；装配任务完成后，对部件装配质量进行	18

3	HB37K 混凝土泵车分动箱装配	自检，清理场地，归置物品，处置废弃物；填写用户服务卡，交付验收，对自己的工作进行总结。 　　工作过程中，学生应参照《工程机械　装配通用技术条件》（JB/T 5945—2018），按照装配操作规程、工艺规范作业，遵守企业安全生产制度、环保管理制度和"6S"管理制度。	
4	QY50K 汽车起重机转向桥装配	某工程机械零部件制造企业的工程机械维修工接到上级主管下发的任务，为满足 QY50K 汽车起重机转向、支承使用性能要求，需要工程机械维修工装配一批 QY50K 汽车起重机转向桥，要求在 2 天内完成并交付验收。 　　学生从教师处接受 QY50K 汽车起重机转向桥装配任务，阅读任务单，明确任务要求；识读 QY50K 汽车起重机转向桥装配图，分析工艺卡和检验卡，制订工作计划；在教师的指导下，确认装配步骤和技术要求；根据工作需要，领取材料，准备工具、设备，做好工作现场准备；严格按照装配操作规程、工艺规范进行 QY50K 汽车起重机转向桥装配工作；装配任务完成后，对部件装配质量进行自检，清理场地，归置物品，处置废弃物；填写用户服务卡，交付验收，对自己的工作进行总结。 　　工作过程中，学生应参照《工程机械　装配通用技术条件》（JB/T 5945—2018），按照装配操作规程、工艺规范作业，遵守企业安全生产制度、环保管理制度和"6S"管理制度。	24
5	ZL50G 装载机驱动桥装配	某工程机械零部件制造企业的工程机械维修工接到上级主管下发的任务，为满足 ZL50G 装载机驱动桥的驱动行驶及支承的使用性能要求，需要工程机械维修工装配一批 ZL50G 装载机驱动桥，要求在 2 天内完成并交付验收。 　　学生从教师处接受 ZL50G 装载机驱动桥装配任务，阅读任务单，明确任务要求；识读 ZL50G 装载机驱动桥装配图，分析工艺卡和检验卡，制订工作计划；在教师的指导下，确认装配步骤和技术要求；根据工作需要，领取材料，准备工具、设备，做好工作现场准备；严格按照装配操作规程、工艺规范进行 ZL50G 装载机驱动桥装配工作；装配任务完成后，对部件装配质量进行自检，清理场地，归置物品，处置废弃物；填写用户服务卡，交付验收，对自己的工作进行总结。 　　工作过程中，学生应参照《工程机械　装配通用技术条件》（JB/T 5945—2018），按照装配操作规程、工艺规范作业，遵守企业安全生产制度、环保管理制度和"6S"管理制度。	30

6	ZL50G 装载机变矩器 – 变速箱装配	某工程机械零部件制造企业的工程机械维修工接到上级主管下发的任务，为满足 ZL50G 装载机变速操纵的使用性能要求，需要工程机械维修工装配一批 ZL50G 装载机变矩器 – 变速箱，要求在 3 天内完成并交付验收。 学生从教师处接受 ZL50G 装载机变矩器 – 变速箱装配任务，阅读任务单，明确任务要求；识读 ZL50G 装载机变矩器 – 变速箱装配图，分析工艺卡和检验卡，制订工作计划；在教师的指导下，确认装配步骤和技术要求；根据工作需要，领取材料，准备工具、设备，做好工作现场准备；严格按照装配操作规程、工艺规范进行 ZL50G 装载机变矩器 – 变速箱装配工作；装配任务完成后，对部件装配质量进行自检，清理场地，归置物品，处置废弃物；填写用户服务卡，交付验收，对自己的工作进行总结。 工作过程中，学生应参照《工程机械　装配通用技术条件》（JB/T 5945—2018），按照装配操作规程、工艺规范作业，遵守企业安全生产制度、环保管理制度和"6S"管理制度。	42

教学实施建议

1. 师资要求

任课教师须具有工程机械底盘部件装配的企业实践经验，具备工程机械底盘部件装配工学一体化课程教学设计与实施、工学一体化课程教学资源选择与应用等能力。

2. 教学组织方式方法建议

采用行动导向的教学方法。为确保教学安全，合理使用实训设施设备，提高教学效果，建议采用分组教学的形式（5～6 人 / 组），同时培养学生的通用能力；在完成工作任务的过程中，教师须加强示范与指导，注重学生职业素养的培养。

有条件的地区，建议通过引企入校或建立校外实训基地为学生提供工程机械底盘部件装配的真实工作环境，由企业导师与专业教师协同教学。部分不具备条件的院校，可通过仿真软件模拟、观看视频等方式进行学习。

3. 教学资源配备建议

（1）教学场地

工程机械底盘部件装配教学场地须具备良好的安全、照明和通风条件。其中校内教学场地配备实施工程机械底盘部件装配工学一体化课程的一体化学习工作站，分为教学区、资讯区、工作区、工具区和展示区，并配备相应的多媒体教学设备等，面积以至少同时容纳 30 人开展教学活动为宜，可进行资料查阅、教师授课、小组研讨、任务实施、成果展示等功能；企业实训基地应具备工程机械底盘部件装配工作任务实践与技术培训等功能。

（2）工具、材料、设备（按组配置）

工具：扭力扳手、呆扳手、梅花扳手、棘轮扳手、风动扳手、套筒扳手、手锤、铜棒、游标卡尺、千分尺、塞尺、平尺、百分表、内径百分表等。

材料：密封胶、清洗液、制动液、润滑脂、机油、齿轮油等。

设备：蜗轮蜗杆减速器、回转减速器、分动箱、转向桥、驱动桥、变矩器 – 变速箱、压力机、部件工装、KPK起重机、行车等。

（3）教学资料

以工作页为主，配备信息页、任务单、材料领用单、工程机械底盘部件装配图、工艺卡、检验卡、《工程机械　装配通用技术条件》（JB/T 5945—2018）、装配操作规程、工艺规范、课件、微课等教学资料。

4. 教学管理制度

执行工学一体化教学场所和教学组织的管理规定，如需要进行校外认识实习和岗位实习，应严格遵守校外实训基地、企业实习等管理制度。

教学考核要求

课程考核采用过程性考核与终结性考核相结合的方式。课程考核成绩 = 过程性考核成绩 × 60%+ 终结性考核成绩 × 40%。

1. 过程性考核（60%）

由6个参考性学习任务考核构成过程性考核。各参考性学习任务占比如下：GR215平地机蜗轮蜗杆减速器装配，占比15%；XE210挖掘机回转减速器装配，占比15%；HB37K混凝土泵车分动箱装配，占比为15%；QY50K汽车起重机转向桥装配，占比15%；ZL50G装载机驱动桥装配，占比20%；ZL50G装载机变矩器 – 变速箱装配，占比20%。

上述参考性学习任务考核，应以其对应代表性工作任务的职业能力要求为依据，充分考虑任务的关键技能、学习重难点及学生未来的发展需求设计考核内容和评分细则，从专业能力、通用能力、职业素养、思政素养等维度对学生综合职业能力进行考核。

（1）专业能力的考核：主要包括各学习环节产出的学习成果，如任务单的领取和解读，工程机械底盘部件装配图的识读，工艺卡和检验卡的分析，工程机械底盘部件装配工作计划的制订，装配步骤和技术要求的确认，工程机械底盘部件装配与检验，工程机械底盘部件的交付验收等完成任务的关键操作技能和心智技能，输出成果包括但不限于任务单、装配方案、作业流程等多种形式。

（2）通用能力、职业素养和思政素养的考核：在学习任务实施过程中，依据任务的职业能力要求，考核学生的通用能力、职业素养和思政素养的养成。例如：通过解读任务单的准确性、与教师沟通交流的逻辑性和流畅性，考核学生的信息检索能力和交往与合作能力；通过识读工程机械底盘部件装配图的准确性、小组合作分析工艺卡和检验卡的正确性、制订装配工作计划的合理性和可行性，考核学生的自主学习能力和交往与合作能力；通过查阅装配操作规程、工艺规范，确认装配步骤和技术要求的正确性，考核学生的信息检索能力；通过领用材料、准备工具和设备的精准性，考核学生的责任意识；通过装配操作规程、工艺规范、企业安全生产制度、环保管理制度和"6S"管理制度的执行性，完成工程机械底盘部件装配并对装配质量自检的规范性、责任性，清理场地、归置物品、处置废弃物的执行性，考核学生的规范意识、安全意识、质量意识、环保意识和责任意识；通过工程机械底盘部件交付流程的完整性、总结报告的撰写，考核学生的责任意识等。

2. 终结性考核（40%）

终结性考核应围绕课程目标，结合课程终结性考核要点，选择企业真实工作任务或设计学习任务进行考核。

学生根据任务情境中的要求，制订工作计划，查找相关标准和操作规程，明确作业流程，领取材料，准备工具、设备，按照作业流程和工艺要求，在规定时间内完成工程机械底盘部件装配，作业完成后应符合工程机械底盘部件验收标准，工程机械底盘部件装配质量达到客户要求。

考核说明：本课程的 6 个参考性学习任务属于平行式学习任务，故设计综合性任务 ZL50G 装载机驱动桥主减速器装配为终结性考核任务，该考核任务能够覆盖终结性考核要点。通过该任务的考核，能客观反映课程目标的达成情况。

考核任务案例：ZL50G 装载机驱动桥主减速器装配

【情境描述】

某工程机械零部件制造企业的工程机械维修工接到上级主管下发的任务，需要装配一批 ZL50G 装载机驱动桥的主减速器，现班组长安排你负责该项工作。请你在 2 h 内依据装配操作规程、工艺规范，完成 ZL50G 装载机驱动桥主减速器装配工作，确保其具有良好的工作性能。

【任务要求】

根据任务的情境描述，在规定时间内，完成 ZL50G 装载机驱动桥主减速器装配工作。

（1）解读任务单，列出 ZL50G 装载机驱动桥主减速器装配的工作内容及要求，列出与班组长的沟通要点。

（2）识读 ZL50G 装载机驱动桥主减速器装配图，分析工艺卡和检验卡，制订合理的装配工作计划。

（3）查阅《工程机械　装配通用技术条件》（JB/T 5945—2018）、装配操作规程、工艺规范，整理并列出 ZL50G 装载机驱动桥主减速器装配步骤和技术要求。

（4）以表格形式列出完成任务所需的工具、材料、设备清单。

（5）按照装配操作规程、工艺规范和企业安全生产制度，完成 ZL50G 装载机驱动桥主减速器装配。

（6）依据企业质检流程和标准，规范完成部件装配质量的自检并记录。

（7）严格遵守企业环保管理制度和"6S"管理制度，清理场地，归置物品，处置废弃物。

（8）完成用户服务卡的填写和 ZL50G 装载机驱动桥主减速器的交付验收，并对自己的工作进行总结，提交用户服务卡、总结报告等过程性材料。

【参考资料】

完成上述任务时，可以使用常见的教学资源，如工作页、信息页、任务单、材料领用单、ZL50G 装载机驱动桥主减速器装配图、工艺卡、检验卡、《工程机械　装配通用技术条件》（JB/T 5945—2018）、装配操作规程、工艺规范、企业安全生产制度、环保管理制度、"6S"管理制度等。

（三）工程机械液压系统安装与调试课程标准

工学一体化课程名称	工程机械液压系统安装与调试	基准学时	150

典型工作任务描述

工程机械液压系统安装与调试是指工程机械为完成工作、制动、转向、行走及辅助功能，以液压油作为工作介质，将动力、控制、执行及辅助元件进行连接，实现能量转换和信息传递的工作过程。根据功能的不同，工程机械液压系统安装与调试主要包括工程机械液压工作系统安装与调试、工程机械液压制动系统安装与调试、工程机械液压转向系统安装与调试、工程机械液压行走系统安装与调试、工程机械液压辅助系统安装与调试等。

在工程机械生产制造或维修过程中，为实现整机各液压系统的工作性能，需要对液压系统进行安装与调试。工程机械液压系统安装与调试工作一般发生在工程机械制造企业、工程施工企业、工程机械维修企业和工程机械租赁企业中，主要由中级工层级的工程机械维修工完成。

工程机械维修工从上级主管处接受工程机械液压系统安装与调试任务，阅读任务单，明确任务要求；识读工程机械液压系统装配图、布管图，分析工艺卡和检验卡，制订工作计划；在班组长或师傅的指导下，确认安装步骤和技术要求；根据工作需要，领取材料，准备工具、设备，做好工作现场准备；严格按照液压系统安装操作规程、调试操作规程、工艺规范进行工程机械液压系统安装与调试工作；安装与调试任务完成后，均需进行自检，清理场地，归置物品，处置废弃物；填写用户服务卡，交付客户验收，对自己的工作进行总结。

工程机械液压系统安装与调试过程中，应参照《工程机械　装配通用技术条件》（JB/T 5945—2018），按照液压系统安装操作规程、调试操作规程、工艺规范作业，遵守企业安全生产制度、环保管理制度和"6S"管理制度。

工作内容分析

工作对象：	工具、材料、设备与资料：	工作要求：
1. 任务单的领取和解读；	1. 工具：呆扳手、套筒扳手、梅花扳手、活扳手、扭力扳手、风动扳手、内六角扳手、十字旋具、一字旋具、铜棒、记号笔、卷尺、压力表等；	1. 解读任务单，与上级主管进行沟通交流，获取任务信息；
2. 工程机械液压系统装配图、布管图的识读，工艺卡和检验卡的分析，工程机械液压系统安装与调试工作计划的制订；	2. 材料：液压元件、液压管路、管路接头、管卡、螺栓、尼龙扎带、液压油、清洗液等；	2. 识读工程机械液压系统装配图、布管图，分析工艺卡和检验卡，制订工程机械液压系统安装与调试工作计划；
3. 安装步骤和技术要求的确认；	3. 设备：ZL50G装载机、XE60挖掘机、行车、翻转机、液压油加注机、过滤机等；	3. 参照《工程机械　装配通用技术条件》（JB/T 5945—2018），依据液压系统安装操作规程、工艺规范，确认工程机械液压系统安装步骤和技术要求；
4. 材料的领取，工具、设备的准备，	4. 资料：任务单、材料领用单、工程机械液压系统装配图、布管图、工艺卡、检验卡、《工程机械　装配通用技术条件》（JB/T 5945—2018）、工程机械液压原理图、液压系统安装操作规程、调试操作规程、工艺规范、	4. 遵守企业设备、工具、材料管理制度，与仓库管理员进行沟通，

工程机械液压系统的安装与检验，场地清理、物品归置、废弃物处置；	企业安全生产制度、环保管理制度、"6S"管理制度、用户服务卡等。	领取材料，准备工具、设备，按照液压系统安装操作规程、工艺规范和企业安全生产制度进行工程机械液压系统安装工作；安装任务完成后，进行自检，按照企业环保管理制度和"6S"管理制度清理场地，归置物品，处置废弃物；
5. 工程机械液压原理图的识读，工程机械液压系统的调试与检验，场地清理、物品归置、废弃物处置； 6. 用户服务卡的填写，交付客户验收，工作总结。	**工作方法：** 1. 工作现场沟通法； 2. 资料查阅法； 3. 图样识读法； 4. 展示汇报法； 5. 材料领用法； 6. 工具使用法； 7. 设备使用法； 8. 液压元件安装法； 9. 液压管路连接法； 10. 液压系统调试法； 11. 用户服务卡填写法； 12. 目视检查法； 13. 安装质量检测法； 14. 工程机械液压系统检测法； 15. 工作总结法。 **劳动组织方式：** 以独立或小组合作的方式进行工作。从上级主管处领取工作任务，与其他部门有效沟通、协调，从仓库领取材料，准备工具、设备，完成工程机械液压系统的安装与调试，完工自检后交付客户验收。	5. 识读工程机械液压原理图，按照液压系统调试操作规程、工艺规范和企业安全生产制度进行工程机械液压系统调试工作；调试任务完成后，进行自检，按照企业环保管理制度和"6S"管理制度清理场地，归置物品，处置废弃物； 6. 依据工作流程，填写用户服务卡，将安装、调试合格的工程机械液压系统交付客户验收，并对自己的工作进行总结。

课程目标

学习完本课程后，学生应当能够胜任工程机械液压系统安装与调试工作，包括：

1. 能解读工程机械液压系统安装与调试任务单，与教师围绕工作内容和要求进行沟通交流，获取工程机械使用信息、客户要求、安装项目等任务信息。

2. 能识读工程机械液压系统装配图、布管图，通过小组合作分析工艺卡和检验卡，制订工程机械液压系统安装与调试工作计划。

3. 能参照《工程机械 装配通用技术条件》（JB/T 5945—2018），依据液压系统安装操作规程、工艺规范，在教师的指导下确认工程机械液压系统安装步骤和技术要求。

4. 能遵守企业设备、工具、材料管理制度，与模拟仓库管理员进行沟通，领取工程机械液压系统安装所需的液压元件、液压管路、管路接头、管卡、螺栓等材料，准备呆扳手、风动扳手等工具以及行车、翻转机等设备，按照液压系统安装操作规程、工艺规范和企业安全生产制度，有效运用液压元件安装法、液压管路连接法，规范完成工程机械液压系统安装工作；安装任务完成后，进行自检，按照企业环保管理制度和"6S"管理制度清理场地，归置物品，处置废弃物。

5. 能识读工程机械液压原理图，准备压力表等工具，按照液压系统调试操作规程、工艺规范和企业安全生产制度，有效运用液压系统调试法，规范完成工程机械液压系统调试工作；调试任务完成后，进行自检，按照企业环保管理制度和"6S"管理制度清理场地，归置物品，处置废弃物。

6. 能依据工作流程，填写用户服务卡，将安装、调试合格的工程机械液压系统交付教师验收，并对自己的工作进行总结。

学习内容

本课程的主要学习内容包括：

一、任务单的领取和解读

实践知识：

工程机械液压系统安装与调试任务单的使用。

任务单中工程机械使用信息、客户要求、安装项目等任务信息的解读。

理论知识：

工程机械液压系统的组成及特点，液压泵、液压马达、液压缸、液压控制阀、液压辅助元件的含义、分类、结构、工作原理、职能符号及功用，方向控制回路、压力控制回路、速度控制回路、多缸动作回路的分类、组成、工作原理、特点及应用，装载机、挖掘机的含义、应用领域、分类、型号意义及结构组成，任务的交付标准，工程机械使用信息的含义。

二、工程机械液压系统装配图、布管图的识读，工艺卡和检验卡的分析，工程机械液压系统安装与调试工作计划的制订

实践知识：

工程机械液压系统装配图、布管图、工艺卡、检验卡的使用。

工程机械液压系统装配图、布管图识读法的应用。

工程机械液压系统装配图、布管图的识读，工艺卡和检验卡的分析，工程机械液压系统安装与调试工作计划的制订。

理论知识：

装载机、挖掘机液压元件的组成、液压系统的组成及功用，工程机械液压系统装配图和布管图（液压元件名称、安装方式、安装位置、安装技术要求），工程机械液压系统安装与调试工作计划的格式、内容与撰写要求。

三、安装步骤和技术要求的确认

实践知识：

《工程机械　装配通用技术条件》（JB/T 5945—2018）、液压系统安装操作规程、工艺规范的使用。

工程机械液压系统安装与调试工作计划合理性的判断、计划的修改完善、最终计划的展示汇报，安装步骤和技术要求的确认。

理论知识：

工程机械液压系统安装与调试的原则、工作流程和职责，工程机械液压系统安装步骤和技术要求。

四、材料的领取，工具、设备的准备，工程机械液压系统的安装与检验，场地清理、物品归置、废弃物处置

实践知识：

呆扳手、套筒扳手、梅花扳手、活扳手、扭力扳手、风动扳手、内六角扳手、十字旋具、一字旋具、铜棒、记号笔、卷尺等工具的使用，液压元件、液压管路、管路接头、管卡、螺栓、尼龙扎带、液压油、清洗液等材料的使用，工程机械液压实训设备、ZL50G 装载机、XE60 挖掘机、行车、翻转机、液压油加注机、过滤机等设备的使用，材料领用单、液压系统安装操作规程、工艺规范、企业安全生产制度、环保管理制度、"6S" 管理制度等资料的使用。

工具使用法的应用（液压系统安装工具的使用），设备使用法的应用（工程机械液压实训设备、液压油加注机、过滤机的使用），液压元件安装法的应用，液压管路连接法的应用，用以检查工程机械液压系统外观的目视检查法、安装质量检测法的应用。

材料的领取，工具、设备的准备，工程机械液压工作系统、制动系统、转向系统、行走系统、辅助系统相关液压元件的安装、液压管路的连接与布置，安装质量的自检，场地清理、物品归置、废弃物处置。

理论知识：

液压油的性质、类别及选用要求，工具的选用方法和使用注意事项，液压管路清洗方法，企业设备、工具、材料管理制度，液压系统安装操作规程、工艺规范，企业安全生产制度、环保管理制度和 "6S" 管理制度，工程机械液压系统安装质量检测标准。

五、工程机械液压原理图的识读，工程机械液压系统的调试与检验，场地清理、物品归置、废弃物处置

实践知识：

呆扳手、套筒扳手、梅花扳手、活扳手、扭力扳手、风动扳手、内六角扳手、十字旋具、一字旋具、压力表等工具的使用，工程机械液压实训设备、ZL50G 装载机、XE60 挖掘机等设备的使用，液压系统调试操作规程、工艺规范、企业安全生产制度、环保管理制度、"6S" 管理制度等资料的使用。

工具使用法的应用（液压系统调试工具的使用），设备使用法的应用（不同工程机械的操作使用、工程机械液压实训设备的使用），液压系统调试法的应用，工程机械液压系统检测法的应用。

工程机械液压原理图的识读，工程机械液压工作系统、制动系统、转向系统、行走系统、辅助系统的调试，工程机械液压系统各功能的自检，场地清理、物品归置、废弃物处置。

理论知识：

工程机械液压工作系统、制动系统、转向系统、行走系统、辅助系统的结构组成、工作原理、实现功能和连接关系，液压系统调试操作规程、工艺规范，企业安全生产制度、环保管理制度和 "6S" 管理制度，工程机械液压系统功能检测标准。

六、用户服务卡的填写，交付客户验收，工作总结

实践知识：

用户服务卡的填写。

将安装、调试合格的工程机械液压系统交付客户验收，工作总结。

理论知识：

工程机械液压系统功能检测标准。

七、通用能力、职业素养、思政素养

自主学习、自我管理、信息检索、理解与表达、交往与合作、创新思维、解决问题等通用能力，规范意识、安全意识、质量意识、环保意识、责任意识、成本意识、服务意识、优化意识、效率意识等职业素养，以及劳模精神、劳动精神、工匠精神等思政素养。

参考性学习任务

序号	名称	学习任务描述	参考学时
1	ZL50G 装载机液压工作系统安装与调试	某工程机械制造企业的工程机械维修工接到上级主管下发的任务，为实现 ZL50G 装载机各液压系统的工作性能，需要进行 ZL50G 装载机液压工作系统安装与调试，要求在 2 天内完成并交付验收。 学生从教师处接受 ZL50G 装载机液压工作系统安装与调试任务，阅读任务单，明确任务要求；识读 ZL50G 装载机液压工作系统装配图、布管图，分析工艺卡和检验卡，制订工作计划；在教师的指导下，确认 ZL50G 装载机液压工作系统安装步骤和技术要求；根据工作需要，领取材料，准备工具、设备，做好工作现场准备；严格按照液压系统安装操作规程、调试操作规程、工艺规范进行 ZL50G 装载机液压工作系统安装与调试工作；安装与调试任务完成后，均需进行自检，清理场地，归置物品，处置废弃物；填写用户服务卡，交付验收，对自己的工作进行总结。 工作过程中，学生应参照《工程机械 装配通用技术条件》（JB/T 5945—2018），按照液压系统安装操作规程、调试操作规程、工艺规范作业，遵守企业安全生产制度、环保管理制度和"6S"管理制度。	30
2	ZL50G 装载机液压制动系统安装与调试	某工程机械制造企业的工程机械维修工接到上级主管下发的任务，为实现 ZL50G 装载机各液压系统的工作性能，需要进行 ZL50G 装载机液压制动系统安装与调试，要求在 1 天内完成并交付验收。 学生从教师处接受 ZL50G 装载机液压制动系统安装与调试任务，阅读任务单，明确任务要求；识读 ZL50G 装载机液压制动系统装	30

2	ZL50G 装载机液压制动系统安装与调试	配图、布管图，分析工艺卡和检验卡，制订工作计划；在教师的指导下，确认 ZL50G 装载机液压制动系统安装步骤和技术要求；根据工作需要，领取材料，准备工具、设备，做好工作现场准备；严格按照液压系统安装操作规程、调试操作规程、工艺规范进行 ZL50G 装载机液压制动系统安装与调试工作；安装与调试任务完成后，均需进行自检，清理场地，归置物品，处置废弃物；填写用户服务卡，交付验收，对自己的工作进行总结。 　　工作过程中，学生应参照《工程机械　装配通用技术条件》（JB/T 5945—2018），按照液压系统安装操作规程、调试操作规程、工艺规范作业，遵守企业安全生产制度、环保管理制度和"6S"管理制度。	
3	ZL50G 装载机液压转向系统安装与调试	某工程机械制造企业的工程机械维修工接到上级主管下发的任务，为实现 ZL50G 装载机各液压系统的工作性能，需要进行 ZL50G 装载机液压转向系统安装与调试，要求在 1 天内完成并交付验收。 　　学生从教师处接受 ZL50G 装载机液压转向系统安装与调试任务，阅读任务单，明确任务要求；识读 ZL50G 装载机液压转向系统装配图、布管图，分析工艺卡和检验卡，制订工作计划；在教师的指导下，确认 ZL50G 装载机液压转向系统安装步骤和技术要求；根据工作需要，领取材料，准备工具、设备，做好工作现场准备；严格按照液压系统安装操作规程、调试操作规程、工艺规范进行 ZL50G 装载机液压转向系统安装与调试工作；安装与调试任务完成后，均需进行自检，清理场地，归置物品，处置废弃物；填写用户服务卡，交付验收，对自己的工作进行总结。 　　工作过程中，学生应参照《工程机械　装配通用技术条件》（JB/T 5945—2018），按照液压系统安装操作规程、调试操作规程、工艺规范作业，遵守企业安全生产制度、环保管理制度和"6S"管理制度。	30
4	XE60 挖掘机液压行走系统安装与调试	某工程机械制造企业的工程机械维修工接到上级主管下发的任务，为实现 XE60 挖掘机各液压系统的工作性能，需要进行 XE60 挖掘机液压行走系统安装与调试，要求在 2 天内完成并交付验收。 　　学生从教师处接受 XE60 挖掘机液压行走系统安装与调试任务，阅读任务单，明确任务要求；识读 XE60 挖掘机液压行走系统装配图、布管图，分析工艺卡和检验卡，制订工作计划；在教师的指导下，确认 XE60 挖掘机液压行走系统安装步骤和技术要求；根据工	30

4	XE60 挖掘机液压行走系统安装与调试	作需要，领取材料，准备工具、设备，做好工作现场准备；严格按照液压系统安装操作规程、调试操作规程、工艺规范进行 XE60 挖掘机液压行走系统安装与调试工作；安装与调试任务完成后，均需进行自检，清理场地，归置物品，处置废弃物；填写用户服务卡，交付验收，对自己的工作进行总结。 工作过程中，学生应参照《工程机械　装配通用技术条件》（JB/T 5945—2018），按照液压系统安装操作规程、调试操作规程、工艺规范作业，遵守企业安全生产制度、环保管理制度和"6S"管理制度。	
5	XE60 挖掘机液压辅助系统安装与调试	某工程机械制造企业的工程机械维修工接到上级主管下发的任务，为实现 XE60 挖掘机各液压系统的工作性能，需要进行 XE60 挖掘机液压辅助系统安装与调试，要求在 2 天内完成并交付验收。 学生从教师处接受 XE60 挖掘机液压辅助系统安装与调试任务，阅读任务单，明确任务要求；识读 XE60 挖掘机液压辅助系统装配图、布管图，分析工艺卡和检验卡，制订工作计划；在教师的指导下，确认 XE60 挖掘机液压辅助系统安装步骤和技术要求；根据工作需要，领取材料，准备工具、设备，做好工作现场准备；严格按照液压系统安装操作规程、调试操作规程、工艺规范进行 XE60 挖掘机液压辅助系统安装与调试工作；安装与调试任务完成后，均需进行自检，清理场地，归置物品，处置废弃物；填写用户服务卡，交付验收，对自己的工作进行总结。 工作过程中，学生应参照《工程机械　装配通用技术条件》（JB/T 5945—2018），按照液压系统安装操作规程、调试操作规程、工艺规范作业，遵守企业安全生产制度、环保管理制度和"6S"管理制度。	30

教学实施建议

1. 师资要求

任课教师须具有工程机械液压系统安装与调试的企业实践经验，具备工程机械液压系统安装与调试工学一体化课程教学设计与实施、工学一体化课程教学资源选择与应用等能力。

2. 教学组织方式方法建议

采用行动导向的教学方法。为确保教学安全，合理使用实训设施设备，提高教学效果，建议采用分组教学的形式（5~6 人 / 组），同时培养学生的通用能力；在完成工作任务的过程中，教师须加强示范与指导，注重学生职业素养的培养。

有条件的地区，建议通过引企入校或建立校外实训基地为学生提供工程机械液压系统安装与调试的真实工作环境，由企业导师与专业教师协同教学。部分不具备条件的院校，可通过仿真软件模拟、观看视频等方式进行学习。

3. 教学资源配备建议

（1）教学场地

工程机械液压系统安装与调试教学场地须具备良好的安全、照明和通风条件。其中校内教学场地配备实施工程机械液压系统安装与调试工学一体化课程的一体化学习工作站，分为教学区、资讯区、工作区、工具区和展示区，并配备相应的多媒体教学设备等，面积以至少同时容纳 30 人开展教学活动为宜，可进行资料查阅、教师授课、小组研讨、任务实施、成果展示等功能；企业实训基地应具备工程机械液压系统安装与调试工作任务实践与技术培训等功能。

（2）工具、材料、设备（按组配置）

工具：呆扳手、套筒扳手、梅花扳手、活扳手、扭力扳手、风动扳手、内六角扳手、十字旋具、一字旋具、铜棒、记号笔、卷尺、压力表等。

材料：液压元件、液压管路、管路接头、管卡、螺栓、尼龙扎带、液压油、清洗液等。

设备：工程机械液压实训设备、ZL50G 装载机、XE60 挖掘机、行车、翻转机、液压油加注机、过滤机等。

（3）教学资料

以工作页为主，配备信息页、任务单、材料领用单、工程机械液压系统装配图、布管图、工艺卡、检验卡、《工程机械　装配通用技术条件》（JB/T 5945—2018）、工程机械液压原理图、液压系统安装操作规程、调试操作规程、工艺规范、课件、微课等教学资料。

4. 教学管理制度

执行工学一体化教学场所和教学组织的管理规定，如需要进行校外认识实习和岗位实习，应严格遵守校外实训基地、企业实习等管理制度。

教学考核要求

课程考核采用过程性考核与终结性考核相结合的方式。课程考核成绩 = 过程性考核成绩 ×60%+ 终结性考核成绩 ×40%。

1. 过程性考核（60%）

由 5 个参考性学习任务考核构成过程性考核，各参考性学习任务占比均为 20%。

上述参考性学习任务考核，应以其对应代表性工作任务的职业能力要求为依据，充分考虑任务的关键技能、学习重难点及学生未来的发展需求设计考核内容和评分细则，从专业能力、通用能力、职业素养、思政素养等维度对学生综合职业能力进行考核。

（1）专业能力的考核：主要包括各学习环节产出的学习成果，如任务单的领取和解读，工程机械液压系统装配图、布管图的识读，工艺卡和检验卡的分析，工程机械液压系统安装与调试工作计划的制订，安装步骤和技术要求的确认，工程机械液压系统的安装与检验，工程机械液压系统的调试与检验，工程机械液压系统的交付验收等完成任务的关键操作技能和心智技能，输出成果包括但不限于任务单、安装方案、作业流程等多种形式。

（2）通用能力、职业素养和思政素养的考核：在学习任务实施过程中，依据任务的职业能力要求，考核学生的通用能力、职业素养和思政素养的养成。例如：通过解读任务单的准确性、与教师沟通交流的逻辑性和流畅性，考核学生的信息检索能力和交往与合作能力；通过识读工程机械液压系统装配图、布管图的准确性，小组合作分析工艺卡和检验卡的正确性，制订安装与调试工作计划的合理性和可行性，考核学生的自主学习能力和交往与合作能力；通过查阅液压系统安装操作规程、工艺规范，确认安装步骤和技术要求的正确性，考核学生的信息检索能力；通过领用材料、准备工具和设备的精准性，考核学生的责任意识；通过液压系统安装操作规程、调试操作规程、工艺规范、企业安全生产制度、环保管理制度和"6S"管理制度的执行性，完成工程机械液压系统安装与调试并对作业质量自检的规范性、责任性，清理场地、归置物品、处置废弃物的执行性，考核学生的规范意识、安全意识、质量意识、环保意识和责任意识；通过工程机械液压系统交付流程的完整性、总结报告的撰写，考核学生的责任意识等。

2. 终结性考核（40%）

终结性考核应围绕课程目标，结合课程终结性考核要点，选择企业真实工作任务或设计学习任务进行考核。

学生根据任务情境中的要求，制订工作计划，查找相关标准和操作规程，明确作业流程，领取材料，准备工具、设备，按照作业流程和工艺要求，在规定时间内完成工程机械液压系统安装与调试，作业完成后应符合工程机械液压系统安装与调试验收标准，工程机械性能达到客户要求。

考核说明：本课程的 5 个参考性学习任务属于平行式学习任务，故设计综合性任务 ZL50G 装载机液压系统安装与调试为终结性考核任务，该考核任务能够覆盖终结性考核要点。通过该任务的考核，能客观反映课程目标的达成情况。

考核任务案例：ZL50G 装载机液压系统安装与调试

【情境描述】

某工程机械制造企业的工程机械维修工接到上级主管下发的任务，为实现 ZL50G 装载机各液压系统的工作性能，需要进行 ZL50G 装载机液压系统安装与调试，现班组长安排你负责该项工作。请你在 2 h 内依据液压系统安装操作规程、调试操作规程、工艺规范，完成 ZL50G 装载机液压动臂系统、铲斗系统、转向系统安装与调试工作，确保其具有良好的工作性能。

【任务要求】

根据任务的情境描述，在规定时间内，完成 ZL50G 装载机液压系统安装与调试工作。

（1）解读任务单，列出 ZL50G 装载机液压系统安装与调试的工作内容及要求，列出与班组长的沟通要点。

（2）识读 ZL50G 装载机液压系统装配图、布管图，分析工艺卡和检验卡，制订合理的安装与调试工作计划。

（3）查阅《工程机械 装配通用技术条件》(JB/T 5945—2018)、液压系统安装操作规程、工艺规范，整理并列出 ZL50G 装载机液压动臂系统、铲斗系统、转向系统等关键系统的安装步骤和技术要求。

（4）以表格形式列出完成任务所需的工具、材料、设备清单。

（5）按照液压系统安装操作规程、调试操作规程、工艺规范和企业安全生产制度，完成 ZL50G 装载机液压动臂系统、铲斗系统、转向系统安装与调试。

（6）依据企业质检流程和标准，规范完成 ZL50G 装载机液压动臂系统、铲斗系统、转向系统工作性能的自检并记录。

（7）严格遵守企业环保管理制度和"6S"管理制度，清理场地，归置物品，处置废弃物。

（8）完成用户服务卡的填写和 ZL50G 装载机液压系统的交付验收，并对自己的工作进行总结，提交用户服务卡、总结报告等过程性材料。

【参考资料】

完成上述任务时，可以使用常见的教学资源，如工作页、信息页、任务单、材料领用单、ZL50G 装载机液压系统装配图、布管图、工艺卡、检验卡、《工程机械 装配通用技术条件》（JB/T 5945—2018）、ZL50G 装载机液压原理图、液压系统安装操作规程、调试操作规程、工艺规范、企业安全生产制度、环保管理制度、"6S"管理制度等。

（四）工程机械电气系统安装与调试课程标准

工学—体化课程名称	工程机械电气系统安装与调试	基准学时	150

典型工作任务描述

工程机械电气系统安装与调试是指为了更换损坏的电气元件或修复故障电气线路而将特定电气元件或线束按照装配图和工艺要求牢固安装到指定位置，连接线路并对电路功能进行调试，恢复电气系统正常使用功能的工作过程。工程机械电气系统安装与调试主要包括工程机械电源系统安装与调试、工程机械发动机起动电气系统安装与调试、工程机械照明与信号系统安装与调试、工程机械仪表与报警系统安装与调试、工程机械辅助电气系统安装与调试等。

工程机械经常在条件比较恶劣的施工现场行驶和作业，各个电气元件会受到振动、冲击、腐蚀、老化和自然磨损，造成电气系统元件松动和损坏，导致电气系统出现故障，无法正常运行，此时，需要对电气系统的元件、部件进行安装与调试。工程机械电气系统安装与调试工作一般发生在工程机械制造企业、工程施工企业、工程机械维修企业和工程机械租赁企业中，主要由中级工层级的工程机械维修工完成。

工程机械维修工从上级主管处接受工程机械电气系统安装与调试任务，阅读任务单，明确任务要求；识读工程机械电气系统元件布置图、布线图，分析工艺卡和检验卡，制订工作计划；在班组长或师傅的指导下，确认安装步骤和技术要求；根据工作需要，领取材料，准备工具、设备，做好工作现场准备；严格按照电气系统安装操作规程、调试操作规程、工艺规范进行工程机械电气系统安装与调试工作；安装与调试任务完成后，均需进行自检，清理场地，归置物品，处置废弃物；填写用户服务卡，交付客户验收，对自己的工作进行总结。

工程机械电气系统安装与调试过程中，应参照《工程机械 装配通用技术条件》（JB/T 5945—2018），按照电气系统安装操作规程、调试操作规程、工艺规范作业，遵守企业安全生产制度、环保管理制度和"6S"管理制度。

工作内容分析

工作对象：	工具、材料、设备与资料：	工作要求：
1. 任务单的领取和解读； 2. 工程机械电气系统元件布置图、布线图的识读，工艺卡和检验卡的分析，工程机械电气系统安装与调试工作计划的制订； 3. 安装步骤和技术要求的确认； 4. 材料的领取，工具、设备的准备，工程机械电气系统的安装与检验，场地清理、物品归置、废弃物处置； 5. 工程机械电气原理图的识读，工程机械电气系统的调试与检验，场地清理、物品归置、废弃物处置； 6. 用户服务卡的填写，交付客户验收，工作总结。	1. 工具：呆扳手、活扳手、棘轮扳手、内六角扳手、风动扳手、退针器、斜口钳、剥线钳、压线钳、一字旋具、十字旋具、电工刀、卷尺、万用表、试灯等； 2. 材料：导线、冷压端子、并线端子、插接器、号码管、热缩管、绝缘胶带、波纹管、尼龙扎带、电气元件、清洗液等； 3. 设备：ZL50G 装载机、XE210 挖掘机、QY25K 汽车起重机、行车、翻转机等； 4. 资料：任务单、材料领用单、工程机械电气系统元件布置图、布线图、工艺卡、检验卡、《工程机械 装配通用技术条件》（JB/T 5945—2018）、工程机械电气原理图、电气系统安装操作规程、调试操作规程、工艺规范、企业安全生产制度、环保管理制度、"6S" 管理制度、用户服务卡等。 **工作方法：** 1. 工作现场沟通法； 2. 资料查阅法； 3. 图样识读法； 4. 展示汇报法； 5. 材料领用法； 6. 工具使用法； 7. 设备使用法； 8. 电气元件安装法； 9. 电气线路连接法； 10. 电气系统调试法； 11. 用户服务卡填写法； 12. 目视检查法； 13. 安装质量检测法； 14. 工程机械电气系统检测法； 15. 工作总结法。	1. 解读任务单，与上级主管进行沟通交流，获取任务信息； 2. 识读工程机械电气系统元件布置图、布线图，分析工艺卡和检验卡，制订工程机械电气系统安装与调试工作计划； 3. 参照《工程机械 装配通用技术条件》（JB/T 5945—2018），依据电气系统安装操作规程、工艺规范，确认工程机械电气系统安装步骤和技术要求； 4. 遵守企业设备、工具、材料管理制度，与仓库管理员进行沟通，领取材料，准备工具、设备，按照电气系统安装操作规程、工艺规范和企业安全生产制度进行工程机械电气系统安装工作；安装任务完成后，进行自检，按照企业环保管理制度和"6S"管理制度清理场地，归置物品，处置废弃物； 5. 识读工程机械电气原理图，按照电气系统调试操作规程、工艺规范和企业安全生产制度进行工程机械电气系统调试工作；调试任务完成后，进行自检，按照企业环保管理制度和"6S"管理制度清理场地，归置物品，处置废弃物； 6. 依据工作流程，填写用户服务卡，将安装、调试合格的工程机械电气系统交付客户验收，并对自己的工作进行总结。

	劳动组织方式:	
	以独立或小组合作的方式进行工作。从上级主管处领取工作任务，与其他部门有效沟通、协调，从仓库领取材料，准备工具、设备，完成工程机械电气系统的安装与调试，完工自检后交付客户验收。	

课程目标

学习完本课程后，学生应当能够胜任工程机械电气系统安装与调试工作，包括:

1. 能解读工程机械电气系统安装与调试任务单，与教师围绕工作内容和要求进行沟通交流，获取工程机械使用信息、客户要求、安装项目等任务信息。

2. 能识读工程机械电气系统元件布置图、布线图，通过小组合作分析工艺卡和检验卡，制订工程机械电气系统安装与调试工作计划。

3. 能参照《工程机械 装配通用技术条件》(JB/T 5945—2018)，依据电气系统安装操作规程、工艺规范，在教师的指导下确认工程机械电气系统安装步骤和技术要求。

4. 能遵守企业设备、工具、材料管理制度，与模拟仓库管理员进行沟通，领取工程机械电气系统安装所需的电气元件、导线等材料，准备呆扳手、十字旋具等工具以及行车、翻转机等设备，按照电气系统安装操作规程、工艺规范和企业安全生产制度，有效运用电气元件安装法、电气线路连接法，规范完成工程机械电气系统安装工作;安装任务完成后，进行自检，按照企业环保管理制度和"6S"管理制度清理场地，归置物品，处置废弃物。

5. 能识读工程机械电气原理图，准备万用表等工具，按照电气系统调试操作规程、工艺规范和企业安全生产制度，有效运用电气系统调试法，规范完成工程机械电气系统调试工作;调试任务完成后，进行自检，按照企业环保管理制度和"6S"管理制度清理场地，归置物品，处置废弃物。

6. 能依据工作流程，填写用户服务卡，将安装、调试合格的工程机械电气系统交付教师验收，并对自己的工作进行总结。

学习内容

本课程的主要学习内容包括:

一、任务单的领取和解读

实践知识:

工程机械电气系统安装与调试任务单的使用。

任务单中工程机械使用信息、客户要求、安装项目等任务信息的解读。

理论知识:

装载机、挖掘机、汽车起重机的含义、应用领域、分类、型号意义及结构组成，工程机械电气系统的特点，任务的交付标准，工程机械使用信息的含义。

二、工程机械电气系统元件布置图、布线图的识读，工艺卡和检验卡的分析，工程机械电气系统安装与调试工作计划的制订

实践知识：

工程机械电气系统元件布置图、布线图、工艺卡、检验卡的使用。

工程机械电气系统元件布置图、布线图识读法的应用。

工程机械电气系统元件布置图、布线图的识读，工艺卡和检验卡的分析，工程机械电气系统安装与调试工作计划的制订。

理论知识：

工程机械电气系统主要电气元件的含义、分类、结构、工作原理、电气符号及功用，工程机械电气系统元件布置图、布线图，工程机械电气系统安装与调试工作计划的格式、内容与撰写要求。

三、安装步骤和技术要求的确认

实践知识：

《工程机械 装配通用技术条件》（JB/T 5945—2018）、工程机械电气系统安装操作规程、工艺规范的使用。

工程机械电气系统安装与调试工作计划合理性的判断、计划的修改完善、最终计划的展示汇报，安装步骤和技术要求的确认。

理论知识：

工程机械电气系统安装与调试的原则、工作流程和职责，工程机械电气系统安装步骤和技术要求。

四、材料的领取，工具、设备的准备，工程机械电气系统的安装与检验，场地清理、物品归置、废弃物处置

实践知识：

呆扳手、活扳手、棘轮扳手、内六角扳手、风动扳手、退针器、斜口钳、剥线钳、压线钳、一字旋具、十字旋具、电工刀、卷尺、万用表、试灯等工具的使用，导线、冷压端子、并线端子、插接器、号码管、热缩管、绝缘胶带、波纹管、尼龙扎带、电气元件、清洗液等材料的使用，工程机械电气实训设备、ZL50G 装载机、XE210 挖掘机、QY25K 汽车起重机、行车、翻转机等设备的使用，材料领用单、电气系统安装操作规程、工艺规范、企业安全生产制度、环保管理制度、"6S"管理制度等资料的使用。

工具使用法的应用（电气系统安装工具的使用），设备使用法的应用（工程机械电气实训设备的使用），电气元件安装法的应用，电气线路连接法的应用，用以检查工程机械电气系统外观的目视检查法、安装质量检测法的应用。

材料的领取，工具、设备的准备，工程机械电源系统、发动机起动电气系统、照明与信号系统、仪表与报警系统、辅助电气系统相关电气元件的安装、电气线路的连接与布置，安装质量的自检，场地清理、物品归置、废弃物处置。

理论知识：

企业设备、工具、材料管理制度，电气系统安装操作规程、工艺规范，企业安全生产制度、环保管理制度和"6S"管理制度，工程机械电源系统、发动机起动电气系统、照明与信号系统、仪表与报警系统、辅助电气系统相关电气元件的安装位置、安装顺序，工程机械电气系统安装质量检测标准。

五、工程机械电气原理图的识读，工程机械电气系统的调试与检验，场地清理、物品归置、废弃物处置

实践知识：

呆扳手、活扳手、棘轮扳手、内六角扳手、风动扳手、退针器、斜口钳、剥线钳、压线钳、一字旋具、十字旋具、电工刀、卷尺、万用表、试灯等工具的使用，工程机械电气实训设备、ZL50G 装载机、XE210 挖掘机、QY25K 汽车起重机、行车、翻转机等设备的使用，电气系统调试操作规程、工艺规范、企业安全生产制度、环保管理制度、"6S" 管理制度等资料的使用。

工具使用法的应用（电气系统调试工具的使用），设备使用法的应用（不同工程机械的操作使用），电气系统调试法的应用，工程机械电气系统检测法的应用。

工程机械电气原理图的识读，工程机械电源系统、发动机起动电气系统、照明与信号系统、仪表与报警系统、辅助电气系统的调试，工程机械电气系统各功能的自检，场地清理、物品归置、废弃物处置。

理论知识：

工程机械电源系统、发动机起动电气系统、照明与信号系统、仪表与报警系统、辅助电气系统工作原理，电气系统调试操作规程、工艺规范，企业安全生产制度、环保管理制度和 "6S" 管理制度，工程机械电气系统功能检测标准。

六、用户服务卡的填写，交付客户验收，工作总结

实践知识：

用户服务卡的填写。

将安装、调试合格的工程机械电气系统交付客户验收，工作总结。

理论知识：

工程机械电气系统功能检测标准。

七、通用能力、职业素养、思政素养

自主学习、自我管理、信息检索、理解与表达、交往与合作、创新思维、解决问题等通用能力，规范意识、安全意识、质量意识、环保意识、责任意识、成本意识、服务意识、优化意识、效率意识等职业素养，以及劳模精神、劳动精神、工匠精神等思政素养。

参考性学习任务

序号	名称	学习任务描述	参考学时
1	ZL50G 装载机电源系统安装与调试	某施工工地 ZL50G 装载机电源系统损坏，工程机械维修工接到客服中心下发的任务，需要在该工程机械上重新安装一套电源系统，要求在 0.5 天内完成并交付验收。 学生从教师处接受 ZL50G 装载机电源系统安装与调试任务，阅读任务单，明确任务要求；识读 ZL50G 装载机电源系统元件布置图、布线图，分析工艺卡和检验卡，制订工作计划；在教师的指导下，确认 ZL50G 装载机电源系统安装步骤和技术要求；根据工作需要，领取材料、准备工具、设备，做好工作现场准备；严格按照电气系统安装操作规程、调试操作规程、工艺规范进行 ZL50G 装载机电源	30

1	ZL50G 装载机电源系统安装与调试	系统安装与调试工作；安装与调试任务完成后，均需进行自检，清理场地，归置物品，处置废弃物；填写用户服务卡，交付验收，对自己的工作进行总结。 工作过程中，学生应参照《工程机械 装配通用技术条件》（JB/T 5945—2018），按照电气系统安装操作规程、调试操作规程、工艺规范作业，遵守企业安全生产制度、环保管理制度和"6S"管理制度。	
2	XE210 挖掘机发动机起动电气系统安装与调试	某施工工地 XE210 挖掘机发动机起动电气系统损坏，工程机械维修工接到客服中心下发的任务，需要在该工程机械上重新安装一套发动机起动电气系统，要求在 0.5 天内完成并交付验收。 学生从教师处接受 XE210 挖掘机发动机起动电气系统安装与调试任务，阅读任务单，明确任务要求；识读 XE210 挖掘机发动机起动电气系统元件布置图、布线图，分析工艺卡和检验卡，制订工作计划；在教师的指导下，确认 XE210 挖掘机发动机起动电气系统安装步骤和技术要求；根据工作需要，领取材料，准备工具、设备，做好工作现场准备；严格按照电气系统安装操作规程、调试操作规程、工艺规范进行 XE210 挖掘机发动机起动电气系统安装与调试工作；安装与调试任务完成后，均需进行自检，清理场地，归置物品，处置废弃物；填写用户服务卡，交付验收，对自己的工作进行总结。 工作过程中，学生应参照《工程机械 装配通用技术条件》（JB/T 5945—2018），按照电气系统安装操作规程、调试操作规程、工艺规范作业，遵守企业安全生产制度、环保管理制度和"6S"管理制度。	30
3	QY25K 汽车起重机照明与信号系统安装与调试	某施工工地 QY25K 汽车起重机照明与信号系统损坏，工程机械维修工接到客服中心下发的任务，需要在该工程机械上重新安装一套照明与信号系统，要求在 0.5 天内完成并交付验收。 学生从教师处接受 QY25K 汽车起重机照明与信号系统安装与调试任务，阅读任务单，明确任务要求；识读 QY25K 汽车起重机照明与信号系统元件布置图、布线图，分析工艺卡和检验卡，制订工作计划；在教师的指导下，确认 QY25K 汽车起重机照明与信号系统安装步骤和技术要求；根据工作需要，领取材料，准备工具、设备，做好工作现场准备；严格按照电气系统安装操作规程、调试操作规程、工艺规范进行 QY25K 汽车起重机照明与信号系统安装与调试工作；安装与调试任务完成后，均需进行自检，清理场地，归置物品，处置废弃物；填写用户服务卡，交付验收，对自己的工作进行总结。 工作过程中，学生应参照《工程机械 装配通用技术条件》（JB/T 5945—2018），按照电气系统安装操作规程、调试操作规程、工艺规范作业，遵守企业安全生产制度、环保管理制度和"6S"管理制度。	30

4	ZL50G 装载机仪表与报警系统安装与调试	某施工工地 ZL50G 装载机仪表与报警系统损坏，工程机械维修工接到客服中心下发的任务，需要在该工程机械上重新安装一套仪表与报警系统，要求在 0.5 天内完成并交付验收。 学生从教师处接受 ZL50G 装载机仪表与报警系统安装与调试任务，阅读任务单，明确任务要求；识读 ZL50G 装载机仪表与报警系统元件布置图、布线图，分析工艺卡和检验卡，制订工作计划；在教师的指导下，确认 ZL50G 装载机仪表与报警系统安装步骤和技术要求；根据工作需要，领取材料，准备工具、设备，做好工作现场准备；严格按照电气系统安装操作规程、调试操作规程、工艺规范进行 ZL50G 装载机仪表与报警系统安装与调试工作；安装与调试任务完成后，均需进行自检，清理场地，归置物品，处置废弃物；填写用户服务卡，交付验收，对自己的工作进行总结。 工作过程中，学生应参照《工程机械 装配通用技术条件》（JB/T 5945—2018），按照电气系统安装操作规程、调试操作规程、工艺规范作业，遵守企业安全生产制度、环保管理制度和"6S"管理制度。	30
5	XE210 挖掘机辅助电气系统安装与调试	某施工工地 XE210 挖掘机刮水器损坏，工程机械维修工接到客服中心下发的任务，需要在该工程机械上重新安装一套辅助电气系统，要求在 0.5 天内完成并交付验收。 学生从教师处接受 XE210 挖掘机辅助电气系统安装与调试任务，阅读任务单，明确任务要求；识读 XE210 挖掘机辅助电气系统元件布置图、布线图，分析工艺卡和检验卡，制订工作计划；在教师的指导下，确认 XE210 挖掘机辅助电气系统安装步骤和技术要求；根据工作需要，领取材料，准备工具、设备，做好工作现场准备；严格按照电气系统安装操作规程、调试操作规程、工艺规范进行 XE210 挖掘机辅助电气系统安装与调试工作；安装与调试任务完成后，均需进行自检，清理场地，归置物品，处置废弃物；填写用户服务卡，交付验收，对自己的工作进行总结。 工作过程中，学生应参照《工程机械 装配通用技术条件》（JB/T 5945—2018），按照电气系统安装操作规程、调试操作规程、工艺规范作业，遵守企业安全生产制度、环保管理制度和"6S"管理制度。	30

教学实施建议

1. 师资要求

任课教师须具有工程机械电气系统安装与调试的企业实践经验，具备工程机械电气系统安装与调试工学一体化课程教学设计与实施、工学一体化课程教学资源选择与应用等能力。

2. 教学组织方式方法建议

采用行动导向的教学方法。为确保教学安全，合理使用实训设施设备，提高教学效果，建议采用分组教学的形式（5~6人/组），同时培养学生的通用能力；在完成工作任务的过程中，教师须加强示范与指导，注重学生职业素养的培养。

有条件的地区，建议通过引企入校或建立校外实训基地为学生提供工程机械电气系统安装与调试的真实工作环境，由企业导师与专业教师协同教学。部分不具备条件的院校，可通过仿真软件模拟、观看视频等方式进行学习。

3. 教学资源配备建议

（1）教学场地

工程机械电气系统安装与调试教学场地须具备良好的安全、照明和通风条件。其中校内教学场地配备实施工程机械电气系统安装与调试工学一体化课程的一体化学习工作站，分为教学区、资讯区、工作区、工具区和展示区，并配备相应的多媒体教学设备等，面积以至少同时容纳30人开展教学活动为宜，可进行资料查阅、教师授课、小组研讨、任务实施、成果展示等功能；企业实训基地应具备工程机械电气系统安装与调试工作任务实践与技术培训等功能。

（2）工具、材料、设备（按组配置）

工具：呆扳手、活扳手、棘轮扳手、内六角扳手、风动扳手、退针器、斜口钳、剥线钳、压线钳、一字旋具、十字旋具、电工刀、卷尺、万用表、试灯等。

材料：导线、冷压端子、并线端子、插接器、号码管、热缩管、绝缘胶带、波纹管、尼龙扎带、电气元件、清洗液等。

设备：工程机械电气实训设备、ZL50G装载机、XE210挖掘机、QY25K汽车起重机、行车、翻转机等。

（3）教学资料

以工作页为主，配备信息页、任务单、材料领用单、工程机械电气系统元件布置图、布线图、工艺卡、检验卡、《工程机械 装配通用技术条件》（JB/T 5945—2018）、工程机械电气原理图、电气系统安装操作规程、调试操作规程、工艺规范、课件、微课等教学资料。

4. 教学管理制度

执行工学一体化教学场所和教学组织的管理规定，如需要进行校外认识实习和岗位实习，应严格遵守校外实训基地、企业实习等管理制度。

教学考核要求

课程考核采用过程性考核与终结性考核相结合的方式。课程考核成绩=过程性考核成绩×60%+终结性考核成绩×40%。

1. 过程性考核（60%）

由5个参考性学习任务考核构成过程性考核，各参考性学习任务占比均为20%。

上述参考性学习任务考核，应以其对应代表性工作任务的职业能力要求为依据，充分考虑任务的关键技能、学习重难点及学生未来的发展需求设计考核内容和评分细则，从专业能力、通用能力、职业素养、思政素养等维度对学生综合职业能力进行考核。

（1）专业能力的考核：主要包括各学习环节产出的学习成果，如任务单的领取和解读，工程机械电气系统元件布置图、布线图的识读，工艺卡和检验卡的分析，工程机械电气系统安装与调试工作计划的制订，安装步骤和技术要求的确认，工程机械电气系统的安装与检验，工程机械电气系统的调试与检验，工程机械电气系统的交付验收等完成任务的关键操作技能和心智技能，输出成果包括但不限于任务单、安装方案、作业流程等多种形式。

（2）通用能力、职业素养和思政素养的考核：在学习任务实施过程中，依据任务的职业能力要求，考核学生的通用能力、职业素养和思政素养的养成。例如：通过解读任务单的准确性、与教师沟通交流的逻辑性和流畅性，考核学生的信息检索能力和交往与合作能力；通过识读工程机械电气系统元件布置图、布线图的准确性，小组合作分析工艺卡和检验卡的正确性，制订安装与调试工作计划的合理性和可行性，考核学生的自主学习能力和交往与合作能力；通过查阅电气系统安装操作规程、工艺规范，确认安装步骤和技术要求的正确性，考核学生的信息检索能力；通过领用材料、准备工具和设备的精准性，考核学生的责任意识；通过电气系统安装操作规程、调试操作规程、工艺规范、企业安全生产制度、环保管理制度和"6S"管理制度的执行性，完成工程机械电气系统安装与调试并对作业质量自检的规范性、责任性，清理场地、归置物品、处置废弃物的执行性，考核学生的规范意识、安全意识、质量意识、环保意识和责任意识；通过工程机械电气系统交付流程的完整性、总结报告的撰写，考核学生的责任意识等。

2. 终结性考核（40%）

终结性考核应围绕课程目标，结合课程终结性考核要点，选择企业真实工作任务或设计学习任务进行考核。

学生根据任务情境中的要求，制订工作计划，查找相关标准和操作规程，明确作业流程，领取材料，准备工具、设备，按照作业流程和工艺要求，在规定时间内完成工程机械电气系统安装与调试，作业完成后应符合工程机械电气系统安装与调试验收标准，工程机械性能达到客户要求。

考核说明：本课程的5个参考性学习任务属于平行式学习任务，故设计综合性任务ZL50G装载机电气系统安装与调试为终结性考核任务，该考核任务能够覆盖终结性考核要点。通过该任务的考核，能客观反映课程目标的达成情况。

考核任务案例：ZL50G装载机电气系统安装与调试

【情境描述】

某工程机械制造企业的工程机械维修工接到上级主管下发的任务，为实现ZL50G装载机各电气系统的工作性能，需要进行ZL50G装载机电气系统安装与调试，现班组长安排你负责该项工作。请你在2 h内依据电气系统安装操作规程、调试操作规程、工艺规范，完成ZL50G装载机电源系统、发动机起动电气系统、照明与信号系统、仪表与报警系统、辅助电气系统安装与调试工作，确保其具有良好的工作性能。

【任务要求】

根据任务的情境描述，在规定时间内，完成ZL50G装载机电气系统安装与调试工作。

（1）解读任务单，列出ZL50G装载机电气系统安装与调试的工作内容及要求，列出与班组长的沟通要点。

（2）识读 ZL50G 装载机电气系统元件布置图、布线图，分析工艺卡和检验卡，制订合理的安装与调试工作计划。

（3）查阅《工程机械　装配通用技术条件》（JB/T 5945—2018）、电气系统安装操作规程、工艺规范，整理并列出 ZL50G 装载机电源系统、发动机起动电气系统、照明与信号系统、仪表与报警系统、辅助电气系统等关键系统的安装步骤和技术要求。

（4）以表格形式列出完成任务所需的工具、材料、设备清单。

（5）按照电气系统安装操作规程、调试操作规程、工艺规范和企业安全生产制度，完成 ZL50G 装载机电源系统、发动机起动电气系统、照明与信号系统、仪表与报警系统、辅助电气系统安装与调试。

（6）依据企业质检流程和标准，规范完成 ZL50G 装载机电源系统、发动机起动电气系统、照明与信号系统、仪表与报警系统、辅助电气系统工作性能的自检并记录。

（7）严格遵守企业环保管理制度和"6S"管理制度，清理场地，归置物品，处置废弃物。

（8）完成用户服务卡的填写和 ZL50G 装载机电气系统的交付验收，并对自己的工作进行总结，提交用户服务卡、总结报告等过程性材料。

【参考资料】

完成上述任务时，可以使用常见的教学资源，如工作页、信息页、任务单、材料领用单、ZL50G 装载机电气系统元件布置图、布线图、工艺卡、检验卡、《工程机械　装配通用技术条件》（JB/T 5945—2018）、ZL50G 装载机电气原理图、电气系统安装操作规程、调试操作规程、工艺规范、企业安全生产制度、环保管理制度、"6S"管理制度等。

（五）工程机械发动机装配课程标准

工学一体化课程名称	工程机械发动机装配	基准学时	150
典型工作任务描述			

工程机械发动机装配是指将工程机械发动机机体内部或外部的零部件按照装配工艺要求使用通用或专用工具安装到机体上组成完整的发动机系统，使发动机可以正常运转的工作过程。工程机械发动机装配主要包括工程机械发动机曲柄连杆机构装配、工程机械发动机配气机构装配、工程机械发动机冷却系统装配、工程机械发动机润滑系统装配、工程机械发动机燃油供给系统装配、工程机械发动机进排气系统装配、工程机械发动机尾气处理系统装配等。

在工程机械运行作业过程中，因发动机过度磨损或零部件损坏而无法满足使用要求时，需要通过拆解修整或更换零部件的方法，恢复其正常功能。工程机械发动机装配工作一般发生在工程机械制造企业、工程施工企业、工程机械维修企业和工程机械租赁企业中，主要由中级工层级的工程机械维修工完成。

工程机械维修工从上级主管处接受工程机械发动机装配任务，阅读任务单，明确任务要求；识读工程机械发动机装配图、零件图，分析工艺卡和检验卡，制订工作计划；在班组长或师傅的指导下，确认装配步骤和技术要求；根据工作需要，领取材料，准备工具、设备，做好工作现场准备；严格按照发动机装配操作规程、工艺规范进行工程机械发动机装配工作；装配任务完成后，对发动机装配质量进行自检，清理场地，归置物品，处置废弃物；填写用户服务卡，交付客户验收，对自己的工作进行总结。

工程机械发动机装配过程中，应参照《工程机械　装配通用技术条件》（JB/T 5945—2018），按照发动机装配操作规程、工艺规范作业，遵守企业安全生产制度、环保管理制度和"6S"管理制度。

工作内容分析

工作对象：	工具、材料、设备与资料：	工作要求：
1. 任务单的领取和解读； 2. 工程机械发动机装配图、零件图的识读，工艺卡和检验卡的分析，工程机械发动机装配工作计划的制订； 3. 装配步骤和技术要求的确认； 4. 材料的领取，工具、设备的准备； 5. 工程机械发动机装配与检验，场地清理、物品归置、废弃物处置； 6. 用户服务卡的填写，交付客户验收，工作总结。	1. 工具：套筒扳手、梅花扳手、呆扳手、活扳手、扭力扳手、内六角扳手、十字旋具、一字旋具、活塞环卡箍、铜棒、橡胶锤、钢丝钳、卡簧钳、刮刀、气门拆装工具、百分表、内径百分表、游标卡尺、塞尺、刀口尺、毛刷等； 2. 材料：清洗液、机油、润滑脂、棉布等； 3. 设备：发动机工装、行车、活塞加热设备、XE60挖掘机、16J压路机、ZL50G装载机等； 4. 资料：任务单、材料领用单、工程机械发动机装配图、零件图、工艺卡、检验卡、《工程机械　装配通用技术条件》（JB/T 5945—2018）、发动机装配操作规程、工艺规范、企业安全生产制度、环保管理制度、"6S"管理制度、用户服务卡等。 **工作方法：** 1. 工作现场沟通法； 2. 资料查阅法； 3. 图样识读法； 4. 展示汇报法； 5. 材料领用法； 6. 工具使用法； 7. 设备使用法； 8. 发动机装配法； 9. 用户服务卡填写法； 10. 目视检查法； 11. 装配质量检测法； 12. 工作总结法。 **劳动组织方式：** 以独立或小组合作的方式进行工作。从上级主	1. 解读任务单，与上级主管进行沟通交流，获取任务信息； 2. 识读工程机械发动机装配图、零件图，分析工艺卡和检验卡，制订工程机械发动机装配工作计划； 3. 参照《工程机械　装配通用技术条件》（JB/T 5945—2018），依据发动机装配操作规程、工艺规范，确认工程机械发动机装配步骤和技术要求； 4. 遵守企业设备、工具、材料管理制度，与仓库管理员进行沟通，领取材料，准备工具、设备； 5. 按照发动机装配操作规程、工艺规范和企业安全生产制度进行工程机械发动机装配工作；装配任务完成后，进行自检，按照企业环保管理制度和"6S"管理制度清理场地，归置物品，处置废弃物； 6. 依据工作流程，填写用户服务卡，将装配合格的工程机械发动机交付客户验收，并对自己的工作进行总结。

| | 管处领取工作任务，与其他部门有效沟通、协调，从仓库领取材料，准备工具、设备，完成工程机械发动机的装配，完工自检后交付客户验收。 | |

课程目标

学习完本课程后，学生应当能够胜任工程机械发动机装配工作，包括：

1. 能解读工程机械发动机装配任务单，与教师围绕工作内容和要求进行沟通交流，获取发动机型号、装配项目、装配精度等任务信息。

2. 能识读工程机械发动机装配图、零件图，通过小组合作分析工艺卡和检验卡，制订工程机械发动机装配工作计划。

3. 能参照《工程机械　装配通用技术条件》（JB/T 5945—2018），依据发动机装配操作规程、工艺规范，在教师的指导下确认工程机械发动机装配步骤和技术要求。

4. 能遵守企业设备、工具、材料管理制度，与模拟仓库管理员进行沟通，领取工程机械发动机装配所需的机油、润滑脂等材料，准备扭力扳手、呆扳手等工具以及发动机工装、行车等设备。

5. 能按照发动机装配操作规程、工艺规范和企业安全生产制度，有效运用发动机装配法，规范完成工程机械发动机装配工作；装配任务完成后，对发动机装配质量进行自检，按照企业环保管理制度和"6S"管理制度清理场地，归置物品，处置废弃物。

6. 能依据工作流程，填写用户服务卡，将装配合格的工程机械发动机交付教师验收，并对自己的工作进行总结。

学习内容

本课程的主要学习内容包括：

一、任务单的领取和解读

实践知识：

工程机械发动机装配任务单的使用。

任务单中发动机型号、装配项目、装配精度等任务信息的解读。

理论知识：

发动机铭牌的含义，发动机的品牌知识，发动机的作用与种类，任务的交付标准。

二、工程机械发动机装配图、零件图的识读，工艺卡和检验卡的分析，工程机械发动机装配工作计划的制订

实践知识：

工程机械发动机装配图、零件图、工艺卡和检验卡的使用。

工程机械发动机装配图、零件图识读法的应用。

工程机械发动机装配图、零件图的识读，工艺卡和检验卡的分析，工程机械发动机装配工作计划的制订。

理论知识：

工程机械发动机的总体构造、工作原理，曲柄连杆机构、配气机构、冷却系统、润滑系统、燃油供给系统的组成、结构及工作原理，工程机械发动机装配图、零件图，工程机械发动机装配工作计划的格式、

内容与撰写要求。

三、装配步骤和技术要求的确认

实践知识：

《工程机械　装配通用技术条件》（JB/T 5945—2018）、发动机装配操作规程、工艺规范的使用。

工程机械发动机装配工作计划合理性的判断、计划的修改完善、最终计划的展示汇报，装配步骤和技术要求的确认。

理论知识：

工程机械发动机装配的原则、工作流程和职责，工程机械发动机装配步骤和技术要求。

四、材料的领取，工具、设备的准备

实践知识：

材料领用单的使用。

材料的领取，工具、设备的准备，材料、工具、设备的检查与确认，装配耗材（柴油、机油、煤油、润滑脂、密封胶、气缸垫、油封等）的选用，零件的清洗。

理论知识：

企业设备、工具、材料管理制度，工具、设备的选用原则，设备的精度、量程、型号等，材料的型号、类别等，材料管理制度和领用流程，装配耗材（柴油、机油、煤油、润滑脂、密封胶、气缸垫、油封等）的类型及选用原则，零件的清洗方法，专用工具（气门拆装工具、活塞环卡箍等）、量具（内径百分表等）、设备（行车、活塞加热设备等）的安全要求及使用方法等。

五、工程机械发动机装配与检验，场地清理、物品归置、废弃物处置

实践知识：

套筒扳手、梅花扳手、呆扳手、活扳手、扭力扳手、内六角扳手、十字旋具、一字旋具、活塞环卡箍、铜棒、橡胶锤、钢丝钳、卡簧钳、刮刀、气门拆装工具、百分表、内径百分表、游标卡尺、塞尺、刀口尺、毛刷等工具的使用，清洗液、机油、润滑脂、棉布等材料的使用，工程机械发动机实训设备、发动机工装、行车、活塞加热设备、XE60挖掘机、16J压路机、ZL50G装载机等设备的使用，发动机装配操作规程、工艺规范、企业安全生产制度、环保管理制度、"6S"管理制度等资料的使用。

工具使用法的应用（发动机装配工具的使用），设备使用法的应用（发动机工装的使用），发动机装配法的应用，用以检查发动机外观的目视检查法、装配质量检测法的应用。

工程机械发动机曲柄连杆机构的装配与检验、配气机构的装配与检验、冷却系统的装配与检验、润滑系统的装配与检验、燃油供给系统的装配与检验、进排气系统的装配与检验、尾气处理系统的装配与检验，场地清理、物品归置、废弃物处置。

理论知识：

发动机拆解步骤、拆卸工具的选择和使用原则、拆解工作安全注意事项，发动机装配操作规程、工艺规范，企业安全生产制度、环保管理制度和"6S"管理制度，工程机械发动机装配质量参数，发动机装配质量检测标准。

六、用户服务卡的填写，交付客户验收，工作总结

实践知识：

用户服务卡的填写。

将装配合格的工程机械发动机交付客户验收，工作总结。

理论知识：

发动机装配质量检测标准。

七、通用能力、职业素养、思政素养

自主学习、自我管理、信息检索、理解与表达、交往与合作、创新思维、解决问题等通用能力，规范意识、安全意识、质量意识、环保意识、责任意识、成本意识、服务意识、优化意识、效率意识等职业素养，以及劳模精神、劳动精神、工匠精神等思政素养。

参考性学习任务

序号	名称	学习任务描述	参考学时
1	XE60挖掘机发动机曲柄连杆机构装配	某工程机械维修企业接收了一台XE60挖掘机，发动机发生拉缸故障，维修后，要求工程机械维修工在1天内完成新的活塞连杆组和曲轴的装配，并交付验收。 学生从教师处接受XE60挖掘机发动机曲柄连杆机构装配任务，阅读任务单，明确任务要求；识读XE60挖掘机发动机曲柄连杆机构装配图、零件图，分析工艺卡和检验卡，制订工作计划；在教师的指导下，确认装配步骤和技术要求；根据工作需要，领取材料，准备工具、设备，做好工作现场准备；严格按照发动机装配操作规程、工艺规范进行XE60挖掘机发动机曲柄连杆机构装配工作；装配任务完成后，对发动机装配质量进行自检，清理场地，归置物品，处置废弃物；填写用户服务卡，交付验收，对自己的工作进行总结。 工作过程中，学生应参照《工程机械 装配通用技术条件》（JB/T 5945—2018），按照发动机装配操作规程、工艺规范作业，遵守企业安全生产制度、环保管理制度和"6S"管理制度。	30
2	XE60挖掘机发动机配气机构装配	某工程机械维修企业接收了一台XE60挖掘机，发动机需要更换气门，要求工程机械维修工在1天内完成气门更换，调整气门间隙，并交付验收。 学生从教师处接受XE60挖掘机发动机配气机构装配任务，阅读任务单，明确任务要求；识读XE60挖掘机发动机配气机构装配图、零件图，分析工艺卡和检验卡，制订工作计划；在教师的指导下，确认装配步骤和技术要求；根据工作需要，领取材料，准备工具、设备，做好工作现场准备；严格按照发动机装配操作规程、工	30

2	XE60 挖掘机发动机配气机构装配	艺规范进行 XE60 挖掘机发动机配气机构装配工作；装配任务完成后，对发动机装配质量进行自检，清理场地，归置物品，处置废弃物；填写用户服务卡，交付验收，对自己的工作进行总结。 工作过程中，学生应参照《工程机械　装配通用技术条件》（JB/T 5945—2018），按照发动机装配操作规程、工艺规范作业，遵守企业安全生产制度、环保管理制度和"6S"管理制度。	
3	16J 压路机发动机冷却系统装配	某工程机械维修企业接收了一台 16J 压路机，发动机的冷却水管被水垢堵塞，清理完毕后，要求工程机械维修工在 1 天内完成冷却系统的装配，并交付验收。 　　学生从教师处接受 16J 压路机发动机冷却系统装配任务，阅读任务单，明确任务要求；识读 16J 压路机发动机冷却系统装配图、零件图，分析工艺卡和检验卡，制订工作计划；在教师的指导下，确认装配步骤和技术要求；根据工作需要，领取材料、准备工具、设备，做好工作现场准备；严格按照发动机装配操作规程、工艺规范进行 16J 压路机发动机冷却系统装配工作；装配任务完成后，对发动机装配质量进行自检，清理场地，归置物品，处置废弃物；填写用户服务卡，交付验收，对自己的工作进行总结。 　　工作过程中，学生应参照《工程机械　装配通用技术条件》（JB/T 5945—2018），按照发动机装配操作规程、工艺规范作业，遵守企业安全生产制度、环保管理制度和"6S"管理制度。	12
4	ZL50G 装载机发动机润滑系统装配	某工程机械维修企业接收了一台 ZL50G 装载机，发动机出现机油压力过低故障，维修后，要求工程机械维修工在 1 天内装复润滑系统，并交付验收。 　　学生从教师处接受 ZL50G 装载机发动机润滑系统装配任务，阅读任务单，明确任务要求；识读 ZL50G 装载机发动机润滑系统装配图、零件图，分析工艺卡和检验卡，制订工作计划；在教师的指导下，确认装配步骤和技术要求；根据工作需要，领取材料、准备工具、设备，做好工作现场准备；严格按照发动机装配操作规程、工艺规范进行 ZL50G 装载机发动机润滑系统装配工作；装配任务完成后，对发动机装配质量进行自检，清理场地，归置物品，处置废弃物；填写用户服务卡，交付验收，对自己的工作进行总结。 　　工作过程中，学生应参照《工程机械　装配通用技术条件》（JB/T 5945—2018），按照发动机装配操作规程、工艺规范作业，遵守企业安全生产制度、环保管理制度和"6S"管理制度。	18

5	XE60 挖掘机发动机燃油供给系统装配	某工程机械维修企业接收了一台 XE60 挖掘机，发动机供油不良，拆解燃油供给系统维修后，要求工程机械维修工在 1 天内装复，并交付验收。 学生从教师处接受 XE60 挖掘机发动机燃油供给系统装配任务，阅读任务单，明确任务要求；识读 XE60 挖掘机发动机燃油供给系统装配图、零件图，分析工艺卡和检验卡，制订工作计划；在教师的指导下，确认装配步骤和技术要求；根据工作需要，领取材料，准备工具、设备，做好工作现场准备；严格按照发动机装配操作规程、工艺规范进行 XE60 挖掘机发动机燃油供给系统装配工作；装配任务完成后，对发动机装配质量进行自检，清理场地，归置物品，处置废弃物；填写用户服务卡，交付验收，对自己的工作进行总结。 工作过程中，学生应参照《工程机械　装配通用技术条件》（JB/T 5945—2018），按照发动机装配操作规程、工艺规范作业，遵守企业安全生产制度、环保管理制度和"6S"管理制度。	30
6	XE60 挖掘机发动机进排气系统装配	某工程机械维修企业接收了一台 XE60 挖掘机，发动机进气压力不足且排气管变形需要更换，拆解进排气系统维修后，要求工程机械维修工在 1 天内装复进排气系统，更换排气管，并交付验收。 学生从教师处接受 XE60 挖掘机发动机进排气系统装配任务，阅读任务单，明确任务要求；识读 XE60 挖掘机发动机进排气系统装配图、零件图，分析工艺卡和检验卡，制订工作计划；在教师的指导下，确认装配步骤和技术要求；根据工作需要，领取材料，准备工具、设备，做好工作现场准备；严格按照发动机装配操作规程、工艺规范进行 XE60 挖掘机发动机进排气系统装配工作；装配任务完成后，对发动机装配质量进行自检，清理场地，归置物品，处置废弃物；填写用户服务卡，交付验收，对自己的工作进行总结。 工作过程中，学生应参照《工程机械　装配通用技术条件》（JB/T 5945—2018），按照发动机装配操作规程、工艺规范作业，遵守企业安全生产制度、环保管理制度和"6S"管理制度。	12
7	ZL50G 装载机发动机尾气处理系统装配	某工程机械维修企业接收了一台 ZL50G 装载机，发动机尾气排放异常，拆解尾气处理系统维修后，要求工程机械维修工在 1 天内装复，并交付验收。 学生从教师处接受 ZL50G 装载机发动机尾气处理系统装配任务，阅读任务单，明确任务要求；识读 ZL50G 装载机发动机尾气处理系统装配图、零件图，分析工艺卡和检验卡，制订工作计划；在教	18

| 7 | ZL50G 装载机发动机尾气处理系统装配 | 师的指导下，确认装配步骤和技术要求；根据工作需要，领取材料，准备工具、设备，做好工作现场准备；严格按照发动机装配操作规程、工艺规范进行 ZL50G 装载机发动机尾气处理系统装配工作；装配任务完成后，对发动机装配质量进行自检，清理场地，归置物品，处置废弃物；填写用户服务卡，交付验收，对自己的工作进行总结。

工作过程中，学生应参照《工程机械　装配通用技术条件》（JB/T 5945—2018），按照发动机装配操作规程、工艺规范作业，遵守企业安全生产制度、环保管理制度和"6S"管理制度。 | |

教学实施建议

1. 师资要求

任课教师须具有工程机械发动机装配的企业实践经验，具备工程机械发动机装配工学一体化课程教学设计与实施、工学一体化课程教学资源选择与应用等能力。

2. 教学组织方式方法建议

采用行动导向的教学方法。为确保教学安全，合理使用实训设施设备，提高教学效果，建议采用分组教学的形式（5~6 人/组），同时培养学生的通用能力；在完成工作任务的过程中，教师须加强示范与指导，注重学生职业素养的培养。

有条件的地区，建议通过引企入校或建立校外实训基地为学生提供工程机械发动机装配的真实工作环境，由企业导师与专业教师协同教学。部分不具备条件的院校，可通过仿真软件模拟、观看视频等方式进行学习。

3. 教学资源配备建议

（1）教学场地

工程机械发动机装配教学场地须具备良好的安全、照明和通风条件。其中校内教学场地配备实施工程机械发动机装配工学一体化课程的一体化学习工作站，分为教学区、资讯区、工作区、工具区和展示区，并配备相应的多媒体教学设备等，面积以至少同时容纳 30 人开展教学活动为宜，可进行资料查阅、教师授课、小组研讨、任务实施、成果展示等功能；企业实训基地应具备工程机械发动机装配工作任务实践与技术培训等功能。

（2）工具、材料、设备（按组配置）

工具：套筒扳手、梅花扳手、呆扳手、活扳手、扭力扳手、内六角扳手、十字旋具、一字旋具、活塞环卡箍、铜棒、橡胶锤、钢丝钳、卡簧钳、刮刀、气门拆装工具、百分表、内径百分表、游标卡尺、塞尺、刀口尺、毛刷等。

材料：清洗液、机油、润滑脂、棉布等。

设备：工程机械发动机实训设备、发动机工装、行车、活塞加热设备、XE60 挖掘机、16J 压路机、ZL50G 装载机等。

（3）教学资料

以工作页为主，配备信息页、任务单、材料领用单、工程机械发动机装配图、零件图、工艺卡、检验卡、《工程机械　装配通用技术条件》（JB/T 5945—2018）、发动机装配操作规程、工艺规范、课件、微课等教学资料。

4. 教学管理制度

执行工学一体化教学场所和教学组织的管理规定，如需要进行校外认识实习和岗位实习，应严格遵守校外实训基地、企业实习等管理制度。

教学考核要求

课程考核采用过程性考核与终结性考核相结合的方式。课程考核成绩＝过程性考核成绩×60%＋终结性考核成绩×40%。

1. 过程性考核（60%）

由 7 个参考性学习任务考核构成过程性考核。各参考性学习任务占比如下：XE60 挖掘机发动机曲柄连杆机构装配，占比 15%；XE60 挖掘机发动机配气机构装配，占比 15%；16J 压路机发动机冷却系统装配，占比 15%；ZL50G 装载机发动机润滑系统装配，占比 15%；XE60 挖掘机发动机燃油供给系统装配，占比 15%；XE60 挖掘机发动机进排气系统装配，占比 15%；ZL50G 装载机发动机尾气处理系统装配，占比 10%。

上述参考性学习任务考核，应以其对应代表性工作任务的职业能力要求为依据，充分考虑任务的关键技能、学习重难点及学生未来的发展需求设计考核内容和评分细则，从专业能力、通用能力、职业素养、思政素养等维度对学生综合职业能力进行考核。

（1）专业能力的考核：主要包括各学习环节产出的学习成果，如任务单的领取和解读，工程机械发动机装配图、零件图的识读，工艺卡和检验卡的分析，工程机械发动机装配工作计划的制订，装配步骤和技术要求的确认，工程机械发动机装配与检验，工程机械发动机的交付验收等完成任务的关键操作技能和心智技能，输出成果包括但不限于任务单、装配方案、作业流程等多种形式。

（2）通用能力、职业素养和思政素养的考核：在学习任务实施过程中，依据任务的职业能力要求，考核学生的通用能力、职业素养和思政素养的养成。例如：通过解读任务单的准确性、与教师沟通交流的逻辑性和流畅性，考核学生的信息检索能力和交往与合作能力；通过识读工程机械发动机装配图、零件图的准确性，小组合作分析工艺卡和检验卡的正确性，制订装配工作计划的合理性和可行性，考核学生的自主学习能力和交往与合作能力；通过查阅发动机装配操作规程、工艺规范，确认装配步骤和技术要求的正确性，考核学生的信息检索能力；通过领用材料、准备工具和设备的精准性，考核学生的责任意识；通过发动机装配操作规程、工艺规范、企业安全生产制度、环保管理制度和"6S"管理制度的执行性，完成工程机械发动机装配并对装配质量自检的规范性、责任性，清理场地、归置物品、处置废弃物、交付客户验收的执行性，考核学生的规范意识、安全意识、质量意识、环保意识和责任意识；通过工程机械发动机交付流程的完整性、总结报告的撰写，考核学生的责任意识等。

2. 终结性考核（40%）

终结性考核应围绕课程目标，结合课程终结性考核要点，选择企业真实工作任务或设计学习任务进行考核。

学生根据任务情境中的要求，制订工作计划，查找相关标准和操作规程，明确作业流程，领取材料，准备工具、设备，按照作业流程和工艺要求，在规定时间内完成工程机械发动机装配，作业完成后应符合工程机械发动机验收标准，工程机械发动机装配质量达到客户要求。

考核说明：本课程的 7 个参考性学习任务属于平行式学习任务，故设计综合性任务 XE60 挖掘机发动机装配为终结性考核任务，该考核任务能够覆盖终结性考核要点。通过该任务的考核，能客观反映课程目标的达成情况。

考核任务案例：XE60 挖掘机发动机装配

【情境描述】

某工程机械维修企业接收了一台 XE60 挖掘机，发动机出现多处故障，拆解维修后，需要进行 XE60 挖掘机发动机装配，现班组长安排你负责该项工作。请你在 2 h 内依据发动机装配操作规程、工艺规范，完成 XE60 挖掘机发动机装配工作，确保其具有良好的工作性能。

【任务要求】

根据任务的情境描述，在规定时间内，完成 XE60 挖掘机发动机装配工作。

（1）解读任务单，列出 XE60 挖掘机发动机装配的工作内容及要求，列出与班组长的沟通要点。

（2）识读 XE60 挖掘机发动机装配图、零件图，分析工艺卡和检验卡，制订合理的装配工作计划。

（3）查阅《工程机械 装配通用技术条件》（JB/T 5945—2018）、发动机装配操作规程、工艺规范，整理并列出 XE60 挖掘机发动机装配步骤和技术要求。

（4）以表格形式列出完成任务所需的工具、材料、设备清单。

（5）按照发动机装配操作规程、工艺规范和企业安全生产制度，完成 XE60 挖掘机发动机装配。

（6）依据企业质检流程和标准，规范完成发动机装配质量的自检并记录。

（7）严格遵守企业环保管理制度和"6S"管理制度，清理场地，归置物品，处置废弃物。

（8）完成用户服务卡的填写和 XE60 挖掘机发动机的交付验收，并对自己的工作进行总结，提交用户服务卡、总结报告等过程性材料。

【参考资料】

完成上述任务时，可以使用常见的教学资源，如工作页、信息页、任务单、材料领用单、XE60 挖掘机发动机装配图、零件图、工艺卡、检验卡、《工程机械 装配通用技术条件》（JB/T 5945—2018）、发动机装配操作规程、工艺规范、企业安全生产制度、环保管理制度、"6S"管理制度等。

（六）工程机械操作与维护课程标准

工学一体化课程名称	工程机械操作与维护	基准学时	300
典型工作任务描述			

工程机械操作与维护是指操作工程机械进行工程建设施工，并对工程机械进行维护的工作过程。工程机械操作与维护主要包括装载机操作与维护、挖掘机操作与维护、压路机操作与维护、平地机操作与维

护、汽车起重机操作与维护、铣刨机操作与维护、摊铺机操作与维护、叉车操作与维护、塔式起重机操作与维护等。

作为工程项目建设主要手段的工程机械，满足土石方施工工程、路面建设与养护、起重装卸作业和各种建筑工程进行施工作业需要，为了保证工程机械高效运行，需要对工程机械进行操作与维护。工程机械操作与维护工作一般发生在工程机械制造企业、工程施工企业、工程机械维修企业和工程机械租赁企业中，主要由中级工层级的工程机械操作人员、工程机械维修工完成。

工程机械操作人员从上级主管处接受工程机械施工作业任务，阅读任务单，明确任务要求；查阅施工技术交底资料和工艺指导书，分析施工图，观察工作环境，规划运行路线，选择作业方法，设置作业参数，制订施工作业计划，并将计划报上级主管核批准；根据上级主管审批意见，在师傅的指导下，调整并确定运行路线、作业方法和作业参数；查阅工程机械操作手册，严格按照安全操作规程操作工程机械进行施工作业；施工作业任务完成后，对施工质量进行自检，清理设备；填写用户服务卡，交付客户验收，并对自己的工作进行总结。

工程机械维修工从上级主管处接受工程机械维护任务，阅读任务单，明确任务要求；查阅工程机械维护手册，制订维护工作计划；根据工作需要，领取材料，准备工具、设备；在班组长或师傅的指导下，严格按照工程机械维护手册、安全操作规程进行工程机械维护工作；维护任务完成后，对维护质量进行自检，清理场地，归置物品，处置废弃物；填写用户服务卡，交付客户验收，并对自己的工作进行总结。

工程机械操作与维护过程中，应严格按照工程机械操作手册、维护手册、安全操作规程作业，遵守环保管理制度和"6S"管理制度。

工作内容分析

工作对象：	工具、材料、设备与资料：	工作要求：
1. 工程机械操作工作对象 （1）施工作业任务单的领取和解读； （2）施工技术交底资料和工艺指导书的查阅，施工图的分析，工作环境的观察，运行路线的规划，作业方法的选择，作业参数的设置，施工作业计划的制订和报批； （3）施工运行路线、作业方法和作业参数的调整与确定；	1. 工具：套筒扳手、梅花扳手、呆扳手、活扳手、扭力扳手、滤清器扳手、盘车工具、千分尺、游标卡尺、螺纹量规等； 2. 材料：润滑油、润滑脂、棉布、燃油、柴油滤清器滤芯、机油滤清器滤芯、空气滤清器滤芯、液压系统滤芯等； 3. 设备：ZL50G 装载机、XE210 挖掘机、XS203 压路机、GR165 平地机、QY25K 汽车起重机、XM503 铣刨机、RP403 摊铺机、CPC30 叉车、XGT63D 塔式起重机、空气压缩机等； 4. 资料：任务单、材料领用单、施工技术交底资料、工艺指导书、施工	1. 工程机械操作工作要求 （1）解读任务单，与上级主管进行沟通交流，获取任务信息； （2）查阅施工技术交底资料和工艺指导书，分析施工图，观察工作环境，规划运行路线，选择作业方法，设置作业参数，制订施工作业计划，并向上级主管报批； （3）根据上级主管审批意见，调整并确定运行路线、作业方法和作业参数； （4）查阅工程机械操作手册，严格按照安全操作规程进行施工作业；施工作业任务完成后，对施工质量进行自检，按照企业环保管理制度和"6S"

（4）工程机械操作手册的查阅，施工作业、施工质量的自检，设备的清理；

（5）用户服务卡的填写，交付客户验收，工作总结。

2. 工程机械维护工作对象

（1）维护任务单的领取和解读；

（2）工程机械维护手册的查阅，维护工作计划的制订；

（3）材料的领取，工具、设备的准备；

（4）工程机械维护作业，维护质量的自检，场地清理、物品归置、废弃物处置；

（5）用户服务卡的填写，交付客户验收，工作总结。

图、工程机械操作手册、维护手册、安全操作规程、环保管理制度、"6S"管理制度、用户服务卡等。

工作方法：

1. 工作现场沟通法；

2. 资料查阅法；

3. 图样识读法；

4. 工作环境观察法；

5. 展示汇报法；

6. 材料领用法；

7. 工具使用法；

8. 设备使用法；

9. 用户服务卡填写法；

10. 目视检查法；

11. 作业参数设置法；

12. 工程机械操作法；

13. 施工作业法；

14. 工程机械维护法；

15. 工作总结法。

劳动组织方式：

以独立或小组合作的方式进行工作。从上级主管处领取工作任务，与其他部门有效沟通、协调，从仓库领取材料，准备工具、设备，完成工程机械的操作与维护，完工自检后交付客户验收。

管理制度清理设备；

（5）依据工作流程，填写用户服务卡，将施工作业合格的工程交付客户验收，并对自己的工作进行总结。

2. 工程机械维护工作要求

（1）解读任务单，与上级主管进行沟通交流，获取任务信息；

（2）查阅工程机械维护手册，制订工程机械维护工作计划；

（3）遵守企业设备、工具、材料管理制度，与仓库管理员进行沟通，领取材料，准备工具、设备；

（4）按照工程机械维护手册、安全操作规程进行工程机械维护工作；维护任务完成后，对维护质量进行自检，按照企业环保管理制度和"6S"管理制度清理场地，归置物品，处置废弃物；

（5）依据工作流程，填写用户服务卡，将维护合格的工程机械交付客户验收，并对自己的工作进行总结。

课程目标

学习完本课程后，学生应当能够胜任工程机械操作与维护工作，包括：

1. 工程机械操作课程目标

（1）能解读工程机械施工作业任务单，与教师围绕工作内容和要求进行沟通交流，获取施工信息、客户要求等任务信息。

（2）能查阅施工技术交底资料和工艺指导书，通过小组合作分析施工图，观察工作环境，规划运行路线，选择作业方法，设置作业参数，制订施工作业计划，并将施工作业计划报教师审批。

（3）能根据教师审批意见，通过小组讨论调整并确定运行路线、作业方法和作业参数。

（4）能查阅工程机械操作手册，严格按照安全操作规程，有效运用工程机械操作法、施工作业法，规范操作工程机械完成施工作业；施工作业任务完成后，对施工质量进行自检，按照企业环保管理制度和

"6S"管理制度清理设备。

（5）能依据工作流程，填写用户服务卡，将施工作业合格的工程交付教师验收，并对自己的工作进行总结。

2. 工程机械维护课程目标

（1）能解读工程机械维护任务单，与教师围绕工作内容和要求进行沟通交流，获取工程机械使用信息、客户要求等任务信息。

（2）能查阅工程机械维护手册，通过小组讨论制订工程机械维护工作计划。

（3）能遵守企业设备、工具、材料管理制度，与模拟仓库管理员进行沟通，领取材料，准备工具、设备。

（4）能按照工程机械维护手册、安全操作规程，有效运用工程机械维护法，规范完成工程机械维护工作；维护任务完成后，对维护质量进行自检，按照企业环保管理制度和"6S"管理制度清理场地，归置物品，处置废弃物。

（5）能依据工作流程，填写用户服务卡，将维护合格的工程机械交付教师验收，并对自己的工作进行总结。

学习内容

本课程的主要学习内容包括：

一、工程机械操作学习内容

1. 施工作业任务单的领取和解读

实践知识：

施工作业任务单的使用。

任务单中施工信息、客户要求等任务信息的解读。

理论知识：

工程机械主机（装载机、挖掘机、压路机、平地机、汽车起重机、铣刨机、摊铺机、叉车、塔式起重机）的含义、应用领域、分类、型号、规格、结构组成及各工作装置功用，工程机械操作岗位相关知识，任务的交付标准。

2. 施工技术交底资料和工艺指导书的查阅，施工图的分析，工作环境的观察，运行路线的规划，作业方法的选择，作业参数的设置，施工作业计划的制订和报批

实践知识：

施工技术交底资料、工艺指导书、施工图的使用。

施工图识读法、工作环境观察法、作业参数设置法的应用。

施工技术交底资料和工艺指导书的查阅，施工图的分析，工作环境的观察，运行路线的规划，作业方法的选择，作业参数的设置，施工作业计划的制订。

理论知识：

施工技术交底资料内容，施工图数据参数和技术要求，施工作业计划的格式、内容与撰写要求。

3. 施工运行路线、作业方法和作业参数的调整与确定

实践知识：

施工作业计划的修改完善、最终计划的展示汇报，施工运行路线、作业方法和作业参数的确定。

理论知识：

施工作业的原则、工作流程和职责，施工运行路线、作业方法和作业参数。

4. 工程机械操作手册的查阅，施工作业，施工质量的自检，设备的清理

实践知识：

工程机械操作手册、安全操作规程、环保管理制度、"6S"管理制度等资料的使用。

工程机械操作法的应用。

工程机械操作手册的查阅，施工作业，施工质量的自检，设备的清理。

理论知识：

工程机械的操作方法及注意事项，施工作业的步骤与方法，安全操作规程、环保管理制度和"6S"管理制度，施工质量检测标准，设备清理方法。

5. 用户服务卡的填写，交付客户验收，工作总结

实践知识：

用户服务卡的填写。

将施工作业合格的工程交付客户验收，工作总结。

理论知识：

施工质量检测标准。

二、工程机械维护学习内容

1. 维护任务单的领取和解读

实践知识：

工程机械维护任务单的使用。

任务单中工程机械使用信息、客户要求等任务信息的解读。

理论知识：

任务的交付标准，工程机械使用信息的含义。

2. 工程机械维护手册的查阅，维护工作计划的制订

实践知识：

工程机械维护手册的使用。

工程机械维护手册的查阅，工程机械维护工作计划的制订。

理论知识：

工程机械日常维护内容、250 h 维护内容、500 h 维护内容、1 000 h 维护内容、2 000 h 维护内容等。

工程机械维护工作计划的格式、内容与撰写要求。

3. 材料的领取，工具、设备的准备

实践知识：

材料领用单的使用。

材料的领取，工具、设备的准备，材料、工具、设备的检查与确认。

理论知识：

企业设备、工具、材料管理制度，工具、设备的选用原则，设备的精度、量程、型号等，材料（润滑油、润滑脂、燃油、柴油滤清器滤芯、机油滤清器滤芯、空气滤清器滤芯、液压系统滤芯等）的型号、类别等，材料管理制度和领用流程。

4. 工程机械维护作业，维护质量的自检，场地清理、物品归置、废弃物处置

实践知识：

套筒扳手、梅花扳手、呆扳手、活扳手、扭力扳手、滤清器扳手、盘车工具、千分尺、游标卡尺、螺纹量规等工具的使用，润滑油、润滑脂、棉布、燃油、柴油滤清器滤芯、机油滤清器滤芯、空气滤清器滤芯、液压系统滤芯等材料的使用，ZL50G 装载机、XE210 挖掘机、XS203 压路机、GR165 平地机、QY25K 汽车起重机、XM503 铣刨机、RP403 摊铺机、CPC30 叉车、XGT63D 塔式起重机、空气压缩机等设备的使用，工程机械维护手册、安全操作规程、环保管理制度、"6S" 管理制度等资料的使用。

工具使用法（维护工具的使用）、设备使用法（空气压缩机的使用）的应用。

工程机械维护作业，维护质量的自检，场地清理、物品归置、废弃物处置。

理论知识：

工程机械维护注意事项，安全操作规程、环保管理制度和 "6S" 管理制度，工程机械维护质量检测标准。

5. 用户服务卡的填写，交付客户验收，工作总结

实践知识：

用户服务卡的填写。

将维护合格的工程机械交付客户验收，工作总结。

理论知识：

工程机械维护质量检测标准。

三、通用能力、职业素养、思政素养

自主学习、自我管理、信息检索、理解与表达、交往与合作、创新思维、解决问题等通用能力，规范意识、安全意识、质量意识、环保意识、责任意识、成本意识、服务意识、优化意识、效率意识等职业素养，以及劳模精神、劳动精神、工匠精神等思政素养。

参考性学习任务[①]

序号	名称	学习任务描述	参考学时
1	ZL50G 装载机操作与维护	某工程施工企业的工程机械操作人员、工程机械维修工接到上级主管下发的任务，需要进行 ZL50G 装载机操作与维护工作，要求在 10 天内完成并交付验收。 学生从教师处接受 ZL50G 装载机施工作业任务，阅读任务单，明确任务要求；查阅施工技术交底资料和工艺指导书，分析施工图，观察工作环境，规划运行路线，选择作业方法，设置作业参数，制订施工作业计划，并将计划报教师审核批准；根据教师审批意见，调整并确定运行路线、作业方法和作业参数；查阅 ZL50G 装载机操作手册，严格按照安全操作规程操作 ZL50G 装载机进行施工作业；施工作业任务完成后，对施工质量进行自检，清理设备；填写用户服务卡，交付验收，并对自己的工作进行总结。 学生从教师处接受 ZL50G 装载机维护任务，阅读任务单，明确任务要求；查阅 ZL50G 装载机维护手册，制订维护工作计划；根据工作需要，领取材料，准备工具、设备；在教师的指导下，严格按照 ZL50G 装载机维护手册、安全操作规程进行 ZL50G 装载机维护工作；维护任务完成后，对维护质量进行自检，清理场地，归置物品，处置废弃物；填写用户服务卡，交付验收，并对自己的工作进行总结。 工作过程中，学生应严格按照工程机械操作手册、维护手册、安全操作规程作业，遵守环保管理制度和"6S"管理制度。	150
2	XE210 挖掘机操作与维护	某工程施工企业的工程机械操作人员、工程机械维修工接到上级主管下发的任务，需要进行 XE210 挖掘机操作与维护工作，要求在 10 天内完成并交付验收。 学生从教师处接受 XE210 挖掘机施工作业任务，阅读任务单，明确任务要求；查阅施工技术交底资料和工艺指导书，分析施工图，观察工作环境，规划运行路线，选择作业方法，设置作业参数，制订施工作业计划，并将计划报教师审核批准；根据教师审批意见，调整并确定运行路线、作业方法和作业参数；查阅 XE210 挖掘机操作手册，严格按照安全操作规程操作 XE210 挖掘机进行施工作业；施工作业任务完成后，对施工质量进行自检，清理设备；填写用户服务卡，交付验收，并对自己的工作进行总结。	150

---

① 参考性学习任务 9 选 2。

2	XE210 挖掘机操作与维护	学生从教师处接受 XE210 挖掘机维护任务，阅读任务单，明确任务要求；查阅 XE210 挖掘机维护手册，制订维护工作计划；根据工作需要，领取材料，准备工具、设备；在教师的指导下，严格按照 XE210 挖掘机维护手册、安全操作规程进行 XE210 挖掘机维护工作；维护任务完成后，对维护质量进行自检，清理场地，归置物品，处置废弃物；填写用户服务卡，交付验收，并对自己的工作进行总结。 工作过程中，学生应严格按照工程机械操作手册、维护手册、安全操作规程作业，遵守环保管理制度和"6S"管理制度。	
3	XS203 压路机操作与维护	某工程施工企业的工程机械操作人员、工程机械维修工接到上级主管下发的任务，需要进行 XS203 压路机操作与维护工作，要求在 10 天内完成并交付验收。 学生从教师处接受 XS203 压路机施工作业任务，阅读任务单，明确任务要求；查阅施工技术交底资料和工艺指导书，分析施工图，观察工作环境，规划运行路线，选择作业方法，设置作业参数，制订施工作业计划，并将计划报教师审核批准；根据教师审批意见，调整并确定运行路线、作业方法和作业参数；查阅 XS203 压路机操作手册，严格按照安全操作规程操作 XS203 压路机进行施工作业；施工作业任务完成后，对施工质量进行自检，清理设备；填写用户服务卡，交付验收，并对自己的工作进行总结。 学生从教师处接受 XS203 压路机维护任务，阅读任务单，明确任务要求；查阅 XS203 压路机维护手册，制订维护工作计划；根据工作需要，领取材料，准备工具、设备；在教师的指导下，严格按照 XS203 压路机维护手册、安全操作规程进行 XS203 压路机维护工作；维护任务完成后，对维护质量进行自检，清理场地，归置物品，处置废弃物；填写用户服务卡，交付验收，并对自己的工作进行总结。 工作过程中，学生应严格按照工程机械操作手册、维护手册、安全操作规程作业，遵守环保管理制度和"6S"管理制度。	150
4	GR165 平地机操作与维护	某工程施工企业的工程机械操作人员、工程机械维修工接到上级主管下发的任务，需要进行 GR165 平地机操作与维护工作，要求在 10 天内完成并交付验收。 学生从教师处接受 GR165 平地机施工作业任务，阅读任务单，明确任务要求；查阅施工技术交底资料和工艺指导书，分析施工图，观察工作环境，规划运行路线，选择作业方法，设置作业参	150

4	GR165 平地机操作与维护	数，制订施工作业计划，并将计划报教师审核批准；根据教师审批意见，调整并确定运行路线、作业方法和作业参数；查阅 GR165 平地机操作手册，严格按照安全操作规程操作 GR165 平地机进行施工作业；施工作业任务完成后，对施工质量进行自检，清理设备；填写用户服务卡，交付验收，并对自己的工作进行总结。 学生从教师处接受 GR165 平地机维护任务，阅读任务单，明确任务要求；查阅 GR165 平地机维护手册，制订维护工作计划；根据工作需要，领取材料，准备工具、设备；在教师的指导下，严格按照 GR165 平地机维护手册、安全操作规程进行 GR165 平地机维护工作；维护任务完成后，对维护质量进行自检，清理场地，归置物品，处置废弃物；填写用户服务卡，交付验收，并对自己的工作进行总结。 工作过程中，学生应严格按照工程机械操作手册、维护手册、安全操作规程作业，遵守环保管理制度和"6S"管理制度。	
5	QY25K 汽车起重机操作与维护	某工程施工企业的工程机械操作人员、工程机械维修工接到上级主管下发的任务，需要进行 QY25K 汽车起重机操作与维护工作，要求在 10 天内完成并交付验收。 学生从教师处接受 QY25K 汽车起重机施工作业任务，阅读任务单，明确任务要求；查阅施工技术交底资料和工艺指导书，分析施工图，观察工作环境，规划运行路线，选择作业方法，设置作业参数，制订施工作业计划，并将计划报教师审核批准；根据教师审批意见，调整并确定运行路线、作业方法和作业参数；查阅 QY25K 汽车起重机操作手册，严格按照安全操作规程操作 QY25K 汽车起重机进行施工作业；施工作业任务完成后，对施工质量进行自检，清理设备；填写用户服务卡，交付验收，并对自己的工作进行总结。 学生从教师处接受 QY25K 汽车起重机维护任务，阅读任务单，明确任务要求；查阅 QY25K 汽车起重机维护手册，制订维护工作计划；根据工作需要，领取材料，准备工具、设备；在教师的指导下，严格按照 QY25K 汽车起重机维护手册、安全操作规程进行 QY25K 汽车起重机维护工作；维护任务完成后，对维护质量进行自检，清理场地，归置物品，处置废弃物；填写用户服务卡，交付验收，并对自己的工作进行总结。 工作过程中，学生应严格按照工程机械操作手册、维护手册、安全操作规程作业，遵守环保管理制度和"6S"管理制度。	150

6	XM503 铣刨机操作与维护	某工程施工企业的工程机械操作人员、工程机械维修工接到上级主管下发的任务，需要进行 XM503 铣刨机操作与维护工作，要求在 10 天内完成并交付验收。 　学生从教师处接受 XM503 铣刨机施工作业任务，阅读任务单，明确任务要求；查阅施工技术交底资料和工艺指导书，分析施工图，观察工作环境，规划运行路线，选择作业方法，设置作业参数，制订施工作业计划，并将计划报教师审核批准；根据教师审批意见，调整并确定运行路线、作业方法和作业参数；查阅 XM503 铣刨机操作手册，严格按照安全操作规程操作 XM503 铣刨机进行施工作业；施工作业任务完成后，对施工质量进行自检，清理设备；填写用户服务卡，交付验收，并对自己的工作进行总结。 　学生从教师处接受 XM503 铣刨机维护任务，阅读任务单，明确任务要求；查阅 XM503 铣刨机维护手册，制订维护工作计划；根据工作需要，领取材料，准备工具、设备；在教师的指导下，严格按照 XM503 铣刨机维护手册、安全操作规程进行 XM503 铣刨机维护工作；维护任务完成后，对维护质量进行自检，清理场地，归置物品，处置废弃物；填写用户服务卡，交付验收，并对自己的工作进行总结。 　工作过程中，学生应严格按照工程机械操作手册、维护手册、安全操作规程作业，遵守环保管理制度和"6S"管理制度。	150
7	RP403 摊铺机操作与维护	某工程施工企业的工程机械操作人员、工程机械维修工接到上级主管下发的任务，需要进行 RP403 摊铺机操作与维护工作，要求在 10 天内完成并交付验收。 　学生从教师处接受 RP403 摊铺机施工作业任务，阅读任务单，明确任务要求；查阅施工技术交底资料和工艺指导书，分析施工图，观察工作环境，规划运行路线，选择作业方法，设置作业参数，制订施工作业计划，并将计划报教师审核批准；根据教师审批意见，调整并确定运行路线、作业方法和作业参数；查阅 RP403 摊铺机操作手册，严格按照安全操作规程操作 RP403 摊铺机进行施工作业；施工作业任务完成后，对施工质量进行自检，清理设备；填写用户服务卡，交付验收，并对自己的工作进行总结。 　学生从教师处接受 RP403 摊铺机维护任务，阅读任务单，明确任务要求；查阅 RP403 摊铺机维护手册，制订维护工作计划；根据工作需要，领取材料，准备工具、设备；在教师的指导下，严格按照 RP403 摊铺机维护手册、安全操作规程进行 RP403 摊铺机维	150

7	RP403 摊铺机操作与维护	护工作；维护任务完成后，对维护质量进行自检，清理场地，归置物品，处置废弃物；填写用户服务卡，交付验收，并对自己的工作进行总结。 　　工作过程中，学生应严格按照工程机械操作手册、维护手册、安全操作规程作业，遵守环保管理制度和"6S"管理制度。	
8	CPC30 叉车操作与维护	某工程施工企业的工程机械操作人员、工程机械维修工接到上级主管下发的任务，需要进行 CPC30 叉车操作与维护工作，要求在10 天内完成并交付验收。 　　学生从教师处接受 CPC30 叉车施工作业任务，阅读任务单，明确任务要求；查阅施工技术交底资料和工艺指导书，分析施工图，观察工作环境，规划运行路线，选择作业方法，设置作业参数，制订施工作业计划，并将计划报教师审核批准；根据教师审批意见，调整并确定运行路线、作业方法和作业参数；查阅 CPC30 叉车操作手册，严格按照安全操作规程操作 CPC30 叉车进行施工作业；施工作业任务完成后，对施工质量进行自检，清理设备；填写用户服务卡，交付验收，并对自己的工作进行总结。 　　学生从教师处接受 CPC30 叉车维护任务，阅读任务单，明确任务要求；查阅 CPC30 叉车维护手册，制订维护工作计划；根据工作需要，领取材料，准备工具、设备；在教师的指导下，严格按照 CPC30 叉车维护手册、安全操作规程进行 CPC30 叉车维护工作；维护任务完成后，对维护质量进行自检，清理场地，归置物品，处置废弃物；填写用户服务卡，交付验收，并对自己的工作进行总结。 　　工作过程中，学生应严格按照工程机械操作手册、维护手册、安全操作规程作业，遵守环保管理制度和"6S"管理制度。	150
9	XGT63D 塔式起重机操作与维护	某工程施工企业的工程机械操作人员、工程机械维修工接到上级主管下发的任务，需要进行 XGT63D 塔式起重机操作与维护工作，要求在 10 天内完成并交付验收。 　　学生从教师处接受 XGT63D 塔式起重机施工作业任务，阅读任务单，明确任务要求；查阅施工技术交底资料和工艺指导书，分析施工图，观察工作环境，规划运行路线，选择作业方法，设置作业参数，制订施工作业计划，并将计划报教师审核批准；根据教师审批意见，调整并确定运行路线、作业方法和作业参数；查阅 XGT63D 塔式起重机操作手册，严格按照安全操作规程操作 XGT63D 塔式起重机进行施工作业；施工作业任务完成后，对施工质量进行自检，清理设备；填写用户服务卡，交付验收，并对自己的工作进行总结。	150

| 9 | XGT63D 塔式起重机操作与维护 | 学生从教师处接受 XGT63D 塔式起重机维护任务，阅读任务单，明确任务要求；查阅 XGT63D 塔式起重机维护手册，制订维护工作计划；根据工作需要，领取材料，准备工具、设备；在教师的指导下，严格按照 XGT63D 塔式起重机维护手册、安全操作规程进行 XGT63D 塔式起重机维护工作；维护任务完成后，对维护质量进行自检，清理场地，归置物品，处置废弃物；填写用户服务卡，交付验收，并对自己的工作进行总结。

工作过程中，学生应严格按照工程机械操作手册、维护手册、安全操作规程作业，遵守环保管理制度和"6S"管理制度。 | |

教学实施建议

1. 师资要求

任课教师须具有工程机械操作与维护的企业实践经验，具备工程机械操作与维护工学一体化课程教学设计与实施、工学一体化课程教学资源选择与应用等能力。

2. 教学组织方式方法建议

采用行动导向的教学方法。为确保教学安全，合理使用实训设施设备，提高教学效果，建议采用分组教学的形式（5~6 人/组），同时培养学生的通用能力；在完成工作任务的过程中，教师须加强示范与指导，注重学生职业素养的培养。

有条件的地区，建议通过引企入校或建立校外实训基地为学生提供工程机械操作与维护的真实工作环境，由企业导师与专业教师协同教学。部分不具备条件的院校，可通过仿真软件模拟、观看视频等方式进行学习。

3. 教学资源配备建议

（1）教学场地

工程机械操作与维护教学场地须具备良好的安全、照明和通风条件。其中校内教学场地配备实施工程机械操作与维护工学一体化课程的一体化学习工作站，分为教学区、资讯区、工作区、工具区和展示区，并配备相应的多媒体教学设备等，面积以至少同时容纳 30 人开展教学活动为宜，可进行资料查阅、教师授课、小组研讨、任务实施、成果展示等功能；企业实训基地应具备工程机械操作与维护工作任务实践与技术培训等功能。

（2）工具、材料、设备（按组配置）

工具：套筒扳手、梅花扳手、呆扳手、活扳手、扭力扳手、滤清器扳手、盘车工具、千分尺、游标卡尺、螺纹量规等。

材料：润滑油、润滑脂、棉布、燃油、柴油滤清器滤芯、机油滤清器滤芯、空气滤清器滤芯、液压系统滤芯等。

设备：ZL50G 装载机、XE210 挖掘机、XS203 压路机、GR165 平地机、QY25K 汽车起重机、XM503 铣刨机、RP403 摊铺机、CPC30 叉车、XGT63D 塔式起重机、空气压缩机等。

（3）教学资料

以工作页为主，配备信息页、任务单、材料领用单、施工技术交底资料、工艺指导书、施工图、工程机械操作手册、维护手册、课件、微课等教学资料。

4. 教学管理制度

执行工学一体化教学场所和教学组织的管理规定，如需要进行校外认识实习和岗位实习，应严格遵守校外实训基地、企业实习等管理制度。

教学考核要求

课程考核采用过程性考核与终结性考核相结合的方式。课程考核成绩 = 过程性考核成绩 ×60%+ 终结性考核成绩 ×40%。

1. 过程性考核（60%）

根据工程机械主机设备配套情况，从 9 个参考性学习任务中选取 2 个参考性学习任务考核构成过程性考核，各参考性学习任务占比均为 50%。

上述参考性学习任务考核，应以其对应代表性工作任务的职业能力要求为依据，充分考虑任务的关键技能、学习重难点及学生未来的发展需求设计考核内容和评分细则，从专业能力、通用能力、职业素养、思政素养等维度对学生综合职业能力进行考核。

（1）专业能力的考核：主要包括各学习环节产出的学习成果，如任务单的领取和解读，施工技术交底资料、工艺指导书、工程机械操作手册、维护手册的查阅，施工图的分析，工作环境的观察，运行路线的规划，作业方法的选择，作业参数的设置，施工作业计划的制订和报批，维护工作计划的制订，施工运行路线、作业方法和作业参数的调整与确定，施工作业及施工质量的检验，工程机械的维护及维护质量的检验，交付验收等完成任务的关键操作技能和心智技能，输出成果包括但不限于任务单、操作与维护方案、作业流程等多种形式。

（2）通用能力、职业素养和思政素养的考核：在学习任务实施过程中，依据任务的职业能力要求，考核学生的通用能力、职业素养和思政素养的养成。例如：通过解读任务单的准确性、与教师沟通交流的逻辑性和流畅性，考核学生的信息处理能力和交往与合作能力；通过查阅施工技术交底资料、工艺指导书、工程机械操作手册、维护手册的准确性，小组合作分析施工图的正确性，小组讨论制订工作计划的合理性和可行性，考核学生的自主学习能力和交往与合作能力；通过小组讨论调整并确定运行路线、作业方法和作业参数的准确性，考核学生的交往与合作能力；通过领用材料、准备工具和设备的精准性，考核学生的责任意识；通过安全操作规程、环保管理制度和"6S"管理制度的执行性，完成工程机械操作与维护并对施工质量、维护质量自检的规范性、责任性，清理场地、归置物品、处置废弃物的执行性，考核学生的规范意识、安全意识、质量意识、环保意识和责任意识；通过施工工程和工程机械交付流程的完整性、总结报告的撰写，考核学生的责任意识等。

2. 终结性考核（40%）

终结性考核应围绕课程目标，结合课程终结性考核要点，选择企业真实工作任务或设计学习任务进行考核。

学生根据任务情境中的要求，制订工作计划，查找相关标准和操作规程，明确作业流程，领取材料，准备工具、设备，按照作业流程和工艺要求，在规定时间内完成工程机械操作与维护，作业完成后应符合施工质量和维护质量验收标准，施工质量和维护质量达到客户要求。

考核说明：本课程的9个参考性学习任务属于平行式学习任务，故选择学习任务XE210挖掘机操作与维护为终结性考核任务，该考核任务能够覆盖终结性考核要点。通过该任务的考核，能客观反映课程目标的达成情况。

考核任务案例：XE210挖掘机操作与维护（地面找平作业、250 h维护）

【情境描述】

某工程施工企业的工程机械维修工接到上级主管下发的任务，需要操作XE210挖掘机进行地面找平作业，并对挖掘机进行250 h维护，现班组长安排你负责该项工作。请你在3 h内依据工程机械操作手册、维护手册、安全操作规程，完成XE210挖掘机操作与维护工作。

【任务要求】

根据任务的情境描述，在规定时间内，完成XE210挖掘机操作与维护工作。

（1）解读任务单，列出XE210挖掘机地面找平作业的工作内容及要求，列出与班组长的沟通要点。

（2）查阅施工技术交底资料和工艺指导书，分析施工图，观察工作环境，规划运行路线，选择作业方法，设置作业参数，制订施工作业计划，并将施工作业计划报批。

（3）依据审批意见，调整并列出施工运行路线、作业方法和作业参数。

（4）查阅XE210挖掘机操作手册，按照安全操作规程操作XE210挖掘机完成地面找平作业。

（5）依据企业质检流程和标准，规范完成施工质量的自检并记录。

（6）严格遵守企业环保管理制度和"6S"管理制度，清理设备。

（7）完成用户服务卡的填写和施工工程的交付验收，并对自己的工作进行总结，提交用户服务卡、总结报告等过程性材料。

（8）解读任务单，列出XE210挖掘机250 h维护的工作内容及要求，列出与班组长的沟通要点。

（9）查阅XE210挖掘机维护手册，制订合理的维护工作计划。

（10）以表格形式列出完成任务所需的工具、材料、设备清单。

（11）按照XE210挖掘机维护手册、安全操作规程，完成XE210挖掘机维护。

（12）依据企业质检流程和标准，规范完成维护质量的自检并记录。

（13）严格遵守企业环保管理制度和"6S"管理制度，清理场地，归置物品，处置废弃物。

（14）完成用户服务卡的填写和XE210挖掘机的交付验收，并对自己的工作进行总结，提交用户服务卡、总结报告等过程性材料。

【参考资料】

完成上述任务时，可以使用常见的教学资源，如工作页、信息页、任务单、材料领用单、施工技术交底资料、工艺指导书、施工图、XE210挖掘机操作手册、XE210挖掘机维护手册、安全操作规程、环保管理制度、"6S"管理制度等。

（七）工程机械液压简单故障检修课程标准

工学一体化课程名称	工程机械液压简单故障检修	基准学时	150

典型工作任务描述

工程机械液压简单故障检修是指针对工程机械液压系统中一些比较容易诊断且容易维修的故障进行检查、维修的工作过程。工程机械液压简单故障检修主要包括工程机械液压管路接头渗漏故障检修、工程机械液压缸密封件失效故障检修、工程机械转向限位失灵故障检修、工程机械主阀内泄漏故障检修等。

在工程机械工作过程中，工程机械液压系统会出现一些简单故障，为了满足工程机械的使用要求，恢复工程机械功能，需要对工程机械液压简单故障进行维修。工程机械液压简单故障检修工作一般发生在工程机械制造企业、工程施工企业、工程机械维修企业和工程机械租赁企业中，主要由中级工层级的工程机械维修工完成。

工程机械维修工从上级主管处接受工程机械液压简单故障检修任务，阅读任务单，明确任务要求；查阅工程机械液压系统维修手册，制订工作计划；查阅用户手册、操作手册，与客户进行专业沟通，勘查现场，确认工程机械液压简单故障现象；在班组长或师傅的指导下，查阅工程机械液压元件结构图，确认检查流程；准备检修工具，检查工程机械液压简单故障，确认故障原因；根据工作需要，领取材料，严格按照液压系统维修操作规程、工艺规范和企业安全生产制度进行工程机械液压简单故障维修工作；检修任务完成后，进行自检，清理场地，归置物品，处置废弃物；填写用户服务卡，交付客户验收，并对自己的工作进行总结。

工程机械液压简单故障检修过程中，应参照工程机械液压系统维修手册、《机动车维修服务规范》（JT/T 816—2021），按照液压系统维修操作规程、工艺规范作业，遵守企业安全生产制度、环保管理制度和"6S"管理制度。

工作内容分析

工作对象：	工具、材料、设备与资料：	工作要求：
1. 任务单的领取和解读；	1. 工具：呆扳手、套筒扳手、梅花扳手、活扳手、扭力扳手、内六角扳手、十字旋具、一字旋具、尖嘴钳、密封件拆卸工具、轴承拆卸工具、铜棒、轴用弹簧卡圈、孔用弹簧卡圈、吊环、零件摆放架、压力表等；	1. 解读任务单，与上级主管进行沟通交流，获取任务信息；
2. 工程机械液压系统维修手册的查阅，工程机械液压简单故障检修工作计划的制订；		2. 查阅工程机械液压系统维修手册，制订工程机械液压简单故障检修工作计划；
3. 工程机械液压简单故障现象的确认；	2. 材料：液压管路、管路接头、密封件、密封圈、生料带、液压油、纱布、清洗液等；	3. 查阅用户手册、操作手册，与客户进行专业沟通，勘查现场，进一步确认工程机械液压简单故障现象；
	3. 设备：ZL50G 装载机、XE60 挖掘机等；	
4. 工程机械液压元件结构图的查阅，检查流程的确认；	4. 资料：任务单、材料领用单、工程机械液压系统维修手册、用户手册、操作手册、工程机械液压元件结构图、液压系统维修操作规程、工艺规范、《机动车维修服务规范》（JT/T 816—2021）、企业安全生产制度、环保管理制度、"6S"	4. 查阅工程机械液压元件结构图，确认检查流程；
		5. 遵守企业工具管理制度，依据检查流程，准备检修工具，

| 5. 检修工具的准备，工程机械液压简单故障的检查与原因确认；

6. 材料的领取，工程机械液压简单故障维修与检验，场地清理、物品归置、废弃物处置；

7. 用户服务卡的填写，交付客户验收，工作总结。 | 管理制度、用户服务卡等。

工作方法：
1. 工作现场沟通法；
2. 资料查阅法；
3. 工程机械操作法；
4. 勘查法；
5. 故障树、流程图分析法；
6. 材料领用法；
7. 工具使用法；
8. 工程机械液压系统故障排查法；
9. 工程机械液压系统维修法；
10. 用户服务卡填写法；
11. 工程机械液压系统检测法；
12. 工作总结法。

劳动组织方式：
以独立或小组合作的方式进行工作。从上级主管处领取工作任务，与其他部门有效沟通、协调，准备工具，从仓库领取材料，完成工程机械液压简单故障的检修，完工自检后交付客户验收。 | 检查工程机械液压简单故障，确认故障原因；

6. 遵守企业材料管理制度，与仓库管理员进行沟通，领取材料，按照液压系统维修操作规程、工艺规范和企业安全生产制度进行工程机械液压简单故障维修工作；检修任务完成后，进行自检，按照《机动车维修服务规范》（JT/T 816—2021）、企业环保管理制度和"6S"管理制度清理场地，归置物品，处置废弃物；

7. 依据工作流程，填写用户服务卡，将检修合格的工程机械液压系统交付客户验收，并对自己的工作进行总结。 |

课程目标

学习完本课程后，学生应当能够胜任工程机械液压简单故障检修工作，包括：

1. 能解读工程机械液压简单故障检修任务单，与教师围绕工作内容和要求进行沟通交流，获取工程机械使用信息、故障描述、客户信息等任务信息。

2. 能查阅工程机械液压系统维修手册，通过小组合作制订工程机械液压简单故障检修工作计划。

3. 能查阅用户手册、操作手册，与教师围绕工程机械使用状况、故障现象等进行沟通交流，勘查现场，规范操作工程机械液压系统各功能，进一步确认工程机械液压简单故障现象，记录故障数据信息。

4. 能查阅工程机械液压元件结构图，通过小组合作分析液压元件结构，确认工程机械液压简单故障检查流程，并得到教师的认可。

5. 能遵守企业工具管理制度，依据检查流程，使用呆扳手、内六角扳手等工具，通过外观检查、触碰、液压元件拆解、元件替代等方法查找故障点，确认故障原因。

6. 能遵守企业材料管理制度，与模拟仓库管理员进行沟通，领取工程机械液压简单故障维修所需的管路接头、密封件等材料，有效运用液压系统清洗、元件更换等工程机械液压系统维修法，按照液压系统维修操作规程、工艺规范和企业安全生产制度、规范完成工程机械液压简单故障维修工作；检修任务完成后，进行自检，按照《机动车维修服务规范》（JT/T 816—2021）、企业环保管理制度和"6S"管理制度清理场地，归置物品，处置废弃物。

7. 能依据工作流程，填写用户服务卡，将检修合格的工程机械液压系统交付教师验收，并对自己的工作进行总结。

学习内容

本课程的主要学习内容包括：

一、任务单的领取和解读

实践知识：

工程机械液压简单故障检修任务单的使用。

任务单中工程机械使用信息、故障描述、客户信息等任务信息的解读。

理论知识：

任务的交付标准，工程机械使用信息的含义。

二、工程机械液压系统维修手册的查阅，工程机械液压简单故障检修工作计划的制订

实践知识：

工程机械液压系统维修手册的使用。

工程机械液压系统维修手册的查阅，工程机械液压简单故障检修工作计划的制订。

理论知识：

工程机械液压简单故障检修工作计划的格式、内容与撰写要求。

三、工程机械液压简单故障现象的确认

实践知识：

用户手册、操作手册的使用。

工程机械操作法、勘查法的应用。

工程机械液压管路接头渗漏、液压缸密封件失效、转向限位失灵、主阀内泄漏故障现象的再现操作和确认，故障数据信息的记录。

理论知识：

工程机械液压系统各功能操作注意事项，故障数据信息的含义。

四、工程机械液压元件结构图的查阅，检查流程的确认

实践知识：

工程机械液压元件结构图的使用。

用以准确交流故障检查流程的工作现场沟通法的应用，故障树、流程图分析法的应用。

工程机械液压简单故障检修工作计划合理性的判断、计划的修改完善，检查流程的确认。

理论知识：

工程机械液压管路接头、液压缸密封件、转向限位阀、主阀的结构原理，工程机械液压简单故障检修的原则、工作流程和职责，工程机械液压简单故障检查流程。

五、检修工具的准备，工程机械液压简单故障的检查与原因确认

实践知识：

呆扳手、套筒扳手、梅花扳手、活扳手、扭力扳手、内六角扳手、十字旋具、一字旋具、尖嘴钳、密

封件拆卸工具、轴承拆卸工具、铜棒、轴用弹簧卡圈、孔用弹簧卡圈、吊环、零件摆放架、压力表等工具的使用。

工具使用法（液压系统检修工具的使用）、工程机械液压系统故障排查法（简单故障的排查）的应用。

检修工具的准备，工程机械液压简单故障的检查（液压管路接头、液压缸密封件、转向限位阀、主阀等元件损坏的检查），故障原因的分析、确认。

理论知识：

工程机械液压管路接头渗漏、液压缸密封件失效、转向限位失灵、主阀内泄漏的常见故障原因，液压简单故障的检查方法、分析方法，外观检查、触碰、液压元件拆解、元件替代等故障排查法的适用场景。

六、材料的领取，工程机械液压简单故障维修与检验，场地清理、物品归置、废弃物处置

实践知识：

呆扳手、套筒扳手、梅花扳手、活扳手、扭力扳手、内六角扳手、十字旋具、一字旋具、尖嘴钳、密封件拆卸工具、轴承拆卸工具、铜棒、轴用弹簧卡圈、孔用弹簧卡圈、吊环、零件摆放架、压力表等工具的使用，液压管路、管路接头、密封件、密封圈、生料带、液压油、纱布、清洗液等材料的使用，工程机械液压实训设备、ZL50G 装载机、XE60 挖掘机等设备的使用，液压系统维修操作规程、工艺规范、《机动车维修服务规范》（JT/T 816—2021）、企业安全生产制度、环保管理制度、"6S"管理制度等资料的使用。

工程机械液压系统维修法（简单故障的维修）、工程机械液压系统检测法的应用。

材料的领取，工程机械液压管路接头渗漏、液压缸密封件失效、转向限位失灵、主阀内泄漏等液压简单故障的维修（液压管路接头、液压缸密封件、转向限位阀、主阀的拆解、更换等），工程机械液压系统各功能的自检，场地清理、物品归置、废弃物处置。

理论知识：

液压系统维修操作规程、工艺规范，企业安全生产制度、环保管理制度和"6S"管理制度，工程机械液压系统功能检测标准。

七、用户服务卡的填写，交付客户验收，工作总结

实践知识：

用户服务卡的使用。

将检修合格的工程机械液压系统交付客户验收，工作总结。

理论知识：

工程机械液压系统功能检测标准。

八、通用能力、职业素养、思政素养

自主学习、自我管理、信息检索、理解与表达、交往与合作、创新思维、解决问题等通用能力，规范意识、安全意识、质量意识、环保意识、责任意识、成本意识、服务意识、优化意识、效率意识等职业素养，以及劳模精神、劳动精神、工匠精神等思政素养。

参考性学习任务

序号	名称	学习任务描述	参考学时
1	XE60挖掘机液压管路接头渗漏故障检修	某工程机械维修企业的工程机械维修工接到上级主管下发的任务，需要进行 XE60 挖掘机液压管路接头渗漏故障检修，要求在 1 天内完成并交付验收。 　　学生从教师处接受 XE60 挖掘机液压管路接头渗漏故障检修任务，阅读任务单，明确任务要求；查阅 XE60 挖掘机液压系统维修手册，制订工作计划；查阅用户手册、操作手册，与教师进行专业沟通，勘查现场，确认 XE60 挖掘机液压管路接头渗漏故障现象；查阅 XE60 挖掘机液压管路接头结构图，确认检查流程；准备检修工具，检查 XE60 挖掘机液压管路接头渗漏故障，确认故障原因；根据工作需要，领取材料，严格按照液压系统维修操作规程、工艺规范和企业安全生产制度进行 XE60 挖掘机液压管路接头渗漏故障维修工作；检修任务完成后，进行自检，清理场地，归置物品，处置废弃物；填写用户服务卡，交付验收，并对自己的工作进行总结。 　　工作过程中，学生应参照工程机械液压系统维修手册、《机动车维修服务规范》(JT/T 816—2021)，按照液压系统维修操作规程、工艺规范作业，遵守企业安全生产制度、环保管理制度和"6S"管理制度。	30
2	ZL50G装载机液压缸密封件失效故障检修	某工程机械维修企业的工程机械维修工接到上级主管下发的任务，需要进行 ZL50G 装载机液压缸密封件失效故障检修，要求在 1 天内完成并交付验收。 　　学生从教师处接受 ZL50G 装载机液压缸密封件失效故障检修任务，阅读任务单，明确任务要求；查阅 ZL50G 装载机液压系统维修手册，制订工作计划；查阅用户手册、操作手册，与教师进行专业沟通，勘查现场，确认 ZL50G 装载机液压缸密封件失效故障现象；查阅 ZL50G 装载机液压缸密封件结构图，确认检查流程；准备检修工具，检查 ZL50G 装载机液压缸密封件失效故障，确认故障原因；根据工作需要，领取材料，严格按照液压系统维修操作规程、工艺规范和企业安全生产制度进行 ZL50G 装载机液压缸密封件失效故障维修工作；检修任务完成后，进行自检，清理场地，归置物品，处置废弃物；填写用户服务卡，交付验收，并对自己的工作进行总结。	30

2	ZL50G 装载机液压缸密封件失效故障检修	工作过程中，学生应参照工程机械液压系统维修手册、《机动车维修服务规范》（JT/T 816—2021），按照液压系统维修操作规程、工艺规范作业，遵守企业安全生产制度、环保管理制度和"6S"管理制度。	
3	ZL50G 装载机转向限位失灵故障检修	某工程机械维修企业的工程机械维修工接到上级主管下发的任务，需要进行 ZL50G 装载机转向限位失灵故障检修，要求在 2 天内完成并交付验收。 学生从教师处接受 ZL50G 装载机转向限位失灵故障检修任务，阅读任务单，明确任务要求；查阅 ZL50G 装载机液压系统维修手册，制订工作计划；查阅用户手册、操作手册，与教师进行专业沟通，勘查现场，确认 ZL50G 装载机转向限位失灵故障现象；查阅 ZL50G 装载机转向限位阀结构图，确认检查流程；准备检修工具，检查 ZL50G 装载机转向限位失灵故障，确认故障原因；根据工作需要，领取材料，严格按照液压系统维修操作规程、工艺规范和企业安全生产制度进行 ZL50G 装载机转向限位失灵故障维修工作；检修任务完成后，进行自检，清理场地，归置物品，处置废弃物；填写用户服务卡，交付验收，并对自己的工作进行总结。 工作过程中，学生应参照工程机械液压系统维修手册、《机动车维修服务规范》（JT/T 816—2021），按照液压系统维修操作规程、工艺规范作业，遵守企业安全生产制度、环保管理制度和"6S"管理制度。	30
4	XE60 挖掘机主阀内泄漏故障检修	某工程机械维修企业的工程机械维修工接到上级主管下发的任务，需要进行 XE60 挖掘机主阀内泄漏故障检修，要求在 2 天内完成并交付验收。 学生从教师处接受 XE60 挖掘机主阀内泄漏故障检修任务，阅读任务单，明确任务要求；查阅 XE60 挖掘机液压系统维修手册，制订工作计划；查阅用户手册、操作手册，与教师进行专业沟通，勘查现场，确认 XE60 挖掘机主阀内泄漏故障现象；查阅 XE60 挖掘机主阀结构图，确认检查流程；准备检修工具，检查 XE60 挖掘机主阀内泄漏故障，确认故障原因；根据工作需要，领取材料，严格按照液压系统维修操作规程、工艺规范和企业安全生产制度进行 XE60 挖掘机主阀内泄漏故障维修工作；检修任务完成后，进行自检，清理场地，归置物品，处置废弃物；填写用户服务卡，交付验收，并对自己的工作进行总结。	60

| 4 | XE60挖掘机主阀内泄漏故障检修 | 工作过程中，学生应参照工程机械液压系统维修手册、《机动车维修服务规范》（JT/T 816—2021），按照液压系统维修操作规程、工艺规范作业，遵守企业安全生产制度、环保管理制度和"6S"管理制度。 | |

教学实施建议

1. 师资要求

任课教师须具有工程机械液压简单故障检修的企业实践经验，具备工程机械液压简单故障检修工学一体化课程教学设计与实施、工学一体化课程教学资源选择与应用等能力。

2. 教学组织方式方法建议

采用行动导向的教学方法。为确保教学安全，合理使用实训设施设备，提高教学效果，建议采用分组教学的形式（5~6人/组），同时培养学生的通用能力；在完成工作任务的过程中，教师须加强示范与指导，注重学生职业素养的培养。

有条件的地区，建议通过引企入校或建立校外实训基地为学生提供工程机械液压简单故障检修的真实工作环境，由企业导师与专业教师协同教学。部分不具备条件的院校，可通过仿真软件模拟、观看视频等方式进行学习。

3. 教学资源配备建议

（1）教学场地

工程机械液压简单故障检修教学场地须具备良好的安全、照明和通风条件。其中校内教学场地配备实施工程机械液压简单故障检修工学一体化课程的一体化学习工作站，分为教学区、资讯区、工作区、工具区和展示区，并配备相应的多媒体教学设备等，面积以至少同时容纳30人开展教学活动为宜，可进行资料查阅、教师授课、小组研讨、任务实施、成果展示等功能；企业实训基地应具备工程机械液压简单故障检修工作任务实践与技术培训等功能。

（2）工具、材料、设备（按组配置）

工具：呆扳手、套筒扳手、梅花扳手、活扳手、扭力扳手、内六角扳手、十字旋具、一字旋具、尖嘴钳、密封件拆卸工具、轴承拆卸工具、铜棒、轴用弹簧卡圈、孔用弹簧卡圈、吊环、零件摆放架、压力表等。

材料：液压管路、管路接头、密封件、密封圈、生料带、液压油、纱布、清洗液等。

设备：工程机械液压实训设备、ZL50G装载机、XE60挖掘机等。

（3）教学资料

以工作页为主，配备信息页、任务单、材料领用单、工程机械液压系统维修手册、用户手册、操作手册、工程机械液压元件结构图、液压系统维修操作规程、工艺规范、《机动车维修服务规范》（JT/T 816—2021）、课件、微课等教学资料。

4. 教学管理制度

执行工学一体化教学场所和教学组织的管理规定，如需要进行校外认识实习和岗位实习，应严格遵守校外实训基地、企业实习等管理制度。

教学考核要求

课程考核采用过程性考核与终结性考核相结合的方式。课程考核成绩 = 过程性考核成绩 ×60%+ 终结性考核成绩 ×40%。

1. 过程性考核（60%）

由 4 个参考性学习任务考核构成过程性考核。各参考性学习任务占比如下：XE60 挖掘机液压管路接头渗漏故障检修，占比 10%；ZL50G 装载机液压缸密封件失效故障检修，占比 20%；ZL50G 装载机转向限位失灵故障检修，占比为 30%；XE60 挖掘机主阀内泄漏故障检修，占比 40%。

上述参考性学习任务考核，应以其对应代表性工作任务的职业能力要求为依据，充分考虑任务的关键技能、学习重难点及学生未来的发展需求设计考核内容和评分细则，从专业能力、通用能力、职业素养、思政素养等维度对学生综合职业能力进行考核。

（1）专业能力的考核：主要包括各学习环节产出的学习成果，如任务单的领取和解读，工程机械液压系统维修手册的查阅，工程机械液压简单故障检修工作计划的制订，工程机械液压简单故障现象的确认，工程机械液压元件结构图的查阅，检查流程的确认，工程机械液压简单故障的检查与原因确认，工程机械液压简单故障维修与检验，工程机械液压系统的交付验收等完成任务的关键操作技能和心智技能，输出成果包括但不限于任务单、检修方案、作业流程等多种形式。

（2）通用能力、职业素养和思政素养的考核：在学习任务实施过程中，依据任务的职业能力要求，考核学生的通用能力、职业素养和思政素养的养成。例如：通过解读任务单的准确性、与教师沟通交流的逻辑性和流畅性，考核学生的信息检索能力和交往与合作能力；通过查阅工程机械液压系统维修手册的准确性，小组合作制订检修工作计划的合理性和可行性，考核学生的自主学习能力和交往与合作能力；通过查阅用户手册、操作手册的准确性、勘查现场、规范操作工程机械液压系统各功能、确认工程机械液压简单故障现象的严谨性，记录故障数据信息的真实性，考核学生的责任意识；通过查阅工程机械液压元件结构图、小组合作分析故障液压元件结构的正确性，确认检查流程的正确性，考核学生的信息检索能力和交往与合作能力；通过利用多种排查方法逐一系统地排查故障点并确认故障原因，考核学生的解决问题能力；通过液压系统维修操作规程、工艺规范、企业安全生产制度、环保管理制度和"6S"管理制度的执行性，工程机械液压简单故障维修过程的规范性，工程机械液压系统各功能自检的严谨性、责任性，清理场地、归置物品、处置废弃物的执行性，考核学生的规范意识、安全意识、质量意识和环保意识；通过工程机械液压系统交付流程的完整性、总结报告的撰写，考核学生的责任意识等。

2. 终结性考核（40%）

终结性考核应围绕课程目标，结合课程终结性考核要点，选择企业真实工作任务或设计学习任务进行考核。

学生根据任务情境中的要求，制订工作计划，勘查现场，确认故障现象，查阅工程机械液压元件结构图，确认检查流程，准备检修工具，检查工程机械液压简单故障，分析并确认故障原因，领取材料，按照作业流程和工艺要求，在规定时间内完成工程机械液压简单故障维修，作业完成后应符合工程机械液压系统维修验收标准，工程机械性能达到客户要求。

考核说明：本课程的 4 个参考性学习任务属于递进式学习任务，故选择学习任务 XE60 挖掘机主阀内泄漏故障检修为终结性考核任务，该考核任务能够覆盖终结性考核要点。通过该任务的考核，能客观反映课程目标的达成情况。

考核任务案例：XE60 挖掘机主阀内泄漏故障检修

【情境描述】

某工程机械维修企业接收了一台 XE60 挖掘机，在作业过程中操作人员发现挖掘机动作无力，主阀出现内泄漏故障，操作人员将上述故障反映到客服中心，为保证挖掘机正常作业，需要进行 XE60 挖掘机主阀内泄漏故障检修，现班组长安排你负责该项工作。请你在 2 h 内依据液压系统维修操作规程、工艺规范，完成 XE60 挖掘机主阀内泄漏故障检修工作。

【任务要求】

根据任务的情境描述，在规定时间内，完成 XE60 挖掘机主阀内泄漏故障检修工作。

（1）解读任务单，列出 XE60 挖掘机主阀内泄漏故障检修的工作内容及要求，列出与班组长的沟通要点。

（2）查阅 XE60 挖掘机液压系统维修手册，制订合理的检修工作计划。

（3）查阅用户手册、XE60 挖掘机操作手册，勘查现场，规范操作 XE60 挖掘机液压系统各功能，进一步确认主阀内泄漏故障现象，记录故障数据信息。

（4）查阅 XE60 挖掘机主阀结构图，分析主阀结构，确认主阀内泄漏故障检查流程。

（5）以表格形式列出完成任务所需的工具、材料、设备清单。

（6）根据检查流程使用呆扳手、内六角扳手等工具，通过拆解主阀、目视检查、测量等方法查找故障点，确认主阀内泄漏的故障原因。

（7）按照液压系统维修操作规程、工艺规范和企业安全生产制度，完成 XE60 挖掘机主阀内泄漏故障维修。

（8）依据企业质检流程和标准，规范完成 XE60 挖掘机主阀各功能的自检并记录。

（9）严格遵守《机动车维修服务规范》（JT/T 816—2021）、企业环保管理制度和"6S"管理制度，清理场地，归置物品，处置废弃物。

（10）完成用户服务卡的填写和 XE60 挖掘机的交付验收，并对自己的工作进行总结，提交用户服务卡、总结报告等过程性材料。

【参考资料】

完成上述任务时，可以使用常见的教学资源，如工作页、信息页、任务单、材料领用单、XE60 挖掘机液压系统维修手册、用户手册、操作手册、XE60 挖掘机主阀结构图、液压系统维修操作规程、工艺规范、《机动车维修服务规范》（JT/T 816—2021）、企业安全生产制度、环保管理制度、"6S"管理制度等。

（八）工程机械电气简单故障检修课程标准

工学一体化课程名称	工程机械电气简单故障检修	基准学时	150
典型工作任务描述			

工程机械电气简单故障检修是指针对工程机械电气系统在正常运行时某一处发生元件损坏、短路、断

路的简单故障进行检查、维修的工作过程。工程机械电气简单故障检修主要包括工程机械转向灯不闪故障检修、工程机械倒车灯不亮故障检修、工程机械照明灯不亮故障检修、工程机械刮水器无动作故障检修、工程机械喇叭不响故障检修等。

随着对工程机械多功能化、智能化要求的提高，工程机械上的电子产品种类不断增加，电气系统的设计也变得越来越复杂，电气系统的故障点相应增加，这就要求在维修中要更多考虑系统的可靠性、耐久性和安全性等重要性能。为了使工程机械正常运行，保证工作性能，工程机械维修工需要对出现电气故障的工程机械进行定期检查、维修。工程机械电气简单故障检修工作一般发生在工程机械制造企业、工程施工企业、工程机械维修企业和工程机械租赁企业中，主要由中级工层级的工程机械维修工完成。

工程机械维修工从上级主管处接受工程机械电气简单故障检修任务，阅读任务单，明确任务要求；查阅工程机械电气系统元件布置图、布线图、维修手册，制订工作计划；查阅用户手册、操作手册，与客户进行专业沟通，勘查现场，确认工程机械电气简单故障现象；在班组长或师傅的指导下，查阅工程机械电气原理图，确认检查流程；准备检修工具，检查工程机械电气简单故障，确认故障原因；根据工作需要，领取材料，严格按照电气系统维修操作规程、工艺规范和企业安全生产制度进行工程机械电气简单故障维修工作；检修任务完成后，进行自检，清理场地，归置物品，处置废弃物；填写用户服务卡，交付客户验收，并对自己的工作进行总结。

工程机械电气简单故障检修过程中，应参照《汽车维护、检测、诊断技术规范》（GB/T 18344—2016）、《机动车维修服务规范》（JT/T 816—2021），按照电气系统维修操作规程、工艺规范作业，遵守企业安全生产制度、环保管理制度和"6S"管理制度。

工作内容分析

工作对象：	工具、材料、设备与资料：	工作要求：
1. 任务单的领取和解读； 2. 工程机械电气系统元件布置图、布线图、维修手册的查阅，工程机械电气简单故障检修工作计划的制订； 3. 工程机械电气简单故障现象的确认； 4. 工程机械电气原理图的查阅，检查流程的确认； 5. 检修工具的准	1. 工具：呆扳手、活扳手、棘轮扳手、内六角扳手、退针器、斜口钳、剥线钳、压线钳、一字旋具、十字旋具、电工刀、卷尺、万用表、试灯等； 2. 材料：导线、冷压端子、并线端子、插接器、号码管、热缩管、绝缘胶带、波纹管、尼龙扎带、电气元件、清洗液等； 3. 设备：ZL50G装载机、QY25K汽车起重机、XE60挖掘机等； 4. 资料：任务单、材料领用单、工程机械电气系统元件布置图、布线图、维修手册、用户手册、操作手册、工程机械电气原理图、电气系统维修操作规程、工艺规范、《汽车维护、检测、诊断技术规范》（GB/T 18344—2016）《机动车维修服务规范》（JT/T 816—2021）、企业安	1. 解读任务单，与上级主管进行沟通交流，获取任务信息； 2. 查阅工程机械电气系统元件布置图、布线图、维修手册，制订工程机械电气简单故障检修工作计划； 3. 查阅用户手册、操作手册，与客户进行专业沟通，勘查现场，进一步确认工程机械电气简单故障现象； 4. 参照《汽车维护、检测、诊断技术规范》（GB/T 18344—2016），查阅工程机械电气原理图，确认检查流程； 5. 遵守企业工具管理制度，

备，工程机械电气简单故障的检查与原因确认； 6. 材料的领取，工程机械电气简单故障维修与检验，场地清理、物品归置、废弃物处置； 7. 用户服务卡的填写，交付客户验收，工作总结。	全生产制度、环保管理制度、"6S"管理制度、用户服务卡等。 **工作方法：** 1. 工作现场沟通法； 2. 资料查阅法； 3. 工程机械操作法； 4. 勘查法； 5. 故障树、流程图分析法； 6. 材料领用法； 7. 工具使用法； 8. 工程机械电气系统故障排查法； 9. 工程机械电气系统维修法； 10. 用户服务卡填写法； 11. 工程机械电气系统检测法； 12. 工作总结法。 **劳动组织方式：** 以独立或小组合作的方式进行工作。从上级主管处领取工作任务，与其他部门有效沟通、协调，准备工具，从仓库领取材料，完成工程机械电气简单故障的检修，完工自检后交付客户验收。	依据检查流程，准备检修工具，检查工程机械电气简单故障，确认故障原因； 6. 遵守企业材料管理制度，与仓库管理员进行沟通，领取材料，按照电气系统维修操作规程、工艺规范和企业安全生产制度进行工程机械电气简单故障维修工作；检修任务完成后，进行自检，按照《机动车维修服务规范》（JT/T 816—2021）、企业环保管理制度和"6S"管理制度清理场地，归置物品，处置废弃物； 7. 依据工作流程，填写用户服务卡，将检修合格的工程机械电气系统交付客户验收，并对自己的工作进行总结。

课程目标

学习完本课程后，学生应当能够胜任工程机械电气简单故障检修工作，包括：

1. 能解读工程机械电气简单故障检修任务单，与教师围绕工作内容和要求进行沟通交流，获取工程机械使用信息、故障描述、客户信息等任务信息。

2. 能查阅工程机械电气系统元件布置图、布线图、维修手册，通过小组合作制订工程机械电气简单故障检修工作计划。

3. 能查阅用户手册、操作手册，与教师围绕工程机械使用状况、故障现象等进行沟通交流，勘查现场，规范操作工程机械电气系统各功能，进一步确认工程机械电气简单故障现象，记录故障数据信息。

4. 能参照《汽车维护、检测、诊断技术规范》（GB/T 18344—2016），查阅工程机械电气原理图，通过小组合作运用故障树、流程图分析法，确认工程机械电气简单故障检查流程，并得到教师的认可。

5. 能遵守企业工具管理制度，依据检查流程，使用退针器、万用表等工具，通过外观检查、听声音、测量、对比、元件替代等方法查找故障点，确认故障原因。

6. 能遵守企业材料管理制度，与模拟仓库管理员进行沟通，领取工程机械电气简单故障维修所需的电气元件、导线、并线端子等材料，有效运用断线并接、元件更换等工程机械电气系统维修法，按照电气系统维修操作规程、工艺规范和企业安全生产制度，规范完成工程机械电气简单故障维修工作；检修任务完成后，进行自检，按照《机动车维修服务规范》（JT/T 816—2021）、企业环保管理制度和"6S"管理制度清理场地，归置物品，处置废弃物。

7. 能依据工作流程，填写用户服务卡，将检修合格的工程机械电气系统交付教师验收，并对自己的工作进行总结。

学习内容

本课程的主要学习内容包括：

一、任务单的领取和解读

实践知识：

工程机械电气简单故障检修任务单的使用。

任务单中工程机械使用信息、故障描述、客户信息等任务信息的解读。

理论知识：

工程机械电气系统故障的类型，电路故障的类型，转向灯、倒车灯、照明灯、刮水器、喇叭的含义、种类及功用，任务的交付标准，工程机械使用信息的含义。

二、工程机械电气系统元件布置图、布线图、维修手册的查阅，工程机械电气简单故障检修工作计划的制订

实践知识：

工程机械电气系统元件布置图、布线图、维修手册的使用。

工程机械电气系统元件布置图、布线图、维修手册的查阅，工程机械电气简单故障检修工作计划的制订。

理论知识：

工程机械电气系统元件布置图、布线图，工程机械电气简单故障检修工作计划的格式、内容与撰写要求。

三、工程机械电气简单故障现象的确认

实践知识：

用户手册、操作手册的使用。

工程机械操作法的应用。

工程机械转向灯不闪、倒车灯不亮、照明灯不亮、刮水器无动作、喇叭不响故障现象的再现操作和确认，故障数据信息的记录。

理论知识：

工程机械电气系统各功能操作注意事项，故障数据信息的含义。

四、工程机械电气原理图的查阅，检查流程的确认

实践知识：

《汽车维护、检测、诊断技术规范》（GB/T 18344—2016）、工程机械电气原理图的使用。

工程机械电气简单故障检修工作计划合理性的判断、计划的修改完善，检查流程的确认。

理论知识：

工程机械转向灯回路、倒车灯回路、照明灯回路、刮水器回路、喇叭回路的工作原理，工程机械电气简单故障检修的原则、工作流程和职责，工程机械电气简单故障检查流程。

五、检修工具的准备，工程机械电气简单故障的检查与原因确认

实践知识：

呆扳手、活扳手、棘轮扳手、内六角扳手、退针器、斜口钳、剥线钳、压线钳、一字旋具、十字旋具、电工刀、卷尺、万用表、试灯等工具的使用。

工具使用法（电气系统检修工具的使用）、工程机械电气系统故障排查法（简单故障的排查）的应用。

检修工具的准备，工程机械电气简单故障的检查（元件损坏的检查、断路线路的检查、短路线路的检查），故障原因的分析、确认。

理论知识：

工程机械转向灯不闪、倒车灯不亮、照明灯不亮、刮水器不动作、喇叭不响的常见故障原因，电气简单故障的检查方法、分析方法，外观检查、听声音、测量、对比、元件替代等故障排查法的适用场景。

六、材料的领取，工程机械电气简单故障维修与检验，场地清理、物品归置、废弃物处置

实践知识：

呆扳手、活扳手、棘轮扳手、内六角扳手、退针器、斜口钳、剥线钳、压线钳、一字旋具、十字旋具、电工刀、卷尺、万用表、试灯等工具的使用，导线、冷压端子、并线端子、插接器、号码管、热缩管、绝缘胶带、波纹管、尼龙扎带、电气元件、清洗液等材料的使用，工程机械电气实训设备、ZL50G装载机、QY25K汽车起重机、XE60挖掘机等设备的使用，电气系统维修操作规程、工艺规范、《机动车维修服务规范》（JT/T 816—2021）、企业安全生产制度、环保管理制度、"6S"管理制度等资料的使用。

工程机械电气系统维修法（简单故障的维修）、工程机械电气系统检测法的应用。

材料的领取，工程机械转向灯不闪、倒车灯不亮、照明灯不亮、刮水器无动作、喇叭不响等电气简单故障的维修（转向灯、倒车灯、照明灯、刮水器、喇叭、导线的更换，断线的并接，插接器的拆装等），工程机械电气系统各功能的自检，场地清理、物品归置、废弃物处置。

理论知识：

电气系统维修操作规程、工艺规范，企业安全生产制度、环保管理制度和"6S"管理制度，工程机械电气系统功能检测标准。

七、用户服务卡的填写，交付客户验收，工作总结

实践知识：

用户服务卡的使用。

将检修合格的工程机械电气系统交付客户验收，工作总结。

理论知识：

工程机械电气系统功能检测标准。

八、通用能力、职业素养、思政素养

自主学习、自我管理、信息检索、理解与表达、交往与合作、创新思维、解决问题等通用能力，规范

意识、安全意识、质量意识、环保意识、责任意识、成本意识、服务意识、优化意识、效率意识等职业素养，以及劳模精神、劳动精神、工匠精神等思政素养。

参考性学习任务

序号	名称	学习任务描述	参考学时
1	ZL50G 装载机转向灯不闪故障检修	某搅拌站施工现场的一台 ZL50G 装载机左、右转向灯都不闪，由于搅拌站车辆出入较为频繁，如果没有转向灯将会有很大的安全隐患，操作人员将上述故障反映到客服中心，要求工程机械维修工在 1 天内完成故障检修并交付验收。 学生从教师处接受 ZL50G 装载机转向灯不闪故障检修任务，阅读任务单，明确任务要求；查阅 ZL50G 装载机电气系统元件布置图、布线图、维修手册，制订工作计划；查阅用户手册、操作手册，与教师进行专业沟通，勘查现场，确认 ZL50G 装载机转向灯不闪故障现象；查阅 ZL50G 装载机电气原理图，确认检查流程；准备检修工具，检查 ZL50G 装载机转向灯不闪故障，确认故障原因；根据工作需要，领取材料，严格按照电气系统维修操作规程、工艺规范和企业安全生产制度进行 ZL50G 装载机转向灯不闪故障维修工作；检修任务完成后，进行自检，清理场地，归置物品，处置废弃物；填写用户服务卡，交付验收，并对自己的工作进行总结。 工作过程中，学生应参照《汽车维护、检测、诊断技术规范》（GB/T 18344—2016）、《机动车维修服务规范》（JT/T 816—2021），按照电气系统维修操作规程、工艺规范作业，遵守企业安全生产制度、环保管理制度和"6S"管理制度。	30
2	QY25K 汽车起重机倒车灯不亮故障检修	某工程机械租赁公司的一台 QY25K 汽车起重机倒车灯不亮，由于该租赁公司工程机械较多，倒车灯不亮将会造成诸多不便，操作人员将上述故障反映到客服中心，要求工程机械维修工在 1 天内完成故障检修并交付验收。 学生从教师处接受 QY25K 汽车起重机倒车灯不亮故障检修任务，阅读任务单，明确任务要求；查阅 QY25K 汽车起重机电气系统元件布置图、布线图、维修手册，制订工作计划；查阅用户手册、操作手册，与教师进行专业沟通，勘查现场，确认 QY25K 汽车起重机倒车灯不亮故障现象；查阅 QY25K 汽车起重机电气原理图，确认检查流程；准备检修工具，检查 QY25K 汽车起重机倒车灯不亮故障，确认故障原因；根据工作需要，领取材料，严格按照电气系统维修操作规程、工艺规范和企业安全生产制度进行 QY25K 汽车	30

2	QY25K 汽车起重机倒车灯不亮故障检修	起重机倒车灯不亮故障维修工作；检修任务完成后，进行自检，清理场地，归置物品，处置废弃物；填写用户服务卡，交付验收，并对自己的工作进行总结。 工作过程中，学生应参照《汽车维护、检测、诊断技术规范》（GB/T 18344—2016）、《机动车维修服务规范》（JT/T 816—2021），按照电气系统维修操作规程、工艺规范作业，遵守企业安全生产制度、环保管理制度和"6S"管理制度。	
3	XE60 挖掘机照明灯不亮故障检修	某施工工地的一台 XE60 挖掘机在进行夜间作业时照明灯突然停止工作，操作人员将上述故障反映到客服中心，为保证挖掘机夜间正常作业，要求工程机械维修工在 1 天内完成故障检修并交付验收。 学生从教师处接受 XE60 挖掘机照明灯不亮故障检修任务，阅读任务单，明确任务要求；查阅 XE60 挖掘机电气系统元件布置图、布线图、维修手册，制订工作计划；查阅用户手册、操作手册，与教师进行专业沟通，勘查现场，确认 XE60 挖掘机照明灯不亮故障现象；查阅 XE60 挖掘机电气原理图，确认检查流程；准备检修工具，检查 XE60 挖掘机照明灯不亮故障，确认故障原因；根据工作需要，领取材料，严格按照电气系统维修操作规程、工艺规范和企业安全生产制度进行 XE60 挖掘机照明灯不亮故障维修工作；检修任务完成后，进行自检，清理场地，归置物品，处置废弃物；填写用户服务卡，交付验收，并对自己的工作进行总结。 工作过程中，学生应参照《汽车维护、检测、诊断技术规范》（GB/T 18344—2016）、《机动车维修服务规范》（JT/T 816—2021），按照电气系统维修操作规程、工艺规范作业，遵守企业安全生产制度、环保管理制度和"6S"管理制度。	30
4	QY25K 汽车起重机刮水器无动作故障检修	某施工工地的一台 QY25K 汽车起重机刮水器无动作，工程机械维修工接到客服中心下发的任务，需要修复该工程机械上的刮水器，要求在 0.5 天内完成并交付验收。 学生从教师处接受 QY25K 汽车起重机刮水器无动作故障检修任务，阅读任务单，明确任务要求；查阅 QY25K 汽车起重机电气系统元件布置图、布线图、维修手册，制订工作计划；查阅用户手册、操作手册，与教师进行专业沟通，勘查现场，确认 QY25K 汽车起重机刮水器无动作故障现象；查阅 QY25K 汽车起重机电气原理图，确认检查流程；准备检修工具，检查 QY25K 汽车起重机刮水器无动作故障，确认故障原因；根据工作需要，领取材料，严格	30

4	QY25K 汽车起重机刮水器无动作故障检修	按照电气系统维修操作规程、工艺规范和企业安全生产制度进行 QY25K 汽车起重机刮水器无动作故障维修工作；检修任务完成后，进行自检，清理场地，归置物品，处置废弃物；填写用户服务卡，交付验收，并对自己的工作进行总结。 工作过程中，学生应参照《汽车维护、检测、诊断技术规范》（GB/T 18344—2016）、《机动车维修服务规范》（JT/T 816—2021），按照电气系统维修操作规程、工艺规范作业，遵守企业安全生产制度、环保管理制度和"6S"管理制度。	
5	ZL50G 装载机喇叭不响故障检修	某隧道施工项目部施工现场的一台 ZL50G 装载机喇叭不响，由于现场进出人员、车辆较多，如果喇叭不响将会有很大的安全隐患，操作人员将上述故障反映到客服中心，要求工程机械维修工在 1 天内完成故障检修并交付验收。 学生从教师处接受 ZL50G 装载机喇叭不响故障检修任务，阅读任务单，明确任务要求；查阅 ZL50G 装载机电气系统元件布置图、布线图、维修手册，制订工作计划；查阅用户手册、操作手册，与教师进行专业沟通，勘查现场，确认 ZL50G 装载机喇叭不响故障现象；查阅 ZL50G 装载机电气原理图，确认检查流程；准备检修工具，检查 ZL50G 装载机喇叭不响故障，确认故障原因；根据工作需要，领取材料，严格按照电气系统维修操作规程、工艺规范和企业安全生产制度进行 ZL50G 装载机喇叭不响故障维修工作；检修任务完成后，进行自检，清理场地，归置物品，处置废弃物；填写用户服务卡，交付验收，并对自己的工作进行总结。 工作过程中，学生应参照《汽车维护、检测、诊断技术规范》（GB/T 18344—2016）、《机动车维修服务规范》（JT/T 816—2021），按照电气系统维修操作规程、工艺规范作业，遵守企业安全生产制度、环保管理制度和"6S"管理制度。	30

教学实施建议

1. 师资要求

任课教师须具有工程机械电气简单故障检修的企业实践经验，具备工程机械电气简单故障检修工学一体化课程教学设计与实施、工学一体化课程教学资源选择与应用等能力。

2. 教学组织方式方法建议

采用行动导向的教学方法。为确保教学安全，合理使用实训设施设备，提高教学效果，建议采用分组教学的形式（5～6 人／组），同时培养学生的通用能力；在完成工作任务的过程中，教师须加强示范与指导，注重学生职业素养的培养。

有条件的地区，建议通过引企入校或建立校外实训基地为学生提供工程机械电气简单故障检修的真实工作环境，由企业导师与专业教师协同教学。部分不具备条件的院校，可通过仿真软件模拟、观看视频等方式进行学习。

3. 教学资源配备建议

（1）教学场地

工程机械电气简单故障检修教学场地须具备良好的安全、照明和通风条件。其中校内教学场地配备实施工程机械电气简单故障检修工学一体化课程的一体化学习工作站，分为教学区、资讯区、工作区、工具区和展示区，并配备相应的多媒体教学设备等，面积以至少同时容纳 30 人开展教学活动为宜，可进行资料查阅、教师授课、小组研讨、任务实施、成果展示等功能；企业实训基地应具备工程机械电气简单故障检修工作任务实践与技术培训等功能。

（2）工具、材料、设备（按组配置）

工具：呆扳手、活扳手、棘轮扳手、内六角扳手、退针器、斜口钳、剥线钳、压线钳、一字旋具、十字旋具、电工刀、卷尺、万用表、试灯等。

材料：导线、冷压端子、并线端子、插接器、号码管、热缩管、绝缘胶带、波纹管、尼龙扎带、电气元件、清洗液等。

设备：工程机械电气实训设备、ZL50G 装载机、QY25K 汽车起重机、XE60 挖掘机等。

（3）教学资料

以工作页为主，配备信息页、任务单、材料领用单、工程机械电气系统元件布置图、布线图、维修手册、用户手册、操作手册、工程机械电气原理图、电气系统维修操作规程、工艺规范、《汽车维护、检测、诊断技术规范》（GB/T 18344—2016）、《机动车维修服务规范》（JT/T 816—2021）、课件、微课等教学资料。

4. 教学管理制度

执行工学一体化教学场所和教学组织的管理规定，如需要进行校外认识实习和岗位实习，应严格遵守校外实训基地、企业实习等管理制度。

教学考核要求

课程考核采用过程性考核与终结性考核相结合的方式。课程考核成绩 = 过程性考核成绩 ×60%+ 终结性考核成绩 ×40%。

1. 过程性考核（60%）

由 5 个参考性学习任务考核构成过程性考核，各参考性学习任务占比均为 20%。

上述参考性学习任务考核，应以其对应代表性工作任务的职业能力要求为依据，充分考虑任务的关键技能、学习重难点及学生未来的发展需求设计考核内容和评分细则，从专业能力、通用能力、职业素养、思政素养等维度对学生综合职业能力进行考核。

（1）专业能力的考核：主要包括各学习环节产出的学习成果，如任务单的领取和解读，工程机械电气系统元件布置图、布线图、维修手册的查阅，工程机械电气简单故障检修工作计划的制订，工程机械电气简单故障现象的确认，工程机械电气原理图的查阅，检查流程的确认，工程机械电气简单故障的检查与原因确认，工程机械电气简单故障维修与检验，工程机械电气系统的交付验收等完成任务的关键操作技能和心智技能，输出成果包括但不限于任务单、检修方案、作业流程等多种形式。

（2）通用能力、职业素养和思政素养的考核：在学习任务实施过程中，依据任务的职业能力要求，考核学生的通用能力、职业素养和思政素养的养成。例如：通过解读任务单的准确性、与教师沟通交流的逻辑性和流畅性，考核学生的信息检索能力和交往与合作能力；通过查阅工程机械电气系统元件布置图、布线图、维修手册的准确性，小组合作制订检修工作计划的合理性和可行性，考核学生的自主学习能力和交往与合作能力；通过查阅用户手册、操作手册的准确性，勘查现场、规范操作工程机械电气系统各功能、确认工程机械电气简单故障现象的严谨性，记录故障数据信息的真实性，考核学生的责任意识；通过查阅工程机械电气原理图、小组合作分析故障电路工作原理的正确性，确认检查流程的正确性，考核学生的信息检索能力和交往与合作能力；通过利用多种排查方法逐一系统地排查故障点并确认故障原因，考核学生的解决问题能力；通过电气系统维修操作规程、工艺规范、企业安全生产制度、环保管理制度和"6S"管理制度的执行性，工程机械电气简单故障维修过程的规范性，工程机械电气系统各功能自检的严谨性、责任性，清理场地、归置物品、处置废弃物的执行性，考核学生的规范意识、安全意识、质量意识和环保意识；通过工程机械电气系统交付流程的完整性、总结报告的撰写，考核学生的责任意识等。

2. 终结性考核（40%）

终结性考核应围绕课程目标，结合课程终结性考核要点，选择企业真实工作任务或设计学习任务进行考核。

学生根据任务情境中的要求，制订工作计划，勘查现场，确认故障现象，查阅工程机械电气原理图，确认检查流程，准备检修工具，检查工程机械电气简单故障，分析并确认故障原因，领取材料，按照作业流程和工艺要求，在规定时间内完成工程机械电气简单故障维修，作业完成后应符合工程机械电气系统维修验收标准，工程机械性能达到客户要求。

考核说明：本课程的 5 个参考性学习任务属于平行式学习任务，故设计综合性任务 QY25K 汽车起重机远光灯不亮故障检修为终结性考核任务，该考核任务能够覆盖终结性考核要点。通过该任务的考核，能客观反映课程目标的达成情况。

考核任务案例：QY25K 汽车起重机远光灯不亮故障检修

【情境描述】

某高速公路施工现场的一台 QY25K 汽车起重机在夜间行驶时，远光灯突然都不亮了，操作人员将上述故障反映到客服中心，为保证汽车起重机夜间正常行驶，需要进行 QY25K 汽车起重机远光灯不亮故障检修，现班组长安排你负责该项工作。请你在 1 h 内依据电气系统维修操作规程、工艺规范，完成 QY25K 汽车起重机远光灯不亮故障检修工作。

【任务要求】

根据任务的情境描述，在规定时间内，完成 QY25K 汽车起重机远光灯不亮故障检修工作。

（1）解读任务单，列出 QY25K 汽车起重机远光灯不亮故障检修的工作内容及要求，列出与班组长的沟通要点。

（2）查阅 QY25K 汽车起重机电气系统元件布置图、布线图、维修手册，制订合理的检修工作计划。

（3）查阅用户手册、QY25K 汽车起重机操作手册，勘查现场，规范操作 QY25K 汽车起重机远光灯，进一步确认远光灯不亮故障现象，记录故障数据信息。

（4）查阅《汽车维护、检测、诊断技术规范》（GB/T 18344—2016）、QY25K 汽车起重机电气原理图、运用故障树、流程图分析法，确认远光灯不亮故障检查流程。

（5）以表格形式列出完成任务所需的工具、材料、设备清单。

（6）根据检查流程使用退针器、万用表等工具，通过外观检查、听声音、测量、对比、元件替代等方法查找故障点，确认远光灯不亮的故障原因。

（7）按照电气系统维修操作规程、工艺规范和企业安全生产制度，完成 QY25K 汽车起重机远光灯不亮故障维修。

（8）依据企业质检流程和标准，规范完成 QY25K 汽车起重机远光灯功能的自检并记录。

（9）严格遵守《机动车维修服务规范》（JT/T 816—2021）、企业环保管理制度和"6S"管理制度，清理场地，归置物品，处置废弃物。

（10）完成用户服务卡的填写和 QY25K 汽车起重机的交付验收，并对自己的工作进行总结，提交用户服务卡、总结报告等过程性材料。

【参考资料】

完成上述任务时，可以使用常见的教学资源，如工作页、信息页、任务单、材料领用单、QY25K 汽车起重机电气系统元件布置图、布线图、维修手册、用户手册、操作手册、QY25K 汽车起重机电气原理图、电气系统维修操作规程、工艺规范、《汽车维护、检测、诊断技术规范》（GB/T 18344—2016）、《机动车维修服务规范》（JT/T 816—2021）、企业安全生产制度、环保管理制度、"6S"管理制度等。

（九）工程机械发动机简单故障检修课程标准

工学一体化课程名称	工程机械发动机简单故障检修	基准学时	150
典型工作任务描述			

工程机械发动机简单故障检修是指针对故障原因单一（如单纯的电路或油路问题）、明确或容易判断（机械碰撞、连接处渗漏）且容易维修的发动机故障进行检查、维修的工作过程。工程机械发动机简单故障检修主要包括工程机械发动机起动困难故障检修、工程机械发动机不能起动故障检修、工程机械发动机风扇异响故障检修、工程机械发动机空气压缩机出气口喷油故障检修、工程机械发动机机油压力异常故障检修等。

由于工作时间增加、维护不到位或维修不当，工程机械发动机可能出现各种简单故障，为了使工程机械正常运行，保证工作性能，工程机械维修工需要对出现故障的发动机进行维修。工程机械发动机简单故障检修工作一般发生在工程机械制造企业、工程施工企业、工程机械维修企业和工程机械租赁企业中，主要由中级工层级的工程机械维修工完成。

工程机械维修工从上级主管处接受工程机械发动机简单故障检修任务，阅读任务单，明确任务要求；查阅发动机装配图、维修手册，制订工作计划；查阅用户手册、操作手册，与客户进行专业沟通，勘查现场，确认工程机械发动机简单故障现象；在班组长或师傅的指导下，查阅发动机装配图，确认检查流程；准备检修工具，检查工程机械发动机简单故障，确认故障原因；根据工作需要，领取材料，严格按照发动机维修操作规程、工艺规范和企业安全生产制度进行工程机械发动机简单故障维修工作；检修任务完成后，进行自检，清理场地，归置物品，处置废弃物；填写用户服务卡，交付客户验收，并对自己的工作进行总结。

工程机械发动机简单故障检修过程中，应参照《汽车发动机大修竣工出厂技术条件》（GB/T 3799—2021）、《机动车维修服务规范》（JT/T 816—2021），按照发动机维修操作规程、工艺规范作业，遵守企业安全生产制度、环保管理制度和"6S"管理制度。

工作内容分析

工作对象：	工具、材料、设备与资料：	工作要求：
1. 任务单的领取和解读； 2. 发动机装配图、维修手册的查阅，工程机械发动机简单故障检修工作计划的制订； 3. 工程机械发动机简单故障现象的确认； 4. 发动机装配图的查阅，检查流程的确认； 5. 检修工具的准备，工程机械发动机简单故障的检查与原因确认； 6. 材料的领取，工程机械发动机简单故障维修与检验、场地清理、物品归置、废弃物处置； 7. 用户服务卡的填写，交付客户验收，工作总结。	1. 工具：套筒扳手、梅花扳手、呆扳手、活扳手、扭力扳手、内六角扳手、十字旋具、一字旋具、活塞环卡箍、铜棒、橡胶锤、钢丝钳、卡簧钳、刮刀、气门拆装工具、百分表、内径百分表、游标卡尺、塞尺、刀口尺、毛刷等； 2. 材料：清洗液、机油、润滑脂、棉布等； 3. 设备：ZL50G装载机、行车、活塞加热设备等； 4. 资料：任务单、材料领用单、发动机装配图、维修手册、用户手册、操作手册、发动机维修操作规程、工艺规范、《汽车发动机大修竣工出厂技术条件》（GB/T 3799—2021）、《机动车维修服务规范》（JT/T 816—2021）、企业安全生产制度、环保管理制度、"6S"管理制度、用户服务卡等。 **工作方法：** 1. 工作现场沟通法； 2. 资料查阅法； 3. 工程机械操作法； 4. 勘查法； 5. 故障树、流程图分析法； 6. 材料领用法； 7. 工具使用法； 8. 设备使用法； 9. 发动机故障排查法； 10. 发动机维修法；	1. 解读任务单，与上级主管进行沟通交流，获取任务信息； 2. 查阅发动机装配图、维修手册，制订工程机械发动机简单故障检修工作计划； 3. 查阅用户手册、操作手册，与客户进行专业沟通，勘查现场，进一步确认工程机械发动机简单故障现象； 4. 参照《汽车发动机大修竣工出厂技术条件》（GB/T 3799—2021），查阅发动机装配图，确认检查流程； 5. 遵守企业工具管理制度，依据检查流程，准备检修工具，检查工程机械发动机简单故障，确认故障原因； 6. 遵守企业材料管理制度，与仓库管理员进行沟通，领取材料，按照发动机维修操作规程、工艺规范和企业安全生产制度进行工程机械发动机简单故障维修工作；检修任务完成后，进行自检，按照《机动车维修服务规范》（JT/T 816—2021）、企业环保管理制度和"6S"管理制度清理场地，归

11. 用户服务卡填写法； 12. 发动机检测法； 13. 工作总结法。 **劳动组织方式：** 以独立或小组合作的方式进行工作。从上级主管处领取工作任务，与其他部门有效沟通、协调，准备工具，从仓库领取材料，完成工程机械发动机简单故障的检修，完工自检后交付客户验收。	置物品，处置废弃物； 7. 依据工作流程，填写用户服务卡，将检修合格的发动机交付客户验收，并对自己的工作进行总结。

课程目标

学习完本课程后，学生应当能够胜任工程机械发动机简单故障检修工作，包括：

1. 能解读工程机械发动机简单故障检修任务单，与教师围绕工作内容和要求进行沟通交流，获取工程机械使用信息、故障描述、客户信息等任务信息。

2. 能查阅发动机装配图、维修手册，通过小组合作制订工程机械发动机简单故障检修工作计划。

3. 能查阅用户手册、操作手册，与教师围绕工程机械使用状况、故障现象等进行沟通交流，勘查现场，规范操作工程机械发动机各功能，进一步确认工程机械发动机简单故障现象，记录故障数据信息。

4. 能参照《汽车发动机大修竣工出厂技术条件》(GB/T 3799—2021)，查阅发动机装配图，通过小组合作运用故障树、流程图分析法，确认工程机械发动机简单故障检查流程，并得到教师的认可。

5. 能遵守企业工具管理制度，依据检查流程，使用套筒扳手、内径百分表等工具，通过外观检查、听声音、测量、对比等方法查找故障点，确认故障原因。

6. 能遵守企业材料管理制度，与模拟仓库管理员进行沟通，领取工程机械发动机简单故障维修所需的机油等材料，有效运用元件清洗、更换等发动机维修法，按照发动机维修操作规程、工艺规范和企业安全生产制度，规范完成工程机械发动机简单故障维修工作；检修任务完成后，进行自检，按照《机动车维修服务规范》(JT/T 816—2021)、企业环保管理制度和"6S"管理制度清理场地，归置物品，处置废弃物。

7. 能依据工作流程，填写用户服务卡，将检修合格的工程机械发动机交付教师验收，并对自己的工作进行总结。

学习内容

本课程的主要学习内容包括：

一、任务单的领取和解读

实践知识：

工程机械发动机简单故障检修任务单的使用。

任务单中工程机械使用信息、故障描述、客户信息等任务信息的解读。

理论知识：

任务的交付标准，工程机械使用信息的含义。

二、发动机装配图、维修手册的查阅，工程机械发动机简单故障检修工作计划的制订

实践知识：

发动机装配图、维修手册的使用。

发动机装配图、维修手册的查阅，工程机械发动机简单故障检修工作计划的制订。

理论知识：

工程机械发动机起动系统、冷却系统、空气压缩机、润滑系统的工作原理，发动机装配图，工程机械发动机简单故障检修工作计划的格式、内容与撰写要求。

三、工程机械发动机简单故障现象的确认

实践知识：

用户手册、操作手册的使用。

工程机械操作法的应用。

工程机械发动机起动困难、不能起动、风扇异响、空气压缩机出气口喷油、机油压力异常故障现象的再现操作和确认，故障数据信息的记录。

理论知识：

工程机械发动机各功能操作注意事项，故障数据信息的含义。

四、发动机装配图的查阅，检查流程的确认

实践知识：

《汽车发动机大修竣工出厂技术条件》（GB/T 3799—2021）、发动机装配图的使用。

工程机械发动机简单故障检修工作计划合理性的判断、计划的修改完善，检查流程的确认。

理论知识：

工程机械发动机简单故障检修的原则、工作流程和职责，工程机械发动机简单故障检查流程。

五、检修工具的准备，工程机械发动机简单故障的检查与原因确认

实践知识：

套筒扳手、梅花扳手、呆扳手、活扳手、扭力扳手、内六角扳手、十字旋具、一字旋具、活塞环卡箍、铜棒、橡胶锤、钢丝钳、卡簧钳、刮刀、气门拆装工具、百分表、内径百分表、游标卡尺、塞尺、刀口尺、毛刷等工具的使用。

工具使用法（发动机检修工具的使用）、发动机故障排查法（简单故障的排查）的应用。

检修工具的准备，工程机械发动机简单故障的检查，故障原因的分析、确认。

理论知识：

工程机械发动机起动困难、不能起动、风扇异响、空气压缩机出气口喷油、机油压力异常的常见故障原因，外观检查、听声音、测量、对比、元件替代等故障排查法的适用场景。

六、材料的领取，工程机械发动机简单故障维修与检验，场地清理、物品归置、废弃物处置

实践知识：

套筒扳手、梅花扳手、呆扳手、活扳手、扭力扳手、内六角扳手、十字旋具、一字旋具、活塞环卡箍、铜棒、橡胶锤、钢丝钳、卡簧钳、刮刀、气门拆装工具、百分表、内径百分表、游标卡尺、塞尺、刀口

尺、毛刷等工具的使用，清洗液、机油、润滑脂、棉布等材料的使用，工程机械发动机实训设备、ZL50G装载机、行车、活塞加热设备等设备的使用，发动机维修操作规程、工艺规范、《机动车维修服务规范》（JT/T 816—2021）、企业安全生产制度、环保管理制度、"6S"管理制度等资料的使用。

设备使用法（工程机械发动机实训设备的使用）、发动机维修法（简单故障的维修）、发动机检测法的应用。

材料的领取，工程机械发动机起动困难、不能起动、风扇异响、空气压缩机出气口喷油、机油压力异常等故障的维修，工程机械发动机各功能的自检，场地清理、物品归置、废弃物处置。

理论知识：

工程机械发动机运行性能参数，发动机维修操作规程、工艺规范，企业安全生产制度、环保管理制度和"6S"管理制度，发动机功能检测标准。

七、用户服务卡的填写，交付客户验收，工作总结

实践知识：

用户服务卡的使用。

将检修合格的工程机械发动机交付客户验收，工作总结。

理论知识：

发动机功能检测标准。

八、通用能力、职业素养、思政素养

自主学习、自我管理、信息检索、理解与表达、交往与合作、创新思维、解决问题等通用能力，规范意识、安全意识、质量意识、环保意识、责任意识、成本意识、服务意识、优化意识、效率意识等职业素养，以及劳模精神、劳动精神、工匠精神等思政素养。

参考性学习任务

序号	名称	学习任务描述	参考学时
1	ZL50G 装载机发动机起动困难故障检修	某工程机械维修企业的工程机械维修工接到上级主管下发的任务，需要进行 ZL50G 装载机发动机起动困难故障检修，要求在1天内完成并交付验收。 学生从教师处接受 ZL50G 装载机发动机起动困难故障检修任务，阅读任务单，明确任务要求；查阅 ZL50G 装载机发动机装配图、维修手册，制订工作计划；查阅用户手册、操作手册，与教师进行专业沟通，勘查现场，确认 ZL50G 装载机发动机起动困难故障现象；查阅 ZL50G 装载机发动机装配图，确认检查流程；准备检修工具，检查 ZL50G 装载机发动机起动困难故障，确认故障原因；根据工作需要，领取材料，严格按照发动机维修操作规程、工艺规范和企业安全生产制度进行 ZL50G 装载机发动机起动困难故障维修工作；检修任务完成后，进行自检，清理场地，归置物品，处置废弃物；填写用户服务卡，交付验收，并对自己的工作进行总结。	30

1	ZL50G 装载机发动机起动困难故障检修	工作过程中，学生应参照《汽车发动机大修竣工出厂技术条件》（GB/T 3799—2021）、《机动车维修服务规范》（JT/T 816—2021），按照发动机维修操作规程、工艺规范作业，遵守企业安全生产制度、环保管理制度和"6S"管理制度。	
2	ZL50G 装载机发动机不能起动故障检修	某工程机械维修企业的工程机械维修工接到上级主管下发的任务，需要进行 ZL50G 装载机发动机不能起动故障检修，要求在1天内完成并交付验收。 学生从教师处接受 ZL50G 装载机发动机不能起动故障检修任务，阅读任务单，明确任务要求；查阅 ZL50G 装载机发动机装配图、维修手册，制订工作计划；查阅用户手册、操作手册，与教师进行专业沟通，勘查现场，确认 ZL50G 装载机发动机不能起动故障现象；查阅 ZL50G 装载机发动机装配图，确认检查流程；准备检修工具，检查 ZL50G 装载机发动机不能起动故障，确认故障原因；根据工作需要，领取材料，严格按照发动机维修操作规程、工艺规范和企业安全生产制度进行 ZL50G 装载机发动机不能起动故障维修工作；检修任务完成后，进行自检，清理场地，归置物品，处置废弃物；填写用户服务卡，交付验收，并对自己的工作进行总结。 工作过程中，学生应参照《汽车发动机大修竣工出厂技术条件》（GB/T 3799—2021）、《机动车维修服务规范》（JT/T 816—2021），按照发动机维修操作规程、工艺规范作业，遵守企业安全生产制度、环保管理制度和"6S"管理制度。	30
3	ZL50G 装载机发动机风扇异响故障检修	某工程机械维修企业的工程机械维修工接到上级主管下发的任务，需要进行 ZL50G 装载机发动机风扇异响故障检修，要求在1天内完成并交付验收。 学生从教师处接受 ZL50G 装载机发动机风扇异响故障检修任务，阅读任务单，明确任务要求；查阅 ZL50G 装载机发动机装配图、维修手册，制订工作计划；查阅用户手册、操作手册，与教师进行专业沟通，勘查现场，确认 ZL50G 装载机发动机风扇异响故障现象；查阅 ZL50G 装载机发动机装配图，确认检查流程；准备检修工具，检查 ZL50G 装载机发动机风扇异响故障，确认故障原因；根据工作需要，领取材料，严格按照发动机维修操作规程、工艺规范和企业安全生产制度进行 ZL50G 装载机发动机风扇异响故障维修工作；检修任务完成后，进行自检，清理场地，归置物品，处置废弃物；填写用户服务卡，交付验收，并对自己的工作进行总结。 工作过程中，学生应参照《汽车发动机大修竣工出厂技术条件》	30

3	ZL50G 装载机发动机风扇异响故障检修	（GB/T 3799—2021）、《机动车维修服务规范》（JT/T 816—2021），按照发动机维修操作规程、工艺规范作业，遵守企业安全生产制度、环保管理制度和"6S"管理制度。	
4	ZL50G 装载机发动机空气压缩机出气口喷油故障检修	某工程机械维修企业的工程机械维修工接到上级主管下发的任务，需要进行 ZL50G 装载机发动机空气压缩机出气口喷油故障检修，要求在 1 天内完成并交付验收。 　　学生从教师处接受 ZL50G 装载机发动机空气压缩机出气口喷油故障检修任务，阅读任务单，明确任务要求；查阅 ZL50G 装载机发动机装配图、维修手册，制订工作计划；查阅用户手册、操作手册，与教师进行专业沟通，勘查现场，确认 ZL50G 装载机发动机空气压缩机出气口喷油故障现象；查阅 ZL50G 装载机发动机装配图，确认检查流程；准备检修工具，检查 ZL50G 装载机发动机空气压缩机出气口喷油故障，确认故障原因；根据工作需要，领取材料，严格按照发动机维修操作规程、工艺规范和企业安全生产制度进行 ZL50G 装载机发动机空气压缩机出气口喷油故障维修工作；检修任务完成后，进行自检，清理场地，归置物品，处置废弃物；填写用户服务卡，交付验收，并对自己的工作进行总结。 　　工作过程中，学生应参照《汽车发动机大修竣工出厂技术条件》（GB/T 3799—2021）、《机动车维修服务规范》（JT/T 816—2021），按照发动机维修操作规程、工艺规范作业，遵守企业安全生产制度、环保管理制度和"6S"管理制度。	30
5	ZL50G 装载机发动机机油压力异常故障检修	某工程机械维修企业的工程机械维修工接到上级主管下发的任务，需要进行 ZL50G 装载机发动机机油压力异常故障检修，要求在 1 天内完成并交付验收。 　　学生从教师处接受 ZL50G 装载机发动机机油压力异常故障检修任务，阅读任务单，明确任务要求；查阅 ZL50G 装载机发动机装配图、维修手册，制订工作计划；查阅用户手册、操作手册，与教师进行专业沟通，勘查现场，确认 ZL50G 装载机发动机机油压力异常故障现象；查阅 ZL50G 装载机发动机装配图，确认检查流程；准备检修工具，检查 ZL50G 装载机发动机机油压力异常故障，确认故障原因；根据工作需要，领取材料，严格按照发动机维修操作规程、工艺规范和企业安全生产制度进行 ZL50G 装载机发动机机油压力异常故障维修工作；检修任务完成后，进行自检，清理场地，归置物品，处置废弃物；填写用户服务卡，交付验收，并对自己的工作进行总结。	30

5	ZL50G 装载机发动机机油压力异常故障检修	工作过程中，学生应参照《汽车发动机大修竣工出厂技术条件》（GB/T 3799—2021）、《机动车维修服务规范》（JT/T 816—2021），按照发动机维修操作规程、工艺规范作业，遵守企业安全生产制度、环保管理制度和"6S"管理制度。	

教学实施建议

1. 师资要求

任课教师须具有工程机械发动机简单故障检修的企业实践经验，具备工程机械发动机简单故障检修工学一体化课程教学设计与实施、工学一体化课程教学资源选择与应用等能力。

2. 教学组织方式方法建议

采用行动导向的教学方法。为确保教学安全，合理使用实训设施设备，提高教学效果，建议采用分组教学的形式（5~6 人 / 组），同时培养学生的通用能力；在完成工作任务的过程中，教师须加强示范与指导，注重学生职业素养的培养。

有条件的地区，建议通过引企入校或建立校外实训基地为学生提供工程机械发动机简单故障检修的真实工作环境，由企业导师与专业教师协同教学。部分不具备条件的院校，可通过仿真软件模拟、观看视频等方式进行学习。

3. 教学资源配备建议

（1）教学场地

工程机械发动机简单故障检修教学场地须具备良好的安全、照明和通风条件。其中校内教学场地配备实施工程机械发动机简单故障检修工学一体化课程的一体化学习工作站，分为教学区、资讯区、工作区、工具区和展示区，并配备相应的多媒体教学设备等，面积以至少同时容纳 30 人开展教学活动为宜，可进行资料查阅、教师授课、小组研讨、任务实施、成果展示等功能；企业实训基地应具备工程机械发动机简单故障检修工作任务实践与技术培训等功能。

（2）工具、材料、设备（按组配置）

工具：套筒扳手、梅花扳手、呆扳手、活扳手、扭力扳手、内六角扳手、十字旋具、一字旋具、活塞环卡箍、铜棒、橡胶锤、钢丝钳、卡簧钳、刮刀、气门拆装工具、百分表、内径百分表、游标卡尺、塞尺、刀口尺、毛刷等。

材料：清洗液、机油、润滑脂、棉布等。

设备：工程机械发动机实训设备、ZL50G 装载机、行车、活塞加热设备等。

（3）教学资料

以工作页为主，配备信息页、任务单、材料领用单、发动机装配图、维修手册、用户手册、操作手册、发动机维修操作规程、工艺规范、《汽车发动机大修竣工出厂技术条件》（GB/T 3799—2021）、《机动车维修服务规范》（JT/T 816—2021）、课件、微课等教学资料。

4. 教学管理制度

执行工学一体化教学场所和教学组织的管理规定，如需要进行校外认识实习和岗位实习，应严格遵守校外实训基地、企业实习等管理制度。

教学考核要求

课程考核采用过程性考核与终结性考核相结合的方式。课程考核成绩＝过程性考核成绩×60%+终结性考核成绩×40%。

1. 过程性考核（60%）

由5个参考性学习任务考核构成过程性考核，各参考性学习任务占比均为20%。

上述参考性学习任务考核，应以其对应代表性工作任务的职业能力要求为依据，充分考虑任务的关键技能、学习重难点及学生未来的发展需求设计考核内容和评分细则，从专业能力、通用能力、职业素养、思政素养等维度对学生综合职业能力进行考核。

（1）专业能力的考核：主要包括各学习环节产出的学习成果，如任务单的领取和解读，发动机装配图、维修手册的查阅，工程机械发动机简单故障检修工作计划的制订，工程机械发动机简单故障现象的确认，检查流程的确认，工程机械发动机简单故障的检查与原因确认，工程机械发动机简单故障维修与检验，工程机械发动机的交付验收等完成任务的关键操作技能和心智技能，输出成果包括但不限于任务单、检修方案、作业流程等多种形式。

（2）通用能力、职业素养和思政素养的考核：在学习任务实施过程中，依据任务的职业能力要求，考核学生的通用能力、职业素养和思政素养的养成。例如：通过解读任务单的准确性、与教师沟通交流的逻辑性和流畅性，考核学生的信息检索能力和交往与合作能力；通过查阅发动机装配图、维修手册的准确性，小组合作制订检修工作计划的合理性和可行性，考核学生的自主学习能力和交往与合作能力；通过查阅用户手册、操作手册的准确性，勘查现场、规范操作工程机械发动机各功能、确认发动机简单故障现象的严谨性，记录故障数据信息的真实性，考核学生的责任意识；通过查阅发动机装配图、小组合作分析故障发动机相关工作原理的正确性，确认检查流程的正确性，考核学生的信息检索能力和交往与合作能力；通过利用多种排查方法逐一系统地排查故障点并确认故障原因，考核学生的解决问题能力；通过发动机维修操作规程、工艺规范、企业安全生产制度、环保管理制度和"6S"管理制度的执行性，工程机械发动机简单故障维修过程的规范性，发动机各功能自检的严谨性、责任性，清理场地、归置物品、处置废弃物的执行性，考核学生的规范意识、安全意识、质量意识和环保意识；通过工程机械发动机交付流程的完整性、总结报告的撰写，考核学生的责任意识等。

2. 终结性考核（40%）

终结性考核应围绕课程目标，结合课程终结性考核要点，选择企业真实工作任务或设计学习任务进行考核。

学生根据任务情境中的要求，制订工作计划，勘查现场，确认故障现象，查阅发动机装配图、维修手册，确认检查流程，准备检修工具，检查工程机械发动机简单故障，分析并确认故障原因，领取材料，按照作业流程和工艺要求，在规定时间内完成工程机械发动机简单故障维修，作业完成后应符合工程机械发动机维修验收标准，工程机械性能达到客户要求。

考核说明：本课程的5个参考性学习任务属于平行式学习任务，故设计综合性任务ZL50G装载机发动机供油不足故障检修为终结性考核任务，该考核任务能够覆盖终结性考核要点。通过该任务的考核，能客观反映课程目标的达成情况。

考核任务案例：ZL50G 装载机发动机供油不足故障检修

【情境描述】

某工程机械维修企业接收了一台 ZL50G 装载机，操作人员反映发动机供油不足，为保证装载机能正常工作，需要进行 ZL50G 装载机发动机供油不足故障检修，现班组长安排你负责该项工作。请你在 1 h 内依据发动机维修操作规程、工艺规范，完成 ZL50G 装载机发动机供油不足故障检修工作。

【任务要求】

根据任务的情境描述，在规定时间内，完成 ZL50G 装载机发动机供油不足故障检修工作。

（1）解读任务单，列出 ZL50G 装载机发动机供油不足故障检修的工作内容及要求，列出与班组长的沟通要点。

（2）查阅 ZL50G 装载机发动机装配图、维修手册，制订合理的检修工作计划。

（3）查阅用户手册、ZL50G 装载机操作手册，勘查现场，规范操作 ZL50G 装载机发动机起动，进一步确认发动机供油不足故障现象，记录故障数据信息。

（4）查阅《汽车发动机大修竣工出厂技术条件》（GB/T 3799—2021）、ZL50G 装载机发动机装配图，运用故障树、流程图分析法，确认发动机供油不足故障检查流程。

（5）以表格形式列出完成任务所需的工具、材料、设备清单。

（6）根据检查流程使用呆扳手、活扳手等工具，通过外观检查、听声音等方法查找故障点，确认发动机供油不足的故障原因。

（7）按照发动机维修操作规程、工艺规范和企业安全生产制度，完成 ZL50G 装载机发动机供油不足故障维修。

（8）依据企业质检流程和标准，规范完成 ZL50G 装载机发动机供油功能的自检并记录。

（9）严格遵守《机动车维修服务规范》（JT/T 816—2021）、企业环保管理制度和"6S"管理制度，清理场地，归置物品，处置废弃物。

（10）完成用户服务卡的填写和 ZL50G 装载机的交付验收，并对自己的工作进行总结，提交用户服务卡、总结报告等过程性材料。

【参考资料】

完成上述任务时，可以使用常见的教学资源，如工作页、信息页、任务单、材料领用单、ZL50G 装载机发动机装配图、维修手册、用户手册、操作手册、发动机维修操作规程、工艺规范、《汽车发动机大修竣工出厂技术条件》（GB/T 3799—2021）、《机动车维修服务规范》（JT/T 816—2021）、企业安全生产制度、环保管理制度、"6S"管理制度等。

（十）工程机械液电系统安装与调试课程标准

工学一体化课程名称	工程机械液电系统安装与调试	基准学时	150
典型工作任务描述			

工程机械液电系统安装与调试是指为完成工程机械整机动作和性能，将液压元件和与液压相关的电气

元件进行连接，以实现控制和信号反馈的工作过程。根据机型的不同，工程机械液电系统安装与调试主要包括装载机液电系统安装与调试、压路机液电系统安装与调试、平地机液电系统安装与调试、挖掘机液电系统安装与调试、汽车起重机液电系统安装与调试等。

在工程机械生产制造或维修过程中，为实现整机各项动作，发挥液电系统的综合控制工作性能，需要对工程机械液电系统进行安装与调试。工程机械液电系统安装与调试工作一般发生在工程机械制造企业、工程施工企业、工程机械维修企业和工程机械租赁企业中，主要由高级工层级的工程机械维修工完成。

工程机械维修工从上级主管处接受工程机械液电系统安装与调试任务，阅读任务单，明确任务要求；查阅工程机械液压系统装配图、布管图、元件布置图、布线图，分析工艺卡和检验卡，制订工作计划；确认安装步骤和技术要求；根据工作需要，领取材料，准备工具、设备，做好工作现场准备；严格按照液压、电气系统安装操作规程、调试操作规程、工艺规范进行工程机械液电系统安装与调试工作；安装与调试任务完成后，均需进行自检，清理场地，归置物品，处置废弃物；填写用户服务卡，交付客户验收，对自己的工作进行总结。

工程机械液电系统安装与调试过程中，应参照《工程机械　装配通用技术条件》（JB/T 5945—2018），按照液压、电气系统安装操作规程、调试操作规程、工艺规范作业，遵守企业安全生产制度、环保管理制度和"6S"管理制度。

工作内容分析		
工作对象：	**工具、材料、设备与资料：**	**工作要求：**
1. 任务单的领取和解读；	1. 工具：呆扳手、套筒扳手、梅花扳手、活扳手、扭力扳手、风动扳手、内六角扳手、十字旋具、一字旋具、铜棒、记号笔、卷尺、剥线钳、斜口钳、压线钳、压力表、万用表等；	1. 解读任务单，必要时与上级主管进行沟通交流，分析任务信息；
2. 工程机械液压系统装配图、布管图、元件布置图、布线图的查阅，工艺卡和检验卡的分析，工程机械液电系统安装与调试工作计划的制订；	2. 材料：液压元件、液压管路、管路接头、管卡、螺栓、电气元件、导线、冷压端子、号码管、波纹管、电工胶带、热缩管、尼龙扎带、液压油、清洗液等；	2. 查阅工程机械液压系统装配图、布管图、元件布置图、布线图，分析工艺卡和检验卡，制订工程机械液电系统安装与调试工作计划；
3. 安装步骤和技术要求的确认；	3. 设备：ZL50G 装载机、XS203 压路机、GR165 平地机、XE230 挖掘机、QY25K 汽车起重机、行车、翻转机、液压油加注机、过滤机等；	3. 参照《工程机械　装配通用技术条件》（JB/T 5945—2018），依据液压、电气系统安装操作规程、工艺规范，确认工程机械液电系统安装步骤和技术要求；
4. 材料的领取，工具、设备的准备，工程机械液电系统的安装与检验，场地清理、物品归置、废弃物处置；	4. 资料：任务单、材料领用单、工程机械液压系统装配图、布管图、元件布置图、布线图、工艺卡、检验卡、《工程机械　装配通用技术条件》（JB/T 5945—2018）、工程机械液压原理图、电气原理图、安装操作规程、调试操作规程、工艺规范、企业安全生产制度、环保管	4. 遵守企业设备、工具、材料管理制度，与仓库管理员进行沟通，领取材料，准备工具、设备，按照液压、电气系统安装操作规程、工艺规范和企业安全生产制

5. 工程机械液压原理图、电气原理图的查阅，工程机械液电系统的调试与检验，场地清理、物品归置、废弃物处置； 　6. 用户服务卡的填写，交付客户验收，工作总结。	理制度、"6S"管理制度、用户服务卡等。 **工作方法：** 1. 工作现场沟通法； 2. 资料查阅法； 3. 展示汇报法； 4. 材料领用法； 5. 工具使用法； 6. 设备使用法； 7. 液压元件、电气元件安装法； 8. 液压管路、电气线路连接法； 9. 工程机械液电系统调试法； 10. 用户服务卡填写法； 11. 目视检查法； 12. 安装质量检测法； 13. 工程机械液电系统检测法； 14. 工作总结法。 **劳动组织方式：** 以独立的方式进行工作。从上级主管处领取工作任务，与其他部门有效沟通、协调，从仓库领取材料，准备工具、设备，完成工程机械液电系统的安装与调试，完工自检后交付客户验收。	度进行工程机械液电系统安装工作；安装任务完成后，进行自检，按照企业环保管理制度和"6S"管理制度清理场地，归置物品，处置废弃物； 　5. 查阅工程机械液压原理图、电气原理图，按照液压、电气系统调试操作规程、工艺规范和企业安全生产制度进行工程机械液电系统调试工作；调试任务完成后，进行自检，按照企业环保管理制度和"6S"管理制度清理场地，归置物品，处置废弃物； 　6. 依据工作流程，填写用户服务卡，将安装、调试合格的工程机械液电系统交付客户验收，并对自己的工作进行总结。

课程目标

学习完本课程后，学生应当能够胜任工程机械液电系统安装与调试工作，包括：

1. 能解读工程机械液电系统安装与调试任务单，必要时与教师围绕工作内容和要求进行沟通交流，分析工程机械使用信息、客户要求、安装项目等任务信息。

2. 能查阅工程机械液压系统装配图、布管图、元件布置图、布线图，分析工艺卡和检验卡，制订工程机械液电系统安装与调试工作计划。

3. 能参照《工程机械 装配通用技术条件》(JB/T 5945—2018)，依据液压、电气系统安装操作规程、工艺规范，确认工程机械液电系统安装步骤和技术要求。

4. 能遵守企业设备、工具、材料管理制度，与模拟仓库管理员进行沟通，领取工程机械液电系统安装所需的液压元件、电气元件等材料，准备呆扳手、剥线钳等工具以及行车、翻转机等设备，按照液压、电气系统安装操作规程、工艺规范和企业安全生产制度，熟练运用液压元件安装法、电气元件安装法、液压管路连接法、电气线路连接法，规范完成工程机械液电系统安装工作；安装任务完成后，进行自检，按照企业环保管理制度和"6S"管理制度清理场地，归置物品，处置废弃物。

5. 能查阅工程机械液压原理图、电气原理图，准备压力表、万用表等工具以及行车、翻转机等设备，按照液压、电气系统调试操作规程、工艺规范和企业安全生产制度，熟练运用液压系统调试法、电气系统调试法，规范完成工程机械液电系统调试工作；调试任务完成后，进行自检，按照企业环保管理制度和"6S"管理制度清理场地，归置物品，处置废弃物。

6. 能依据工作流程，填写用户服务卡，将安装、调试合格的工程机械液电系统交付教师验收，并对自己的工作进行总结。

学习内容

本课程的主要学习内容包括：

一、任务单的领取和解读

实践知识：

工程机械液电系统安装与调试任务单的使用。

任务单中工程机械使用信息、客户要求、安装项目等任务信息的解读。

理论知识：

装载机、压路机、平地机、挖掘机、汽车起重机液压元件的组成、电气元件的组成、液压系统的组成及功用、电气系统的组成及功用、工况要求，任务的交付标准，工程机械使用信息的含义。

二、工程机械液压系统装配图、布管图、元件布置图、布线图的查阅，工艺卡和检验卡的分析，工程机械液电系统安装与调试工作计划的制订

实践知识：

工程机械液压系统装配图、布管图、元件布置图、布线图、工艺卡、检验卡的使用。

工程机械液压系统装配图、布管图、元件布置图、布线图的查阅，工艺卡和检验卡的分析，工程机械液电系统安装与调试工作计划的制订。

理论知识：

工程机械液压系统装配图、布管图、元件布置图、布线图，工程机械液电系统安装与调试工作计划的格式、内容与撰写要求。

三、安装步骤和技术要求的确认

实践知识：

《工程机械　装配通用技术条件》（JB/T 5945—2018），液压、电气系统安装操作规程、工艺规范的使用。

工程机械液电系统安装与调试工作计划合理性的判断、计划的修改完善、最终计划的展示汇报，安装步骤和技术要求的确认。

理论知识：

工程机械液电系统安装与调试的原则、工作流程和职责，工程机械液电系统安装步骤和技术要求。

四、材料的领取，工具、设备的准备，工程机械液电系统的安装与检验，场地清理、物品归置、废弃物处置

实践知识：

呆扳手、套筒扳手、梅花扳手、活扳手、扭力扳手、风动扳手、内六角扳手、十字旋具、一字旋具、铜棒、记号笔、卷尺、剥线钳、斜口钳、压线钳等工具的使用，液压元件、液压管路、管路接头、管卡、螺栓、电气元件、导线、冷压端子、号码管、波纹管、电工胶带、热缩管、尼龙扎带、液压油、清洗液等材料的使用，工程机械液电实训设备、ZL50G 装载机、XS203 压路机、GR165 平地机、XE230 挖掘机、QY25K 汽车起重机、行车、翻转机、液压油加注机、过滤机等设备的使用，材料领用单、安装操作规程、工艺规范、企业安全生产制度、环保管理制度、"6S"管理制度等资料的使用。

设备使用法（工程机械液电实训设备的使用）的应用。

材料的领取，工具、设备的准备，装载机、压路机、平地机、挖掘机、汽车起重机液电系统相关液压元件、电气元件的安装，液压管路、电气线路的连接与布置，安装质量的自检，场地清理、物品归置、废弃物处置。

理论知识：

企业设备、工具、材料管理制度，液压、电气系统安装操作规程、工艺规范，企业安全生产制度、环保管理制度和"6S"管理制度，工程机械液电系统安装质量检测标准。

五、工程机械液压原理图、电气原理图的查阅，工程机械液电系统的调试与检验，场地清理、物品归置、废弃物处置

实践知识：

呆扳手、套筒扳手、梅花扳手、活扳手、扭力扳手、风动扳手、内六角扳手、十字旋具、一字旋具、铜棒、记号笔、卷尺、剥线钳、斜口钳、压线钳、压力表、万用表等工具的使用，工程机械液电实训设备、ZL50G 装载机、XS203 压路机、GR165 平地机、XE230 挖掘机、QY25K 汽车起重机等设备的使用，调试操作规程、工艺规范、企业安全生产制度、环保管理制度、"6S"管理制度等资料的使用。

工程机械液压原理图、电气原理图的查阅，装载机、压路机、平地机、挖掘机、汽车起重机液电系统的调试，工程机械液电系统各功能的自检，场地清理、物品归置、废弃物处置。

理论知识：

装载机、压路机、平地机、挖掘机、汽车起重机液电系统的工作原理，液压、电气系统调试操作规程、工艺规范，企业安全生产制度、环保管理制度和"6S"管理制度，工程机械液电系统功能检测标准。

六、用户服务卡的填写，交付客户验收，工作总结

实践知识：

用户服务卡的填写。

将安装、调试合格的工程机械液电系统交付客户验收，工作总结。

理论知识：

工程机械液电系统功能检测标准。

七、通用能力、职业素养、思政素养

自主学习、自我管理、信息检索、理解与表达、交往与合作、创新思维、解决问题等通用能力，规范意识、安全意识、质量意识、环保意识、责任意识、成本意识、服务意识、优化意识、效率意识等职业素养，以及劳模精神、劳动精神、工匠精神等思政素养。

参考性学习任务

序号	名称	学习任务描述	参考学时
1	ZL50G 装载机液电系统安装与调试	某工程机械制造企业的工程机械维修工接到上级主管下发的任务，为实现 ZL50G 装载机各项动作，发挥液电系统的综合控制工作性能，需要进行 ZL50G 装载机液电系统安装与调试，要求在 3 天内完成并交付验收。 　　学生从教师处接受 ZL50G 装载机液电系统安装与调试任务，阅读任务单，明确任务要求；查阅 ZL50G 装载机液压系统装配图、布管图、元件布置图、布线图，分析工艺卡和检验卡，制订工作计划；确认 ZL50G 装载机液电系统安装步骤和技术要求；根据工作需要，领取材料，准备工具、设备，做好工作现场准备；严格按照液压、电气系统安装操作规程、调试操作规程、工艺规范进行 ZL50G 装载机液电系统安装与调试工作；安装与调试任务完成后，均需进行自检，清理场地，归置物品，处置废弃物；填写用户服务卡，交付验收，对自己的工作进行总结。 　　工作过程中，学生应参照《工程机械 装配通用技术条件》（JB/T 5945—2018），按照液压、电气系统安装操作规程、调试操作规程、工艺规范作业，遵守企业安全生产制度、环保管理制度和"6S"管理制度。	30
2	XS203 压路机液电系统安装与调试	某工程机械制造企业的工程机械维修工接到上级主管下发的任务，为实现 XS203 压路机各项动作，发挥液电系统的综合控制工作性能，需要进行 XS203 压路机液电系统安装与调试，要求在 3 天内完成并交付验收。 　　学生从教师处接受 XS203 压路机液电系统安装与调试任务，阅读任务单，明确任务要求；查阅 XS203 压路机液压系统装配图、布管图、元件布置图、布线图，分析工艺卡和检验卡，制订工作计划；确认 XS203 压路机液电系统安装步骤和技术要求；根据工作需要，领取材料，准备工具、设备，做好工作现场准备；严格按照液压、电气系统安装操作规程、调试操作规程、工艺规范进行 XS203 压路机液电系统安装与调试工作；安装与调试任务完成后，均需进行自	30

2	XS203 压路机液电系统安装与调试	检，清理场地，归置物品，处置废弃物；填写用户服务卡，交付验收，对自己的工作进行总结。 工作过程中，学生应参照《工程机械　装配通用技术条件》（JB/T 5945—2018），按照液压、电气系统安装操作规程、调试操作规程、工艺规范作业，遵守企业安全生产制度、环保管理制度和"6S"管理制度。	
3	GR165 平地机液电系统安装与调试	某工程机械制造企业的工程机械维修工接到上级主管下发的任务，为实现 GR165 平地机各项动作，发挥液电系统的综合控制工作性能，需要进行 GR165 平地机液电系统安装与调试，要求在 3 天内完成并交付验收。 学生从教师处接受 GR165 平地机液电系统安装与调试任务，阅读任务单，明确任务要求；查阅 GR165 平地机液压系统装配图、布管图、元件布置图、布线图，分析工艺卡和检验卡，制订工作计划；确认 GR165 平地机液电系统安装步骤和技术要求；根据工作需要，领取材料，准备工具、设备，做好工作现场准备；严格按照液压、电气系统安装操作规程、调试操作规程、工艺规范进行 GR165 平地机液电系统安装与调试工作；安装与调试任务完成后，均需进行自检，清理场地，归置物品，处置废弃物；填写用户服务卡，交付验收，对自己的工作进行总结。 工作过程中，学生应参照《工程机械　装配通用技术条件》（JB/T 5945—2018），按照液压、电气系统安装操作规程、调试操作规程、工艺规范作业，遵守企业安全生产制度、环保管理制度和"6S"管理制度。	30
4	XE230 挖掘机液电系统安装与调试	某工程机械制造企业的工程机械维修工接到上级主管下发的任务，为实现 XE230 挖掘机各项动作，发挥液电系统的综合控制工作性能，需要进行 XE230 挖掘机液电系统安装与调试，要求在 3 天内完成并交付验收。 学生从教师处接受 XE230 挖掘机液电系统安装与调试任务，阅读任务单，明确任务要求；查阅 XE230 挖掘机液压系统装配图、布管图、元件布置图、布线图，分析工艺卡和检验卡，制订工作计划；确认 XE230 挖掘机液电系统安装步骤和技术要求；根据工作需要，领取材料，准备工具、设备，做好工作现场准备；严格按照液压、电气系统安装操作规程、调试操作规程、工艺规范进行 XE230 挖掘机液电系统安装与调试工作；安装与调试任务完成后，均需进行自	30

		检，清理场地，归置物品，处置废弃物；填写用户服务卡，交付验收，对自己的工作进行总结。	
4	XE230 挖掘机液电系统安装与调试	工作过程中，学生应参照《工程机械 装配通用技术条件》（JB/T 5945—2018），按照液压、电气系统安装操作规程、调试操作规程、工艺规范作业，遵守企业安全生产制度、环保管理制度和"6S"管理制度。	
5	QY25K 汽车起重机液电系统安装与调试	某工程机械制造企业的工程机械维修工接到上级主管下发的任务，为实现 QY25K 汽车起重机各项动作，发挥液电系统的综合控制工作性能，需要进行 QY25K 汽车起重机液电系统安装与调试，要求在 3 天内完成并交付验收。 学生从教师处接受 QY25K 汽车起重机液电系统安装与调试任务，阅读任务单，明确任务要求；查阅 QY25K 汽车起重机液压系统装配图、布管图、元件布置图、布线图，分析工艺卡和检验卡，制订工作计划；确认 QY25K 汽车起重机液电系统安装步骤和技术要求；根据工作需要，领取材料，准备工具、设备，做好工作现场准备；严格按照液压、电气系统安装操作规程、调试操作规程、工艺规范进行 QY25K 汽车起重机液电系统安装与调试工作；安装与调试任务完成后，均需进行自检，清理场地，归置物品，处置废弃物；填写用户服务卡，交付验收，对自己的工作进行总结。 工作过程中，学生应参照《工程机械 装配通用技术条件》（JB/T 5945—2018），按照液压、电气系统安装操作规程、调试操作规程、工艺规范作业，遵守企业安全生产制度、环保管理制度和"6S"管理制度。	30

教学实施建议

1. 师资要求

任课教师须具有工程机械液电系统安装与调试的企业实践经验，具备工程机械液电系统安装与调试工学一体化课程教学设计与实施、工学一体化课程教学资源选择与应用等能力。

2. 教学组织方式方法建议

采用行动导向的教学方法。为确保教学安全，合理使用实训设施设备，提高教学效果，建议采用分组教学的形式（5～6 人/组），同时培养学生的通用能力；在完成工作任务的过程中，教师须加强示范与指导，注重学生职业素养的培养。

有条件的地区，建议通过引企入校或建立校外实训基地为学生提供工程机械液电系统安装与调试的真实工作环境，由企业导师与专业教师协同教学。部分不具备条件的院校，可通过仿真软件模拟、观看视频等方式进行学习。

3. 教学资源配备建议

（1）教学场地

工程机械液电系统安装与调试教学场地须具备良好的安全、照明和通风条件。其中校内教学场地配备实施工程机械液电系统安装与调试工学一体化课程的一体化学习工作站，分为教学区、资讯区、工作区、工具区和展示区，并配备相应的多媒体教学设备等，面积以至少同时容纳 30 人开展教学活动为宜，可进行资料查阅、教师授课、小组研讨、任务实施、成果展示等功能；企业实训基地应具备工程机械液电系统安装与调试工作任务实践与技术培训等功能。

（2）工具、材料、设备（按组配置）

工具：呆扳手、套筒扳手、梅花扳手、活扳手、扭力扳手、风动扳手、内六角扳手、十字旋具、一字旋具、铜棒、记号笔、卷尺、剥线钳、斜口钳、压线钳、压力表、万用表等。

材料：液压元件、液压管路、管路接头、管卡、螺栓、电气元件、导线、冷压端子、号码管、波纹管、电工胶带、热缩管、尼龙扎带、液压油、清洗液等。

设备：工程机械液电实训设备、ZL50G 装载机、XS203 压路机、GR165 平地机、XE230 挖掘机、QY25K 汽车起重机、行车、翻转机、液压油加注机、过滤机等。

（3）教学资料

以工作页为主，配备信息页、任务单、材料领用单、工程机械液压系统装配图、布管图、元件布置图、布线图、工艺卡、检验卡、《工程机械　装配通用技术条件》（JB/T 5945—2018）、工程机械液压原理图、电气原理图、安装操作规程、调试操作规程、工艺规范、课件、微课等教学资料。

4. 教学管理制度

执行工学一体化教学场所和教学组织的管理规定，如需要进行校外认识实习和岗位实习，应严格遵守校外实训基地、企业实习等管理制度。

教学考核要求

课程考核采用过程性考核与终结性考核相结合的方式。课程考核成绩 = 过程性考核成绩 ×60%+ 终结性考核成绩 ×40%。

1. 过程性考核（60%）

由 5 个参考性学习任务考核构成过程性考核。各参考性学习任务占比如下：ZL50G 装载机液电系统安装与调试，占比 10%；XS203 压路机液电系统安装与调试，占比为 10%；GR165 平地机液电系统安装与调试，占比 20%；XE230 挖掘机液电系统安装与调试，占比 30%；QY25K 汽车起重机液电系统安装与调试，占比 30%。

上述参考性学习任务考核，应以其对应代表性工作任务的职业能力要求为依据，充分考虑任务的关键技能、学习重难点及学生未来的发展需求设计考核内容和评分细则，从专业能力、通用能力、职业素养、思政素养等维度对学生综合职业能力进行考核。

（1）专业能力的考核：主要包括各学习环节产出的学习成果，如任务单的领取和解读，工程机械液压系统装配图、布管图、元件布置图、布线图的查阅，工艺卡和检验卡的分析，工程机械液电系统安装与调试工作计划的制订，安装步骤和技术要求的确认，工程机械液电系统的安装与检验，工程机械液电系统的调试与检验，工程机械液电系统的交付验收等完成任务的关键操作技能和心智技能，输出成果包括但不限于任务单、安装方案、作业流程等多种形式。

（2）通用能力、职业素养和思政素养的考核：在学习任务实施过程中，依据任务的职业能力要求，考核学生的通用能力、职业素养和思政素养的养成。例如：通过解读任务单的准确性，考核学生的理解与表达能力；通过查阅工程机械液压系统装配图、布管图、元件布置图、布线图的准确性，分析工艺卡和检验卡的正确性，制订安装与调试工作计划的合理性和可行性，考核学生的信息检索能力和解决问题能力；通过查阅液压、电气系统安装操作规程、调试操作规程、工艺规范，确认安装步骤和技术要求的正确性，考核学生的信息检索能力和理解与表达能力；通过领用材料、准备工具和设备的精准性，安装操作规程、调试操作规程、工艺规范、企业安全生产制度、环保管理制度和"6S"管理制度的执行性，完成工程机械液电系统安装与调试并对作业质量自检的规范性、责任性，清理场地、归置物品、处置废弃物、交付客户验收的执行性，考核学生的解决问题能力和规范意识、安全意识、质量意识、环保意识、责任意识、成本意识；通过工程机械液电系统交付流程的完整性、总结报告的撰写，考核学生的服务意识等。

2. 终结性考核（40%）

终结性考核应围绕课程目标，结合课程终结性考核要点，选择企业真实工作任务或设计学习任务进行考核。

学生根据任务情境中的要求，制订工作计划，查找相关标准和操作规程，明确作业流程，领取材料，准备工具、设备，按照作业流程和工艺要求，在规定时间内完成工程机械液电系统安装与调试，作业完成后应符合工程机械液电系统安装与调试验收标准，工程机械性能达到客户要求。

考核说明：本课程的 5 个参考性学习任务属于递进式学习任务，故选择学习任务 QY25K 汽车起重机液电系统安装与调试为终结性考核任务，该考核任务能够覆盖终结性考核要点。通过该任务的考核，能客观反映课程目标的达成情况。

考核任务案例：QY25K 汽车起重机液电系统安装与调试

【情境描述】

某工程机械制造企业的工程机械维修工接到上级主管下发的任务，为实现 QY25K 汽车起重机各项动作，发挥液电系统的综合控制工作性能，需要进行 QY25K 汽车起重机液电系统安装与调试，现班组长安排你负责该项工作。请你在 3 h 内依据液压、电气系统安装操作规程、调试操作规程、工艺规范，完成 QY25K 汽车起重机液电系统安装与调试工作，确保其具有良好的工作性能。

【任务要求】

根据任务的情境描述，在规定时间内，完成 QY25K 汽车起重机液电系统安装与调试工作。

（1）解读任务单，列出 QY25K 汽车起重机液电系统安装与调试的工作内容及要求，列出与班组长的沟通要点。

（2）查阅 QY25K 汽车起重机液压系统装配图、布管图、元件布置图、布线图，分析工艺卡和检验卡，制订合理的安装与调试工作计划。

（3）查阅《工程机械　装配通用技术条件》（JB/T 5945—2018），QY25K 汽车起重机液压、电气系统安装操作规程、工艺规范，整理并列出 QY25K 汽车起重机支腿、变幅、卷扬、伸缩、回转液电系统等关键系统的安装步骤和技术要求。

（4）以表格形式列出完成任务所需的工具、材料、设备清单。

（5）按照液压、电气系统安装操作规程、调试操作规程、工艺规范和企业安全生产制度，完成 QY25K 汽车起重机支腿、变幅、卷扬、伸缩、回转液电系统安装与调试。

（6）依据企业质检流程和标准，规范完成 QY25K 汽车起重机支腿、变幅、卷扬、伸缩、回转液电系统工作性能的自检并记录。

（7）严格遵守企业环保管理制度和"6S"管理制度，清理场地，归置物品，处置废弃物。

（8）完成用户服务卡的填写和 QY25K 汽车起重机液电系统的交付验收，并对自己的工作进行总结，提交用户服务卡、总结报告等过程性材料。

【参考资料】

完成上述任务时，可以使用常见的教学资源，如工作页、信息页、任务单、材料领用单、QY25K 汽车起重机液压系统装配图、布管图、元件布置图、布线图、工艺卡、检验卡、《工程机械　装配通用技术条件》（JB/T 5945—2018）、QY25K 汽车起重机液压原理图、电气原理图、安装操作规程、调试操作规程、工艺规范、企业安全生产制度、环保管理制度、"6S"管理制度等。

（十一）工程机械液压故障诊断与排除课程标准

工学一体化课程名称	工程机械液压故障诊断与排除	基准学时	150
典型工作任务描述			

工程机械液压故障诊断与排除是指由于工程机械液压元件损坏、工作介质变质、冲击、气蚀而产生的故障，并伴有漏油、发热、振动、噪声等现象，导致工程机械液压系统不能正常工作，此时需要针对此类故障进行诊断分析，以排除液压故障的工作过程。工程机械液压故障按发生原因，分为人为故障和自然故障。工程机械液压故障诊断与排除主要包括工程机械转向沉重故障诊断与排除、工程机械工作装置动作速度缓慢故障诊断与排除、工程机械工作装置动作失控故障诊断与排除、工程机械工作装置抖动故障诊断与排除、工程机械工作装置无动作故障诊断与排除、工程机械行走无力故障诊断与排除等。

工程机械液压故障会影响整机的正常运转，为实现工程机械整机各项动作和工作性能，需要及时对液压系统进行故障诊断与排除。工程机械液压故障诊断与排除工作一般发生在工程机械制造企业、工程施工企业、工程机械维修企业和工程机械租赁企业中，主要由高级工层级的工程机械维修工完成。

工程机械维修工从上级主管处接受工程机械液压故障诊断与排除任务，阅读任务单，明确任务要求；查阅工程机械液压系统装配图、布管图、维修手册，制订工作计划；查阅用户手册、操作手册，与客户进行专业沟通，勘查现场，确认工程机械液压故障现象；查阅工程机械液压原理图，确认诊断流程；准备诊断工具，诊断工程机械液压故障，确认故障原因；根据工作需要，领取材料，严格按照液压系统维修操作规程、工艺规范和企业安全生产制度进行工程机械液压故障排除工作；故障诊断与排除任务完成后，进行自检，清理场地，归置物品，处置废弃物；填写用户服务卡，交付客户验收，并对自己的工作进行总结。

工程机械液压故障诊断与排除过程中，应参照《机动车维修服务规范》（JT/T 816—2021），按照液压系统维修操作规程、工艺规范作业，遵守企业安全生产制度、环保管理制度和"6S"管理制度。

工作内容分析		
工作对象： 1. 任务单的领取和解读； 2. 工程机械液压系统装配图、布管图、维修手册的查阅，工程机械液压故障诊断与排除工作计划的制订； 3. 工程机械液压故障现象的确认； 4. 工程机械液压原理图的查阅，诊断流程的确认； 5. 诊断工具的准备，工程机械液压故障的诊断与原因确认； 6. 材料的领取，工程机械液压故障排除与检验，场地清理、物品归置、废弃物处置； 7. 用户服务卡的填写，交付客户验收，工作总结。	**工具、材料、设备与资料：** 1. 工具：呆扳手、套筒扳手、梅花扳手、活扳手、扭力扳手、内六角扳手、十字旋具、一字旋具、尖嘴钳、密封件拆卸工具、轴承拆卸工具、铜棒、轴用弹簧卡圈、孔用弹簧卡圈、吊环、零件摆放架、压力表、流量计、卷尺、塞尺、液压专用检测仪器等； 2. 材料：液压管路、管路接头、密封圈、尼龙扎带、液压元件、生料带、液压油、纱布、清洗液等； 3. 设备：ZL50G 装载机、QY25K 汽车起重机、XE60 挖掘机等； 4. 资料：任务单、材料领用单、工程机械液压系统装配图、布管图、维修手册、用户手册、操作手册、工程机械液压原理图、液压系统维修操作规程、工艺规范、《机动车维修服务规范》（JT/T 816—2021）、企业安全生产制度、环保管理制度、"6S"管理制度、用户服务卡等。 **工作方法：** 1. 工作现场沟通法； 2. 资料查阅法； 3. 工程机械操作法； 4. 勘查法； 5. 故障树、流程图分析法； 6. 材料领用法； 7. 工具使用法； 8. 工程机械液压系统故障排查法； 9. 工程机械液压系统维修法； 10. 用户服务卡填写法； 11. 工程机械液压系统检测法； 12. 工作总结法。	**工作要求：** 1. 解读任务单，必要时与上级主管进行沟通交流，分析任务信息； 2. 查阅工程机械液压系统装配图、布管图、维修手册，制订工程机械液压故障诊断与排除工作计划； 3. 查阅用户手册、操作手册，与客户进行专业沟通，勘查现场，进一步确认工程机械液压故障现象； 4. 查阅工程机械液压原理图，确认诊断流程； 5. 遵守企业工具管理制度，依据诊断流程，准备诊断工具，诊断工程机械液压故障，确认故障原因； 6. 遵守企业材料管理制度，与仓库管理员进行沟通，领取材料，按照液压系统维修操作规程、工艺规范和企业安全生产制度进行工程机械液压故障排除工作；故障诊断与排除任务完成后，进行自检，按照《机动车维修服务规范》（JT/T 816—2021）、企业环保管理制度和"6S"管理制度清理场地，归置物品，处置废弃物； 7. 依据工作流程，填写用户服务卡，将维修合格的工程机械液压系统交付客户验收，并对自己

	劳动组织方式： 　　以独立的方式进行工作。从上级主管处领取工作任务，与其他部门有效沟通、协调，准备工具，从仓库领取材料，完成工程机械液压故障诊断与排除，完工自检后交付客户验收。	的工作进行总结。

课程目标

学习完本课程后，学生应当能够胜任工程机械液压故障诊断与排除工作，包括：

1. 能解读工程机械液压故障诊断与排除任务单，必要时与教师围绕工作内容和要求进行沟通交流，分析工程机械使用信息、故障描述、客户信息等任务信息。

2. 能查阅工程机械液压系统装配图、布管图、维修手册，制订工程机械液压故障诊断与排除工作计划。

3. 能查阅用户手册、操作手册，与教师围绕工程机械使用状况、故障现象等进行沟通交流，勘查现场，规范操作工程机械液压系统各功能，进一步确认工程机械液压故障现象，记录故障数据信息。

4. 能参照世界技能大赛重型车辆维修项目液压系统维修标准，查阅工程机械液压原理图，运用故障树、流程图分析法，确认工程机械液压故障诊断流程，并得到教师的认可。

5. 能遵守企业工具管理制度，依据诊断流程，使用呆扳手、内六角扳手等工具，通过外观检查、听声音、测量、对比、元件替代等方法查找故障点，确认故障原因。

6. 能遵守企业材料管理制度，与模拟仓库管理员进行沟通，领取工程机械液压故障排除所需的液压元件、纱布等材料，熟练运用液压系统清洗、元件更换等工程机械液压系统维修法，按照液压系统维修操作规程、工艺规范、世界技能大赛重型车辆维修项目液压系统维修标准和企业安全生产制度，规范完成工程机械液压故障排除工作；故障诊断与排除任务完成后，进行自检，按照《机动车维修服务规范》（JT/T 816—2021）、企业环保管理制度和"6S"管理制度清理场地，归置物品，处置废弃物。

7. 能依据工作流程，填写用户服务卡，将维修合格的工程机械液压系统交付教师验收，并对自己的工作进行总结。

学习内容

本课程的主要学习内容包括：

一、任务单的领取和解读

实践知识：

工程机械液压故障诊断与排除任务单的使用。

任务单中工程机械使用信息、故障描述、客户信息等任务信息的解读。

理论知识：

任务的交付标准，工程机械使用信息的含义。

二、工程机械液压系统装配图、布管图、维修手册的查阅，工程机械液压故障诊断与排除工作计划的制订

实践知识：

工程机械液压系统装配图、布管图、维修手册的使用。

工程机械液压系统装配图、布管图、维修手册的查阅，工程机械液压故障诊断与排除工作计划的制订。

理论知识：

工程机械液压系统装配图、布管图，工程机械液压故障诊断与排除工作计划的格式、内容与撰写要求。

三、工程机械液压故障现象的确认

实践知识：

用户手册、操作手册的使用。

工程机械操作法的应用。

工程机械转向沉重、工作装置动作速度缓慢、工作装置动作失控、工作装置抖动、工作装置无动作、行走无力故障现象的再现操作和确认，故障数据信息的记录。

理论知识：

工程机械液压系统各功能操作注意事项，故障数据信息的含义。

四、工程机械液压原理图的查阅，诊断流程的确认

实践知识：

世界技能大赛重型车辆维修项目液压系统维修标准、工程机械液压原理图等资料的使用。

工程机械液压故障诊断与排除工作计划合理性的判断、计划的修改完善，诊断流程的确认。

理论知识：

工程机械转向液压系统、工作装置液压系统、行走液压系统的工作原理，工程机械液压故障诊断与排除的原则、工作流程和职责，工程机械液压故障诊断流程。

五、诊断工具的准备，工程机械液压故障的诊断与原因确认

实践知识：

呆扳手、套筒扳手、梅花扳手、活扳手、扭力扳手、内六角扳手、十字旋具、一字旋具、尖嘴钳、密封件拆卸工具、轴承拆卸工具、铜棒、轴用弹簧卡圈、孔用弹簧卡圈、吊环、零件摆放架、压力表、流量计、卷尺、塞尺、液压专用检测仪器等工具的使用。

工具使用法（液压专用检测仪器的使用）、工程机械液压系统故障排查法（中等难度故障的排查）的应用。

诊断工具的准备，工程机械液压故障的诊断（液压缸、液压泵、控制阀、液压辅助装置、液压油的检查等），故障原因的分析、确认。

理论知识：

工程机械转向沉重、工作装置动作速度缓慢、工作装置动作失控、工作装置抖动、工作装置无动作、行走无力的常见故障原因，外观检查、听声音、测量、对比、元件替代等故障排查法的适用场景。

六、材料的领取，工程机械液压故障排除与检验，场地清理、物品归置、废弃物处置

实践知识：

呆扳手、套筒扳手、梅花扳手、活扳手、扭力扳手、内六角扳手、十字旋具、一字旋具、尖嘴钳、密

封件拆卸工具、轴承拆卸工具、铜棒、轴用弹簧卡圈、孔用弹簧卡圈、吊环、零件摆放架、压力表、流量计、卷尺、塞尺、液压专用检测仪器等工具的使用，液压管路、管路接头、密封圈、尼龙扎带、液压元件、生料带、液压油、纱布、清洗液等材料的使用，工程机械液压实训设备、ZL50G 装载机、QY25K 汽车起重机、XE60 挖掘机等设备的使用，液压系统维修操作规程、工艺规范、世界技能大赛重型车辆维修项目液压系统维修标准、《机动车维修服务规范》（JT/T 816—2021）、企业安全生产制度、环保管理制度、"6S" 管理制度等资料的使用。

工程机械液压系统维修法（中等难度故障的维修）的应用。

材料的领取，工程机械转向沉重、工作装置动作速度缓慢、工作装置动作失控、工作装置抖动、工作装置无动作、行走无力故障的排除（液压元件、阀芯、弹簧、密封件、滤油器的更换，液压元件、滤网的清洗，液压管路、阻尼的疏通等），工程机械液压系统各功能的自检，场地清理、物品归置、废弃物处置。

理论知识：

液压系统维修操作规程、工艺规范、世界技能大赛重型车辆维修项目液压系统维修标准，企业安全生产制度、环保管理制度和 "6S" 管理制度，工程机械液压系统功能检测标准。

七、用户服务卡的填写，交付客户验收，工作总结

实践知识：

用户服务卡的使用。

将维修合格的工程机械液压系统交付客户验收，工作总结。

理论知识：

工程机械液压系统功能检测标准。

八、通用能力、职业素养、思政素养

自主学习、自我管理、信息检索、理解与表达、交往与合作、创新思维、解决问题等通用能力，规范意识、安全意识、质量意识、环保意识、责任意识、成本意识、服务意识、优化意识、效率意识等职业素养，以及劳模精神、劳动精神、工匠精神等思政素养。

参考性学习任务

序号	名称	学习任务描述	参考学时
1	ZL50G 装载机转向沉重故障诊断与排除	某施工工地的一台 ZL50G 装载机出现转向沉重故障，工程机械维修工接到客服中心下发的任务，需要进行故障诊断与排除，要求在 1 天内完成并交付验收。 学生从教师处接受 ZL50G 装载机转向沉重故障诊断与排除任务，阅读任务单，明确任务要求；查阅 ZL50G 装载机液压系统装配图、布管图、维修手册，制订工作计划；查阅用户手册、操作手册，与教师进行专业沟通，勘查现场，确认 ZL50G 装载机转向沉重故障现象；查阅 ZL50G 装载机液压原理图，确认诊断流程；准备诊断工	12

1	ZL50G 装载机转向沉重故障诊断与排除	具，诊断 ZL50G 装载机转向沉重故障，确认故障原因；根据工作需要，领取材料，严格按照液压系统维修操作规程、工艺规范、世界技能大赛重型车辆维修项目液压系统维修标准和企业安全生产制度进行 ZL50G 装载机转向沉重故障排除工作；故障诊断与排除任务完成后，进行自检，清理场地，归置物品，处置废弃物；填写用户服务卡，交付验收，并对自己的工作进行总结。 工作过程中，学生应参照世界技能大赛重型车辆维修项目液压系统维修标准、《机动车维修服务规范》（JT/T 816—2021），按照液压系统维修操作规程、工艺规范作业，遵守企业安全生产制度、环保管理制度和"6S"管理制度。	
2	ZL50G 装载机工作装置动作速度缓慢故障诊断与排除	某施工工地的一台 ZL50G 装载机出现工作装置动作速度缓慢故障，工程机械维修工接到客服中心下发的任务，需要进行故障诊断与排除，要求在 1 天内完成并交付验收。 学生从教师处接受 ZL50G 装载机工作装置动作速度缓慢故障诊断与排除任务，阅读任务单，明确任务要求；查阅 ZL50G 装载机液压系统装配图、布管图、维修手册，制订工作计划；查阅用户手册、操作手册，与教师进行专业沟通，勘查现场，确认 ZL50G 装载机工作装置动作速度缓慢故障现象；查阅 ZL50G 装载机液压原理图，确认诊断流程；准备诊断工具，诊断 ZL50G 装载机工作装置动作速度缓慢故障，确认故障原因；根据工作需要，领取材料，严格按照液压系统维修操作规程、工艺规范、世界技能大赛重型车辆维修项目液压系统维修标准和企业安全生产制度进行 ZL50G 装载机工作装置动作速度缓慢故障排除工作；故障诊断与排除任务完成后，进行自检，清理场地，归置物品，处置废弃物；填写用户服务卡，交付验收，并对自己的工作进行总结。 工作过程中，学生应参照世界技能大赛重型车辆维修项目液压系统维修标准、《机动车维修服务规范》（JT/T 816—2021），按照液压系统维修操作规程、工艺规范作业，遵守企业安全生产制度、环保管理制度和"6S"管理制度。	18
3	QY25K 汽车起重机工作装置动作失控故障诊断与排除	某施工工地的一台 QY25K 汽车起重机出现工作装置动作失控故障，工程机械维修工接到客服中心下发的任务，需要进行故障诊断与排除，要求在 1 天内完成并交付验收。 学生从教师处接受 QY25K 汽车起重机工作装置动作失控故障诊断	30

3	QY25K 汽车起重机工作装置动作失控故障诊断与排除	与排除任务，阅读任务单，明确任务要求；查阅 QY25K 汽车起重机液压系统装配图、布管图、维修手册，制订工作计划；查阅用户手册、操作手册，与教师进行专业沟通，勘查现场，确认 QY25K 汽车起重机工作装置动作失控故障现象；查阅 QY25K 汽车起重机液压原理图，确认诊断流程；准备诊断工具，诊断 QY25K 汽车起重机工作装置动作失控故障，确认故障原因；根据工作需要，领取材料，严格按照液压系统维修操作规程、工艺规范、世界技能大赛重型车辆维修项目液压系统维修标准和企业安全生产制度进行 QY25K 汽车起重机工作装置动作失控故障排除工作；故障诊断与排除任务完成后，进行自检，清理场地，归置物品，处置废弃物；填写用户服务卡，交付验收，并对自己的工作进行总结。 工作过程中，学生应参照世界技能大赛重型车辆维修项目液压系统维修标准、《机动车维修服务规范》（JT/T 816—2021），按照液压系统维修操作规程、工艺规范作业，遵守企业安全生产制度、环保管理制度和"6S"管理制度。	
4	QY25K 汽车起重机工作装置抖动故障诊断与排除	某施工工地的一台 QY25K 汽车起重机出现工作装置抖动故障，工程机械维修工接到客服中心下发的任务，需要进行故障诊断与排除，要求在 1 天内完成并交付验收。 学生从教师处接受 QY25K 汽车起重机工作装置抖动故障诊断与排除任务，阅读任务单，明确任务要求；查阅 QY25K 汽车起重机液压系统装配图、布管图、维修手册，制订工作计划；查阅用户手册、操作手册，与教师进行专业沟通，勘查现场，确认 QY25K 汽车起重机工作装置抖动故障现象；查阅 QY25K 汽车起重机液压原理图，确认诊断流程；准备诊断工具，诊断 QY25K 汽车起重机工作装置抖动故障，确认故障原因；根据工作需要，领取材料，严格按照液压系统维修操作规程、工艺规范、世界技能大赛重型车辆维修项目液压系统维修标准和企业安全生产制度进行 QY25K 汽车起重机工作装置抖动故障排除工作；故障诊断与排除任务完成后，进行自检，清理场地，归置物品，处置废弃物；填写用户服务卡，交付验收，并对自己的工作进行总结。 工作过程中，学生应参照世界技能大赛重型车辆维修项目液压系统维修标准、《机动车维修服务规范》（JT/T 816—2021），按照液压系统维修操作规程、工艺规范作业，遵守企业安全生产制度、环保管理制度和"6S"管理制度。	30

5	QY25K 汽车起重机工作装置无动作故障诊断与排除	某施工工地的一台 QY25K 汽车起重机出现工作装置无动作故障，工程机械维修工接到客服中心下发的任务，需要进行故障诊断与排除，要求在 1 天内完成并交付验收。 学生从教师处接受 QY25K 汽车起重机工作装置无动作故障诊断与排除任务，阅读任务单，明确任务要求；查阅 QY25K 汽车起重机液压系统装配图、布管图、维修手册，制订工作计划；查阅用户手册、操作手册，与教师进行专业沟通，勘查现场，确认 QY25K 汽车起重机工作装置无动作故障现象；查阅 QY25K 汽车起重机液压原理图，确认诊断流程；准备诊断工具，诊断 QY25K 汽车起重机工作装置无动作故障，确认故障原因；根据工作需要，领取材料，严格按照液压系统维修操作规程、工艺规范、世界技能大赛重型车辆维修项目液压系统维修标准和企业安全生产制度进行 QY25K 汽车起重机工作装置无动作故障排除工作；故障诊断与排除任务完成后，进行自检，清理场地，归置物品，处置废弃物；填写用户服务卡，交付验收，并对自己的工作进行总结。 工作过程中，学生应参照世界技能大赛重型车辆维修项目液压系统维修标准、《机动车维修服务规范》（JT/T 816—2021），按照液压系统维修操作规程、工艺规范作业，遵守企业安全生产制度、环保管理制度和"6S"管理制度。	30
6	XE60 挖掘机行走无力故障诊断与排除	某施工工地的一台 XE60 挖掘机出现行走无力故障，工程机械维修工接到客服中心下发的任务，需要进行故障诊断与排除，要求在 1 天内完成并交付验收。 学生从教师处接受 XE60 挖掘机行走无力故障诊断与排除任务，阅读任务单，明确任务要求；查阅 XE60 挖掘机液压系统装配图、布管图、维修手册，制订工作计划；查阅用户手册、操作手册，与教师进行专业沟通，勘查现场，确认 XE60 挖掘机行走无力故障现象；查阅 XE60 挖掘机液压原理图，确认诊断流程；准备诊断工具，诊断 XE60 挖掘机行走无力故障，确认故障原因；根据工作需要，领取材料，严格按照液压系统维修操作规程、工艺规范、世界技能大赛重型车辆维修项目液压系统维修标准和企业安全生产制度进行 XE60 挖掘机行走无力故障排除工作；故障诊断与排除任务完成后，进行自检，清理场地，归置物品，处置废弃物；填写用户服务卡，交付验收，并对自己的工作进行总结。 工作过程中，学生应参照世界技能大赛重型车辆维修项目液压系	30

| 6 | XE60 挖掘机行走无力故障诊断与排除 | 统维修标准、《机动车维修服务规范》（JT/T 816—2021），按照液压系统维修操作规程、工艺规范作业，遵守企业安全生产制度、环保管理制度和"6S"管理制度。 | |

教学实施建议

1. 师资要求

任课教师须具有工程机械液压故障诊断与排除的企业实践经验，具备工程机械液压故障诊断与排除工学一体化课程教学设计与实施、工学一体化课程教学资源选择与应用等能力。

2. 教学组织方式方法建议

采用行动导向的教学方法。为确保教学安全，合理使用实训设施设备，提高教学效果，建议采用分组教学的形式（5～6 人 / 组），同时培养学生的通用能力；在完成工作任务的过程中，教师须加强示范与指导，注重学生职业素养的培养。

有条件的地区，建议通过引企入校或建立校外实训基地为学生提供工程机械液压故障诊断与排除的真实工作环境，由企业导师与专业教师协同教学。部分不具备条件的院校，可通过仿真软件模拟、观看视频等方式进行学习。

3. 教学资源配备建议

（1）教学场地

工程机械液压故障诊断与排除教学场地须具备良好的安全、照明和通风条件。其中校内教学场地配备实施工程机械液压故障诊断与排除工学一体化课程的一体化学习工作站，分为教学区、资讯区、工作区、工具区和展示区，并配备相应的多媒体教学设备等，面积以至少同时容纳 30 人开展教学活动为宜，可进行资料查阅、教师授课、小组研讨、任务实施、成果展示等功能；企业实训基地应具备工程机械液压故障诊断与排除工作任务实践与技术培训等功能。

（2）工具、材料、设备（按组配置）

工具：呆扳手、套筒扳手、梅花扳手、活扳手、扭力扳手、内六角扳手、十字旋具、一字旋具、尖嘴钳、密封件拆卸工具、轴承拆卸工具、铜棒、轴用弹簧卡圈、孔用弹簧卡圈、吊环、零件摆放架、压力表、流量计、卷尺、塞尺、液压专用检测仪器等。

材料：液压管路、管路接头、密封圈、尼龙扎带、液压元件、生料带、液压油、纱布、清洗液等。

设备：工程机械液压实训设备、ZL50G 装载机、QY25K 汽车起重机、XE60 挖掘机等。

（3）教学资料

以工作页为主，配备信息页、任务单、材料领用单、工程机械液压系统装配图、布管图、维修手册、用户手册、操作手册、工程机械液压原理图、液压系统维修操作规程、工艺规范、世界技能大赛重型车辆维修项目液压系统维修标准、《机动车维修服务规范》（JT/T 816—2021）、课件、微课等教学资料。

4. 教学管理制度

执行工学一体化教学场所和教学组织的管理规定，如需要进行校外认识实习和岗位实习，应严格遵守校外实训基地、企业实习等管理制度。

教学考核要求

课程考核采用过程性考核与终结性考核相结合的方式。课程考核成绩 = 过程性考核成绩 × 60%+ 终结性考核成绩 × 40%。

1. 过程性考核（60%）

由 6 个参考性学习任务考核构成过程性考核。各参考性学习任务占比如下：ZL50G 装载机转向沉重故障诊断与排除，占比 10%；ZL50G 装载机工作装置动作速度缓慢故障诊断与排除，占比 10%；QY25K 汽车起重机工作装置动作失控故障诊断与排除，占比为 20%；QY25K 汽车起重机工作装置抖动故障诊断与排除，占比 20%；QY25K 汽车起重机工作装置无动作故障诊断与排除，占比 20%；XE60 挖掘机行走无力故障诊断与排除，占比 20%。

上述参考性学习任务考核，应以其对应代表性工作任务的职业能力要求为依据，充分考虑任务的关键技能、学习重难点及学生未来的发展需求设计考核内容和评分细则，从专业能力、通用能力、职业素养、思政素养等维度对学生综合职业能力进行考核。

（1）专业能力的考核：主要包括各学习环节产出的学习成果，如任务单的领取和解读，工程机械液压系统装配图、布管图、维修手册的查阅，工程机械液压故障诊断与排除工作计划的制订，工程机械液压故障现象的确认，工程机械液压原理图的查阅，诊断流程的确认，工程机械液压故障的诊断与原因确认，工程机械液压故障排除与检验，工程机械液压系统的交付验收等完成任务的关键操作技能和心智技能，输出成果包括但不限于任务单、诊断维修方案、作业流程等多种形式。

（2）通用能力、职业素养和思政素养的考核：在学习任务实施过程中，依据任务的职业能力要求，考核学生的通用能力、职业素养和思政素养的养成。例如：通过解读任务单的准确性，考核学生的理解与表达能力；通过查阅工程机械液压系统装配图、布管图、维修手册的准确性，制订故障诊断与排除工作计划的合理性和可行性，考核学生的信息检索能力和解决问题能力；通过查阅用户手册、操作手册的准确性、勘查现场、规范操作工程机械液压系统各功能、确认工程机械液压故障现象的严谨性，记录故障数据信息的真实性，考核学生的责任意识；通过查阅工程机械液压原理图、分析故障液压系统工作原理的正确性，确认诊断流程的逻辑性，考核学生的信息检索能力和解决问题能力；通过利用多种排查方法逐一系统地排查故障点并确认故障原因，考核学生的解决问题能力；通过液压系统维修操作规程、工艺规范、世界技能大赛重型车辆维修项目液压系统维修标准、企业安全生产制度、环保管理制度和"6S"管理制度的执行性，工程机械液压故障维修过程的规范性，工程机械液压系统各功能自检的责任性，清理场地、归置物品、处置废弃物的执行性，考核学生的解决问题能力和成本意识、责任意识；通过工程机械液压系统交付流程的完整性、总结报告的撰写，考核学生的服务意识等。

2. 终结性考核（40%）

终结性考核应围绕课程目标，结合课程终结性考核要点，选择企业真实工作任务或设计学习任务进行考核。

学生根据任务情境中的要求，制订工作计划，勘查现场，确认故障现象，查阅工程机械液压原理图，确认诊断流程，准备诊断工具，诊断工程机械液压故障，分析并确认故障原因，领取材料，按照作业流程和工艺要求，在规定时间内完成工程机械液压故障排除，作业完成后应符合工程机械液压系统维修验收标准，工程机械性能达到客户要求。

考核说明：本课程的 6 个参考性学习任务属于平行式学习任务，故设计综合性任务 XS203 压路机振动异常故障诊断与排除为终结性考核任务，该考核任务能够覆盖终结性考核要点。通过该任务的考核，能客观反映课程目标的达成情况。

考核任务案例：XS203 压路机振动异常故障诊断与排除

【情境描述】

某施工工地的一台 XS203 压路机出现振动异常故障，操作人员将上述故障反映到客服中心，为保证压路机正常工作，需要进行故障诊断与排除，现班组长安排你负责该项工作。请你在 2 h 内依据液压系统维修操作规程、工艺规范，完成 XS203 压路机振动异常故障诊断与排除工作。

【任务要求】

根据任务的情境描述，在规定时间内，完成 XS203 压路机振动异常故障诊断与排除工作。

（1）解读任务单，列出 XS203 压路机振动异常故障诊断与排除的工作内容及要求，列出与班组长的沟通要点。

（2）查阅 XS203 压路机液压系统装配图、布管图、维修手册，制订合理的故障诊断与排除工作计划。

（3）查阅用户手册、XS203 压路机操作手册，勘查现场，规范操作 XS203 压路机振动功能，进一步确认振动异常故障现象，记录故障数据信息。

（4）参照世界技能大赛重型车辆维修项目液压系统维修标准，查阅 XS203 压路机液压原理图，运用故障树、流程图分析法，确认振动异常故障诊断流程。

（5）以表格形式列出完成任务所需的工具、材料、设备清单。

（6）根据诊断流程使用呆扳手、内六角扳手等工具，通过外观检查、听声音、测量、对比、元件替代等方法查找故障点，确认振动异常的故障原因。

（7）按照液压系统维修操作规程、工艺规范、世界技能大赛重型车辆维修项目液压系统维修标准和企业安全生产制度，完成 XS203 压路机振动异常故障排除。

（8）依据企业质检流程和标准，规范完成 XS203 压路机振动功能的自检并记录。

（9）严格遵守《机动车维修服务规范》（JT/T 816—2021）、企业环保管理制度和"6S"管理制度，清理场地，归置物品，处置废弃物。

（10）完成用户服务卡的填写和 XS203 压路机的交付验收，并对自己的工作进行总结，提交用户服务卡、总结报告等过程性材料。

【参考资料】

完成上述任务时，可以使用常见的教学资源，如工作页、信息页、任务单、材料领用单、XS203 压路机液压系统装配图、布管图、维修手册、用户手册、操作手册、XS203 压路机液压原理图、液压系统维修操作规程、工艺规范、世界技能大赛重型车辆维修项目液压系统维修标准、《机动车维修服务规范》（JT/T 816—2021）、企业安全生产制度、环保管理制度、"6S"管理制度等。

（十二）工程机械电气故障诊断与排除课程标准

工学一体化课程名称	工程机械电气故障诊断与排除	基准学时	150

典型工作任务描述

  工程机械电气故障诊断与排除是指针对工程机械电气系统正常运行时多处发生元件损坏、短路、断路且不易维修的故障，由工程机械维修工通过诊断分析进而排除故障的工作过程。工程机械电气故障诊断与排除主要包括工程机械全车没电故障诊断与排除、工程机械起动机空转故障诊断与排除、工程机械充电指示灯常亮故障诊断与排除、工程机械起动机无动作故障诊断与排除、工程机械仪表工作异常故障诊断与排除、工程机械电磁阀异常发热故障诊断与排除等。

  维修效率的提升是满足当前市场需求的有效措施和保障，因此工程机械电气故障诊断与排除是工程机械使用中的重要环节。工程机械电气故障诊断与排除工作一般发生在工程机械制造企业、工程施工企业、工程机械维修企业和工程机械租赁企业中，主要由高级工层级的工程机械维修工完成。

  工程机械维修工从上级主管处接受工程机械电气故障诊断与排除任务，阅读任务单，明确任务要求；查阅工程机械电气系统元件布置图、布线图、维修手册，制订工作计划；查阅用户手册、操作手册，与客户进行专业沟通，勘查现场，确认工程机械电气故障现象；查阅工程机械电气原理图，确认诊断流程；准备诊断工具，诊断工程机械电气故障，确认故障原因；根据工作需要，领取材料，严格按照电气系统维修操作规程、工艺规范和企业安全生产制度进行工程机械电气故障排除工作；故障诊断与排除任务完成后，进行自检，清理场地，归置物品，处置废弃物；填写用户服务卡，交付客户验收，并对自己的工作进行总结。

  工程机械电气故障诊断与排除过程中，应参照《汽车维护、检测、诊断技术规范》（GB/T 18344—2016）、《机动车维修服务规范》（JT/T 816—2021），按照电气系统维修操作规程、工艺规范作业，遵守企业安全生产制度、环保管理制度和"6S"管理制度。

工作内容分析

工作对象：	工具、材料、设备与资料：	工作要求：
1. 任务单的领取和解读；	1. 工具：呆扳手、活扳手、棘轮扳手、内六角扳手、退针器、斜口钳、剥线钳、压线钳、一字旋具、十字旋具、电工刀、卷尺、万用表、试灯等；	1. 解读任务单，分析任务信息；
2. 工程机械电气系统元件布置图、布线图、维修手册的查阅，工程机械电气故障诊断与排除工作计划的制订；	2. 材料：导线、冷压端子、并线端子、插接器、号码管、热缩管、绝缘胶带、波纹管、尼龙扎带、电气元件、清洗液等；	2. 查阅工程机械电气系统元件布置图、布线图、维修手册，制订工程机械电气故障诊断与排除工作计划；
3. 工程机械电气故障现象的确认；	3. 设备：ZL50G 装载机、XE60 挖掘机、XS203 压路机、QY25K 汽车起重机等；	3. 查阅用户手册、操作手册，与客户进行专业沟通，勘查现场，进一步确认工程机械电气故障现象；
4. 工程机械电气原理图的查阅，诊	4. 资料：任务单、材料领用单、工程机械电气系统元件布置图、布线图、维修手册、用户手册、操作手册、工程机械电气原理图、电气系统	4. 参照《汽车维护、检测、诊断技术规范》（GB/T 18344—

断流程的确认； 　　5. 诊断工具的准备，工程机械电气故障的诊断与原因确认； 　　6. 材料的领取，工程机械电气故障排除与检验，场地清理、物品归置、废弃物处置； 　　7. 用户服务卡的填写，交付客户验收，工作总结。	维修操作规程、工艺规范、《汽车维护、检测、诊断技术规范》（GB/T 18344—2016）、《机动车维修服务规范》（JT/T 816—2021）、企业安全生产制度、环保管理制度、"6S"管理制度、用户服务卡等。 **工作方法：** 　　1. 工作现场沟通法； 　　2. 资料查阅法； 　　3. 工程机械操作法； 　　4. 勘查法； 　　5. 故障树、流程图分析法； 　　6. 材料领用法； 　　7. 工具使用法； 　　8. 工程机械电气系统故障排查法； 　　9. 工程机械电气系统维修法； 　　10. 用户服务卡填写法； 　　11. 工程机械电气系统检测法； 　　12. 工作总结法。 **劳动组织方式：** 　　以独立的方式进行工作。从上级主管处领取工作任务，与其他部门有效沟通、协调，准备工具，从仓库领取材料，完成工程机械电气故障诊断与排除，完工自检后交付客户验收。	2016），查阅工程机械电气原理图，确认诊断流程； 　　5. 遵守企业工具管理制度，依据诊断流程，准备诊断工具，诊断工程机械电气故障，确认故障原因； 　　6. 遵守企业材料管理制度，与仓库管理员进行沟通，领取材料，按照电气系统维修操作规程、工艺规范和企业安全生产制度进行工程机械电气故障排除工作；故障诊断与排除任务完成后，进行自检，按照《机动车维修服务规范》（JT/T 816—2021）、企业环保管理制度和"6S"管理制度清理场地，归置物品，处置废弃物； 　　7. 依据工作流程，填写用户服务卡，将维修合格的工程机械电气系统交付客户验收，并对自己的工作进行总结。

课程目标

　　学习完本课程后，学生应当能够胜任工程机械电气故障诊断与排除工作，包括：

　　1. 能解读工程机械电气故障诊断与排除任务单，分析工程机械使用信息、故障描述、客户信息等任务信息。

　　2. 能查阅工程机械电气系统元件布置图、布线图、维修手册，制订工程机械电气故障诊断与排除工作计划。

　　3. 能查阅用户手册、操作手册，与教师围绕工程机械使用状况、故障现象等进行沟通交流，勘查现场，规范操作工程机械电气系统各功能，进一步确认工程机械电气故障现象，记录故障数据信息。

　　4. 能参照《汽车维护、检测、诊断技术规范》（GB/T 18344—2016）、世界技能大赛重型车辆维修项目电气系统维修标准，查阅工程机械电气原理图，运用故障树、流程图分析法，确认工程机械电气故障诊断流程，并得到教师的认可。

　　5. 能遵守企业工具管理制度，依据诊断流程，使用退针器、万用表等工具，通过外观检查、听声音、测量、对比、元件替代等方法查找故障点，确认故障原因。

6. 能遵守企业材料管理制度，与模拟仓库管理员进行沟通，领取工程机械电气故障排除所需的电气元件、导线、并线端子等材料，熟练运用断线并接、元件更换等工程机械电气系统维修法，按照电气系统维修操作规程、工艺规范、世界技能大赛重型车辆维修项目电气系统维修标准和企业安全生产制度，规范完成工程机械电气故障排除工作；故障诊断与排除任务完成后，进行自检，按照《机动车维修服务规范》(JT/T 816—2021)、企业环保管理制度和"6S"管理制度清理场地，归置物品，处置废弃物。

7. 能依据工作流程，填写用户服务卡，将维修合格的工程机械电气系统交付教师验收，并对自己的工作进行总结。

学习内容

本课程的主要学习内容包括：

一、任务单的领取和解读

实践知识：

工程机械电气故障诊断与排除任务单的使用。

任务单中工程机械使用信息、故障描述、客户信息等任务信息的解读。

理论知识：

任务的交付标准，工程机械使用信息的含义。

二、工程机械电气系统元件布置图、布线图、维修手册的查阅，工程机械电气故障诊断与排除工作计划的制订

实践知识：

工程机械电气系统元件布置图、布线图、维修手册的使用。

工程机械电气系统元件布置图、布线图、维修手册的查阅，工程机械电气故障诊断与排除工作计划的制订。

理论知识：

工程机械电气系统元件布置图、布线图，工程机械电气故障诊断与排除工作计划的格式、内容与撰写要求。

三、工程机械电气故障现象的确认

实践知识：

用户手册、操作手册的使用。

工程机械操作法的应用。

工程机械全车没电、起动机空转、充电指示灯常亮、起动机无动作、仪表工作异常、电磁阀异常发热故障现象的再现操作和确认，故障数据信息的记录。

理论知识：

工程机械电气系统各功能操作注意事项，故障数据信息的含义。

四、工程机械电气原理图的查阅，诊断流程的确认

实践知识：

《汽车维护、检测、诊断技术规范》（GB/T 18344—2016）、世界技能大赛重型车辆维修项目电气系统维修标准、工程机械电气原理图等资料的使用。

工程机械电气故障诊断与排除工作计划合理性的判断、计划的修改完善，诊断流程的确认。

理论知识：

工程机械上电回路、起动回路、充电指示灯回路、仪表回路、电磁阀回路的工作原理，工程机械电气故障诊断与排除的原则、工作流程和职责，工程机械电气故障诊断流程。

五、诊断工具的准备，工程机械电气故障的诊断与原因确认

实践知识：

呆扳手、活扳手、棘轮扳手、内六角扳手、退针器、斜口钳、剥线钳、压线钳、一字旋具、十字旋具、电工刀、卷尺、万用表、试灯等工具的使用。

工程机械电气系统故障排查法（中等难度故障的排查）的应用。

诊断工具的准备，工程机械电气故障的诊断，故障原因的分析、确认。

理论知识：

工程机械全车没电、起动机空转、充电指示灯常亮、起动机无动作、仪表工作异常、电磁阀异常发热的常见故障原因，外观检查、听声音、测量、对比、元件替代等故障排查法的适用场景。

六、材料的领取，工程机械电气故障排除与检验，场地清理、物品归置、废弃物处置

实践知识：

呆扳手、活扳手、棘轮扳手、内六角扳手、退针器、斜口钳、剥线钳、压线钳、一字旋具、十字旋具、电工刀、卷尺、万用表、试灯等工具的使用，导线、冷压端子、并线端子、插接器、号码管、热缩管、绝缘胶带、波纹管、尼龙扎带、电气元件、清洗液等材料的使用，工程机械电气实训设备、ZL50G 装载机、XE60 挖掘机、XS203 压路机、QY25K 汽车起重机等设备的使用，电气系统维修操作规程、工艺规范、世界技能大赛重型车辆维修项目电气系统维修标准、《机动车维修服务规范》（JT/T 816—2021）、企业安全生产制度、环保管理制度、"6S" 管理制度等资料的使用。

工程机械电气系统维修法（中等难度故障的维修）的应用。

材料的领取，工程机械全车没电、起动机空转、充电指示灯常亮、起动机无动作、仪表工作异常、电磁阀异常发热故障的排除（上电回路、起动回路、充电指示灯回路、仪表回路、电磁阀回路相关电气元件的更换、断线的并接、插接器的拆装等），工程机械电气系统各功能的自检，场地清理、物品归置、废弃物处置。

理论知识：

电气系统维修操作规程、工艺规范、世界技能大赛重型车辆维修项目电气系统维修标准，企业安全生产制度、环保管理制度和 "6S" 管理制度，工程机械电气系统功能检测标准。

七、用户服务卡的填写，交付客户验收，工作总结

实践知识：

用户服务卡的使用。

将维修合格的工程机械电气系统交付客户验收，工作总结。

理论知识：

工程机械电气系统功能检测标准。

八、通用能力、职业素养、思政素养

自主学习、自我管理、信息检索、理解与表达、交往与合作、创新思维、解决问题等通用能力，规范意识、安全意识、质量意识、环保意识、责任意识、成本意识、服务意识、优化意识、效率意识等职业素养，以及劳模精神、劳动精神、工匠精神等思政素养。

参考性学习任务

序号	名称	学习任务描述	参考学时
1	ZL50G 装载机全车没电故障诊断与排除	某施工工地的一台 ZL50G 装载机出现全车没电故障，工程机械维修工接到客服中心下发的任务，需要进行故障诊断与排除，要求在0.5 天内完成并交付验收。 学生从教师处接受 ZL50G 装载机全车没电故障诊断与排除任务，阅读任务单，明确任务要求；查阅 ZL50G 装载机电气系统元件布置图、布线图、维修手册，制订工作计划；查阅用户手册、操作手册，与教师进行专业沟通，勘查现场，确认 ZL50G 装载机全车没电故障现象；查阅 ZL50G 装载机电气原理图，确认诊断流程；准备诊断工具，诊断 ZL50G 装载机全车没电故障，确认故障原因；根据工作需要，领取材料，严格按照电气系统维修操作规程、工艺规范、世界技能大赛重型车辆维修项目电气系统维修标准和企业安全生产制度进行 ZL50G 装载机全车没电故障排除工作；故障诊断与排除任务完成后，进行自检，清理场地，归置物品，处置废弃物；填写用户服务卡，交付验收，并对自己的工作进行总结。 工作过程中，学生应参照《汽车维护、检测、诊断技术规范》（GB/T 18344—2016）、世界技能大赛重型车辆维修项目电气系统维修标准、《机动车维修服务规范》（JT/T 816—2021），按照电气系统维修操作规程、工艺规范作业，遵守企业安全生产制度、环保管理制度和"6S"管理制度。	30
2	XE60 挖掘机起动机空转故障诊断与排除	某施工工地的一台 XE60 挖掘机出现无法起动故障，主要表现为起动机空转但无法起动。工程机械维修工接到客服中心下发的任务，需要进行故障诊断与排除，要求在 0.5 天内完成并交付验收。 学生从教师处接受 XE60 挖掘机起动机空转故障诊断与排除任务，	18

2	XE60 挖掘机起动机空转故障诊断与排除	阅读任务单,明确任务要求;查阅 XE60 挖掘机电气系统元件布置图、布线图、维修手册,制订工作计划;查阅用户手册、操作手册,与教师进行专业沟通,勘查现场,确认 XE60 挖掘机起动机空转故障现象;查阅 XE60 挖掘机电气原理图,确认诊断流程;准备诊断工具,诊断 XE60 挖掘机起动机空转故障,确认故障原因;根据工作需要,领取材料,严格按照电气系统维修操作规程、工艺规范、世界技能大赛重型车辆维修项目电气系统维修标准和企业安全生产制度进行 XE60 挖掘机起动机空转故障排除工作;故障诊断与排除任务完成后,进行自检,清理场地,归置物品,处置废弃物;填写用户服务卡,交付验收,并对自己的工作进行总结。 工作过程中,学生应参照《汽车维护、检测、诊断技术规范》(GB/T 18344—2016)、世界技能大赛重型车辆维修项目电气系统维修标准、《机动车维修服务规范》(JT/T 816—2021),按照电气系统维修操作规程、工艺规范作业,遵守企业安全生产制度、环保管理制度和"6S"管理制度。	
3	XS203 压路机充电指示灯常亮故障诊断与排除	某施工工地的一台 XS203 压路机出现充电指示灯在发动机起动后不熄灭故障,工程机械维修工接到客服中心下发的任务,需要进行故障诊断与排除,要求在 1 天内完成并交付验收。 学生从教师处接受 XS203 压路机充电指示灯常亮故障诊断与排除任务,阅读任务单,明确任务要求;查阅 XS203 压路机电气系统元件布置图、布线图、维修手册,制订工作计划;查阅用户手册、操作手册,与教师进行专业沟通,勘查现场,确认 XS203 压路机充电指示灯常亮故障现象;查阅 XS203 压路机电气原理图,确认诊断流程;准备诊断工具,诊断 XS203 压路机充电指示灯常亮故障,确认故障原因;根据工作需要,领取材料,严格按照电气系统维修操作规程、工艺规范、世界技能大赛重型车辆维修项目电气系统维修标准和企业安全生产制度进行 XS203 压路机充电指示灯常亮故障排除工作;故障诊断与排除任务完成后,进行自检,清理场地,归置物品,处置废弃物;填写用户服务卡,交付验收,并对自己的工作进行总结。 工作过程中,学生应参照《汽车维护、检测、诊断技术规范》(GB/T 18344—2016)、世界技能大赛重型车辆维修项目电气系统维修标准、《机动车维修服务规范》(JT/T 816—2021),按照电气系统维修操作规程、工艺规范作业,遵守企业安全生产制度、环保管理制度和"6S"管理制度。	12

| 4 | XS203 压路机起动机无动作故障诊断与排除 | 某施工工地的一台 XS203 压路机出现无法起动故障,表现为起动机无任何动作。工程机械维修工接到客服中心下发的任务,需要进行故障诊断与排除,要求在 1 天内完成并交付验收。

学生从教师处接受 XS203 压路机起动机无动作故障诊断与排除任务,阅读任务单,明确任务要求;查阅 XS203 压路机电气系统元件布置图、布线图、维修手册,制订工作计划;查阅用户手册、操作手册,与教师进行专业沟通,勘查现场,确认 XS203 压路机起动机无动作故障现象;查阅 XS203 压路机电气原理图,确认诊断流程;准备诊断工具,诊断 XS203 压路机起动机无动作故障,确认故障原因;根据工作需要,领取材料,严格按照电气系统维修操作规程、工艺规范、世界技能大赛重型车辆维修项目电气系统维修标准和企业安全生产制度进行 XS203 压路机起动机无动作故障排除工作;故障诊断与排除任务完成后,进行自检,清理场地,归置物品,处置废弃物;填写用户服务卡,交付验收,并对自己的工作进行总结。

工作过程中,学生应参照《汽车维护、检测、诊断技术规范》(GB/T 18344—2016)、世界技能大赛重型车辆维修项目电气系统维修标准、《机动车维修服务规范》(JT/T 816—2021),按照电气系统维修操作规程、工艺规范作业,遵守企业安全生产制度、环保管理制度和"6S"管理制度。 | 30 |
| 5 | QY25K 汽车起重机仪表工作异常故障诊断与排除 | 某施工工地的一台 QY25K 汽车起重机出现仪表工作异常故障,工程机械维修工接到客服中心下发的任务,需要进行故障诊断与排除,要求在 1 天内完成并交付验收。

学生从教师处接受 QY25K 汽车起重机仪表工作异常故障诊断与排除任务,阅读任务单,明确任务要求;查阅 QY25K 汽车起重机电气系统元件布置图、布线图、维修手册,制订工作计划;查阅用户手册、操作手册,与教师进行专业沟通,勘查现场,确认 QY25K 汽车起重机仪表工作异常故障现象;查阅 QY25K 汽车起重机电气原理图,确认诊断流程;准备诊断工具,诊断 QY25K 汽车起重机仪表工作异常故障,确认故障原因;根据工作需要,领取材料,严格按照电气系统维修操作规程、工艺规范、世界技能大赛重型车辆维修项目电气系统维修标准和企业安全生产制度进行 QY25K 汽车起重机仪表工作异常故障排除工作;故障诊断与排除任务完成后,进行自检,清理场地,归置物品,处置废弃物;填写用户服务卡,交付验收,并对自己的工作进行总结。 | 30 |

5	QY25K 汽车起重机仪表工作异常故障诊断与排除	工作过程中，学生应参照《汽车维护、检测、诊断技术规范》（GB/T 18344—2016）、世界技能大赛重型车辆维修项目电气系统维修标准、《机动车维修服务规范》（JT/T 816—2021），按照电气系统维修操作规程、工艺规范作业，遵守企业安全生产制度、环保管理制度和"6S"管理制度。	
6	XE60 挖掘机电磁阀异常发热故障诊断与排除	某施工工地的一台 XE60 挖掘机接通液压系统时电磁阀出现异常发热故障导致无法正常工作，工程机械维修工接到客服中心下发的任务，需要进行故障诊断与排除，要求在 2 天内完成并交付验收。 学生从教师处接受 XE60 挖掘机电磁阀异常发热故障诊断与排除任务，阅读任务单，明确任务要求；查阅 XE60 挖掘机电气系统元件布置图、布线图、维修手册，制订工作计划；查阅用户手册、操作手册，与教师进行专业沟通，勘查现场，确认 XE60 挖掘机电磁阀异常发热故障现象；查阅 XE60 挖掘机电气原理图，确认诊断流程；准备诊断工具，诊断 XE60 挖掘机电磁阀异常发热故障，确认故障原因；根据工作需要，领取材料，严格按照电气系统维修操作规程、工艺规范、世界技能大赛重型车辆维修项目电气系统维修标准和企业安全生产制度进行 XE60 挖掘机电磁阀异常发热故障排除工作；故障诊断与排除任务完成后，进行自检，清理场地，归置物品，处置废弃物；填写用户服务卡，交付验收，并对自己的工作进行总结。 工作过程中，学生应参照《汽车维护、检测、诊断技术规范》（GB/T 18344—2016）、世界技能大赛重型车辆维修项目电气系统维修标准、《机动车维修服务规范》（JT/T 816—2021），按照电气系统维修操作规程、工艺规范作业，遵守企业安全生产制度、环保管理制度和"6S"管理制度。	30

教学实施建议

1. 师资要求

任课教师须具有工程机械电气故障诊断与排除的企业实践经验，具备工程机械电气故障诊断与排除工学一体化课程教学设计与实施、工学一体化课程教学资源选择与应用等能力。

2. 教学组织方式方法建议

采用行动导向的教学方法。为确保教学安全，合理使用实训设施设备，提高教学效果，建议采用分组教学的形式（5~6 人/组），同时培养学生的通用能力；在完成工作任务的过程中，教师须加强示范与指导，注重学生职业素养的培养。

有条件的地区，建议通过引企入校或建立校外实训基地为学生提供工程机械电气故障诊断与排除的真实工作环境，由企业导师与专业教师协同教学。部分不具备条件的院校，可通过仿真软件模拟、观看视频等方式进行学习。

3. 教学资源配备建议

（1）教学场地

工程机械电气故障诊断与排除教学场地须具备良好的安全、照明和通风条件。其中校内教学场地配备实施工程机械电气故障诊断与排除工学一体化课程的一体化学习工作站，分为教学区、资讯区、工作区、工具区和展示区，并配备相应的多媒体教学设备等，面积以至少同时容纳 30 人开展教学活动为宜，可进行资料查阅、教师授课、小组研讨、任务实施、成果展示等功能；企业实训基地应具备工程机械电气故障诊断与排除工作任务实践与技术培训等功能。

（2）工具、材料、设备（按组配置）

工具：呆扳手、活扳手、棘轮扳手、内六角扳手、退针器、斜口钳、剥线钳、压线钳、一字旋具、十字旋具、电工刀、卷尺、万用表、试灯等。

材料：导线、冷压端子、并线端子、插接器、号码管、热缩管、绝缘胶带、波纹管、尼龙扎带、电气元件、清洗液等。

设备：工程机械电气实训设备、ZL50G 装载机、XE60 挖掘机、XS203 压路机、QY25K 汽车起重机等。

（3）教学资料

以工作页为主，配备信息页、任务单、材料领用单、工程机械电气系统元件布置图、布线图、维修手册、用户手册、操作手册、工程机械电气原理图、电气系统维修操作规程、工艺规范、世界技能大赛重型车辆维修项目电气系统维修标准、《汽车维护、检测、诊断技术规范》（GB/T 18344—2016）、《机动车维修服务规范》（JT/T 816—2021）、课件、微课等教学资料。

4. 教学管理制度

执行工学一体化教学场所和教学组织的管理规定，如需要进行校外认识实习和岗位实习，应严格遵守校外实训基地、企业实习等管理制度。

教学考核要求

课程考核采用过程性考核与终结性考核相结合的方式。课程考核成绩 = 过程性考核成绩 × 60%+ 终结性考核成绩 × 40%。

1. 过程性考核（60%）

由 6 个参考性学习任务考核构成过程性考核。各参考性学习任务占比如下：ZL50G 装载机全车没电故障诊断与排除，占比 20%；XE60 挖掘机起动机空转故障诊断与排除，占比 10%；XS203 压路机充电指示灯常亮故障诊断与排除，占比为 10%；XS203 压路机起动机无动作故障诊断与排除，占比 20%；QY25K 汽车起重机仪表工作异常故障诊断与排除，占比 20%；XE60 挖掘机电磁阀异常发热故障诊断与排除，占比 20%。

上述参考性学习任务考核，应以其对应代表性工作任务的职业能力要求为依据，充分考虑任务的关键技能、学习重难点及学生未来的发展需求设计考核内容和评分细则，从专业能力、通用能力、职业素养、思政素养等维度对学生综合职业能力进行考核。

（1）专业能力的考核：主要包括各学习环节产出的学习成果，如任务单的领取和解读，工程机械电气系统元件布置图、布线图、维修手册的查阅，工程机械电气故障诊断与排除工作计划的制订，工程机械电气故障现象的确认，工程机械电气原理图的查阅，诊断流程的确认，工程机械电气故障的诊断与原因确认，工程机械电气故障排除与检验，工程机械电气系统的交付验收等完成任务的关键操作技能和心智技能，输出成果包括但不限于任务单、诊断维修方案、作业流程等多种形式。

（2）通用能力、职业素养和思政素养的考核：在学习任务实施过程中，依据任务的职业能力要求，考核学生的通用能力、职业素养和思政素养的养成。例如：通过解读任务单的准确性，考核学生的理解与表达能力；通过查阅工程机械电气系统元件布置图、布线图、维修手册的准确性，制订故障诊断与排除工作计划的合理性和可行性，考核学生的信息检索能力和解决问题能力；通过查阅用户手册、操作手册的准确性、勘查现场、规范操作工程机械电气系统各功能、确认工程机械电气故障现象的严谨性，记录故障数据信息的真实性，考核学生的责任意识；通过查阅工程机械电气原理图、分析故障电气系统工作原理的正确性，确认诊断流程的逻辑性，考核学生的信息检索能力和解决问题能力；通过利用多种排查方法逐一系统地排查故障点并确认故障原因，考核学生的解决问题能力；通过电气系统维修操作规程、工艺规范、世界技能大赛重型车辆维修项目电气系统维修标准、企业安全生产制度、环保管理制度和"6S"管理制度的执行性，工程机械电气故障维修过程的规范性，工程机械电气系统各功能自检的责任性，清理场地、归置物品、处置废弃物的执行性，考核学生的解决问题能力和成本意识、责任意识；通过工程机械电气系统交付流程的完整性、总结报告的撰写，考核学生的服务意识等。

2. 终结性考核（40%）

终结性考核应围绕课程目标，结合课程终结性考核要点，选择企业真实工作任务或设计学习任务进行考核。

学生根据任务情境中的要求，制订工作计划，勘查现场，确认故障现象，查阅工程机械电气原理图，确认诊断流程，准备诊断工具，诊断工程机械电气故障，分析并确认故障原因，领取材料，按照作业流程和工艺要求，在规定时间内完成工程机械电气故障排除，作业完成后应符合工程机械电气系统维修验收标准，工程机械性能达到客户要求。

考核说明：本课程的 6 个参考性学习任务属于平行式学习任务，故设计综合性任务 QY25K 汽车起重机无法起动故障诊断与排除为终结性考核任务，该考核任务能够覆盖终结性考核要点。通过该任务的考核，能客观反映课程目标的达成情况。

考核任务案例：QY25K 汽车起重机无法起动故障诊断与排除

【情境描述】

某施工工地的一台 QY25K 汽车起重机无法正常起动，操作人员将上述故障反映到客服中心，为保证汽车起重机正常工作，需要进行故障诊断与排除，现班组长安排你负责该项工作。请你在 2 h 内依据电气系统维修操作规程、工艺规范，完成 QY25K 汽车起重机无法起动故障诊断与排除工作。

【任务要求】

根据任务的情境描述，在规定时间内，完成 QY25K 汽车起重机无法起动故障诊断与排除工作。

（1）解读任务单，列出 QY25K 汽车起重机无法起动故障诊断与排除的工作内容及要求，列出与班组长的沟通要点。

（2）查阅 QY25K 汽车起重机电气系统元件布置图、布线图、维修手册，制订合理的故障诊断与排除工作计划。

（3）查阅用户手册、QY25K 汽车起重机操作手册，勘查现场，规范操作 QY25K 汽车起重机起动功能，进一步确认无法起动故障现象，记录故障数据信息。

（4）参照《汽车维护、检测、诊断技术规范》（GB/T 18344—2016）、世界技能大赛重型车辆维修项目电气系统维修标准，查阅 QY25K 汽车起重机电气原理图，运用故障树、流程图分析法，确认无法起动故障诊断流程。

（5）以表格形式列出完成任务所需的工具、材料、设备清单。

（6）根据诊断流程使用退针器、万用表等工具，通过外观检查、听声音、测量、对比、元件替代等方法查找故障点，确认无法起动的故障原因。

（7）按照电气系统维修操作规程、工艺规范、世界技能大赛重型车辆维修项目电气系统维修标准和企业安全生产制度，完成 QY25K 汽车起重机无法起动故障排除。

（8）依据企业质检流程和标准，规范完成 QY25K 汽车起重机起动功能的自检并记录。

（9）严格遵守《机动车维修服务规范》（JT/T 816—2021）、企业环保管理制度和"6S"管理制度，清理场地，归置物品，处置废弃物。

（10）完成用户服务卡的填写和 QY25K 汽车起重机的交付验收，并对自己的工作进行总结，提交用户服务卡、总结报告等过程性材料。

【参考资料】

完成上述任务时，可以使用常见的教学资源，如工作页、信息页、任务单、材料领用单、QY25K 汽车起重机电气系统元件布置图、布线图、维修手册、用户手册、操作手册、QY25K 汽车起重机电气原理图、电气系统维修操作规程、工艺规范、《汽车维护、检测、诊断技术规范》（GB/T 18344—2016）、世界技能大赛重型车辆维修项目电气系统维修标准、《机动车维修服务规范》（JT/T 816—2021）、企业安全生产制度、环保管理制度、"6S"管理制度等。

（十三）工程机械发动机故障诊断与排除课程标准

工学一体化课程名称	工程机械发动机故障诊断与排除	基准学时	150
典型工作任务描述			

工程机械发动机故障诊断与排除是指针对需要通过专业的检测诊断才能判断出故障原因的，或维修具有一定难度的发动机故障进行诊断与排除的工作过程。工程机械发动机故障诊断与排除主要包括工程机械发动机突然熄火故障诊断与排除、工程机械发动机功率不足故障诊断与排除、工程机械发动机冷却液温度过高故障诊断与排除、工程机械发动机尾气烟色异常故障诊断与排除等。

由于工作时间增加、维护不到位或维修不当，工程机械发动机可能出现各种复杂故障，为了使工程机械正常运行，保证工作性能，工程机械维修需要对出现故障的发动机进行维修。工程机械发动机故障诊断与排除工作一般发生在工程机械制造企业、工程施工企业、工程机械维修企业和工程机械租赁企业中，主要由高级工层级的工程机械维修工完成。

工程机械维修工从上级主管处接受工程机械发动机故障诊断与排除任务，阅读任务单，明确任务要求；查阅工程机械电气原理图、发动机装配图、维修手册，制订工作计划；查阅用户手册、操作手册，与客户进行专业沟通，勘查现场，确认工程机械发动机故障现象；查阅工程机械电气原理图、发动机装配图，确认诊断流程；准备诊断工具，诊断工程机械发动机故障，确认故障原因；根据工作需要，领取材料，严格按照发动机维修操作规程、工艺规范和企业安全生产制度进行工程机械发动机故障排除工作；故障诊断与排除任务完成后，进行自检，清理场地，归置物品，处置废弃物；填写用户服务卡，交付客户验收，并对自己的工作进行总结。

工程机械发动机故障诊断与排除过程中，应参照《汽车发动机大修竣工出厂技术条件》（GB/T 3799—2021）、《汽车维护、检测、诊断技术规范》（GB/T 18344—2016）、《机动车维修服务规范》（JT/T 816—2021），按照发动机维修操作规程、工艺规范作业，遵守企业安全生产制度、环保管理制度和"6S"管理制度。

工作内容分析

工作对象：	工具、材料、设备与资料：	工作要求：
1. 任务单的领取和解读；	1. 工具：套筒扳手、梅花扳手、呆扳手、活扳手、扭力扳手、内六角扳手、退针器、斜口钳、十字旋具、一字旋具、活塞环卡箍、铜棒、橡胶锤、钢丝钳、卡簧钳、刮刀、气门拆装工具、百分表、内径百分表、游标卡尺、塞尺、刀口尺、万用表、发动机故障诊断仪、尾气检测仪、毛刷等；	1. 解读任务单，分析任务信息；
2. 工程机械电气原理图、发动机装配图、维修手册的查阅，工程机械发动机故障诊断与排除工作计划的制订；		2. 查阅工程机械电气原理图、发动机装配图、维修手册，制订工程机械发动机故障诊断与排除工作计划；
3. 工程机械发动机故障现象的确认；	2. 材料：导线、冷压端子、并线端子、插接器、号码管、热缩管、绝缘胶带、波纹管、尼龙扎带、机油、润滑脂、棉布、清洗液等；	3. 查阅用户手册、操作手册，与客户进行专业沟通，勘查现场，进一步确认工程机械发动机故障现象；
4. 工程机械电气原理图、发动机装配图的查阅，诊断流程的确认；	3. 设备：XE60 挖掘机、ZL50G 装载机、行车、活塞加热设备等；	4. 参照《汽车发动机大修竣工出厂技术条件》（GB/T 3799—2021）、《汽车维护、检测、诊断技术规范》（GB/T 18344—2016），查阅工程机械电气原理图、发动机装配图，确认诊断流程；
5. 诊断工具的准备，工程机械发动机故障的诊断与原因确认；	4. 资料：任务单、材料领用单、工程机械电气原理图、发动机装配图、维修手册、用户手册、操作手册、发动机维修操作规程、工艺规范、《汽车发动机大修竣工出厂技术条件》（GB/T 3799—2021）、《汽车维护、检测、诊断技术规范》（GB/T 18344—2016）、《机动车维修服务规范》（JT/T 816—2021）、企业安全生产制度、环保管	5. 遵守企业工具管理制度，依据诊断流程，准备诊断工具，诊断工程机械发动机故障，确
6. 材料的领取，		

工程机械发动机故障排除与检验，场地清理、物品归置、废弃物处置； 7. 用户服务卡的填写，交付客户验收，工作总结。	理制度、"6S"管理制度、用户服务卡等。 **工作方法：** 1. 工作现场沟通法； 2. 资料查阅法； 3. 工程机械操作法； 4. 勘查法； 5. 故障树、流程图分析法； 6. 材料领用法； 7. 工具使用法； 8. 发动机故障排查法； 9. 发动机维修法； 10. 用户服务卡填写法； 11. 发动机检测法； 12. 工作总结法。 **劳动组织方式：** 以独立的方式进行工作。从上级主管处领取工作任务，与其他部门有效沟通、协调，准备工具，从仓库领取材料，完成工程机械发动机故障诊断与排除，完工自检后交付客户验收。	认故障原因； 6. 遵守企业材料管理制度，与仓库管理员进行沟通，领取材料，按照发动机维修操作规程、工艺规范和企业安全生产制度进行工程机械发动机故障排除工作；故障诊断与排除任务完成后，进行自检，按照《机动车维修服务规范》（JT/T 816—2021）、企业环保管理制度和"6S"管理制度清理场地，归置物品，处置废弃物； 7. 依据工作流程，填写用户服务卡，将维修合格的工程机械发动机交付客户验收，并对自己的工作进行总结。

课程目标

学习完本课程后，学生应当能够胜任工程机械发动机故障诊断与排除工作，包括：

1. 能解读工程机械发动机故障诊断与排除任务单，分析工程机械使用信息、故障描述、客户信息等任务信息。

2. 能查阅工程机械电气原理图、发动机装配图、维修手册，制订工程机械发动机故障诊断与排除工作计划。

3. 能查阅用户手册、操作手册，与教师围绕工程机械使用状况、故障现象等进行沟通交流，勘查现场，规范操作工程机械发动机各功能，进一步确认工程机械发动机故障现象，记录故障数据信息。

4. 能参照世界技能大赛重型车辆维修项目发动机维修标准、《汽车发动机大修竣工出厂技术条件》（GB/T 3799—2021）、《汽车维护、检测、诊断技术规范》（GB/T 18344—2016），查阅工程机械电气原理图、发动机装配图，运用故障树、流程图分析法，确认工程机械发动机故障诊断流程，并得到教师的认可。

5. 能遵守企业工具管理制度，依据诊断流程，使用发动机故障诊断仪、尾气检测仪等工具，通过外观检查、听声音、测量、对比、元件替代等方法查找故障点，确认故障原因。

6. 能遵守企业材料管理制度，与模拟仓库管理员进行沟通，领取工程机械发动机故障排除所需的机油等材料，熟练运用元件清洗、更换、断线并接等发动机维修法，按照发动机维修操作规程、工艺规范、世界技能大赛重型车辆维修项目发动机维修标准和企业安全生产制度,规范完成工程机械发动机故障排除工作;故障诊断与排除任务完成后,进行自检,按照《机动车维修服务规范》(JT/T 816—2021)、企业环保管理制度和"6S"管理制度清理场地,归置物品,处置废弃物。

7. 能依据工作流程,填写用户服务卡,将维修合格的工程机械发动机交付教师验收,并对自己的工作进行总结。

学习内容

本课程的主要学习内容包括:

一、任务单的领取和解读

实践知识:

工程机械发动机故障诊断与排除任务单的使用。

任务单中工程机械使用信息、故障描述、客户信息等任务信息的解读。

理论知识:

电控发动机后处理系统、高压燃油供给系统、进排气系统的工作原理和常见故障现象,任务的交付标准,工程机械使用信息的含义。

二、工程机械电气原理图、发动机装配图、维修手册的查阅,工程机械发动机故障诊断与排除工作计划的制订

实践知识:

工程机械电气原理图、发动机装配图、维修手册的使用。

工程机械电气原理图、发动机装配图、维修手册的查阅,工程机械发动机故障诊断与排除工作计划的制订。

理论知识:

工程机械电气原理图、发动机装配图,工程机械发动机故障诊断与排除工作计划的格式、内容与撰写要求。

三、工程机械发动机故障现象的确认

实践知识:

用户手册、操作手册的使用。

工程机械操作法的应用。

工程机械发动机突然熄火、功率不足、冷却液温度过高、尾气烟色异常故障现象的再现操作和确认,故障数据信息的记录。

理论知识:

工程机械发动机各功能操作注意事项,故障数据信息的含义。

四、工程机械电气原理图、发动机装配图的查阅,诊断流程的确认

实践知识:

世界技能大赛重型车辆维修项目发动机维修标准、《汽车发动机大修竣工出厂技术条件》(GB/T 3799—2021)、《汽车维护、检测、诊断技术规范》(GB/T 18344—2016)、工程机械电气原理图、发动机装配图

等资料的使用。

工程机械发动机故障诊断与排除工作计划合理性的判断、计划的修改完善，诊断流程的确认。

理论知识：

工程机械发动机故障诊断与排除的原则、工作流程和职责，工程机械发动机故障诊断流程。

五、诊断工具的准备，工程机械发动机故障的诊断与原因确认

实践知识：

套筒扳手、梅花扳手、呆扳手、活扳手、扭力扳手、内六角扳手、退针器、斜口钳、十字旋具、一字旋具、活塞环卡箍、铜棒、橡胶锤、钢丝钳、卡簧钳、刮刀、气门拆装工具、百分表、内径百分表、游标卡尺、塞尺、刀口尺、万用表、发动机故障诊断仪、尾气检测仪、毛刷等工具的使用。

工具使用法（发动机故障诊断仪的使用）、发动机故障排查法（中等难度故障的排查）的应用。

诊断工具的准备，工程机械发动机故障的诊断，故障原因的分析、确认。

理论知识：

工程机械发动机突然熄火、功率不足、冷却液温度过高、尾气烟色异常的常见故障原因，外观检查、听声音、测量、对比、元件替代等故障排查法的适用场景。

六、材料的领取，工程机械发动机故障排除与检验，场地清理、物品归置、废弃物处置

实践知识：

套筒扳手、梅花扳手、呆扳手、活扳手、扭力扳手、内六角扳手、退针器、斜口钳、十字旋具、一字旋具、活塞环卡箍、铜棒、橡胶锤、钢丝钳、卡簧钳、刮刀、气门拆装工具、百分表、内径百分表、游标卡尺、塞尺、刀口尺、万用表、发动机故障诊断仪、尾气检测仪、毛刷等工具的使用，导线、冷压端子、并线端子、插接器、号码管、热缩管、绝缘胶带、波纹管、尼龙扎带、机油、润滑脂、棉布、清洗液等材料的使用，工程机械发动机实训设备、XE60挖掘机、ZL50G装载机、行车、活塞加热设备等设备的使用，发动机维修操作规程、工艺规范、世界技能大赛重型车辆维修项目发动机维修标准、《机动车维修服务规范》（JT/T 816—2021）、企业安全生产制度、环保管理制度、"6S"管理制度等资料的使用。

发动机维修法（中等难度故障的维修）的应用。

材料的领取，工程机械发动机突然熄火、功率不足、冷却液温度过高、尾气烟色异常故障的排除，工程机械发动机各功能的自检，场地清理、物品归置、废弃物处置。

理论知识：

发动机维修操作规程、工艺规范、世界技能大赛重型车辆维修项目发动机维修标准，企业安全生产制度、环保管理制度和"6S"管理制度，发动机功能检测标准。

七、用户服务卡的填写，交付客户验收，工作总结

实践知识：

用户服务卡的使用。

将维修合格的工程机械发动机交付客户验收，工作总结。

理论知识：

发动机功能检测标准。

八、通用能力、职业素养、思政素养

自主学习、自我管理、信息检索、理解与表达、交往与合作、创新思维、解决问题等通用能力，规范意识、安全意识、质量意识、环保意识、责任意识、成本意识、服务意识、优化意识、效率意识等职业素养，以及劳模精神、劳动精神、工匠精神等思政素养。

参考性学习任务

序号	名称	学习任务描述	参考学时
1	XE60挖掘机发动机突然熄火故障诊断与排除	某工程机械维修企业接收了一台XE60挖掘机，操作人员反映发动机突然熄火，上级主管安排工程机械维修工在2天内完成故障诊断与排除，并交付验收。 　　学生从教师处接受XE60挖掘机发动机突然熄火故障诊断与排除任务，阅读任务单，明确任务要求；查阅XE60挖掘机电气原理图、发动机装配图、维修手册，制订工作计划；查阅用户手册、操作手册，与教师进行专业沟通，勘查现场，确认XE60挖掘机发动机突然熄火故障现象；查阅XE60挖掘机电气原理图、发动机装配图，确认诊断流程；准备诊断工具，诊断XE60挖掘机发动机突然熄火故障，确认故障原因；根据工作需要，领取材料，严格按照发动机维修操作规程、工艺规范、世界技能大赛重型车辆维修项目发动机维修标准和企业安全生产制度进行XE60挖掘机发动机突然熄火故障排除工作；故障诊断与排除任务完成后，进行自检，清理场地，归置物品，处置废弃物；填写用户服务卡，交付验收，并对自己的工作进行总结。 　　工作过程中，学生应参照《汽车发动机大修竣工出厂技术条件》（GB/T 3799—2021）、《汽车维护、检测、诊断技术规范》（GB/T 18344—2016）、世界技能大赛重型车辆维修项目发动机维修标准、《机动车维修服务规范》（JT/T 816—2021），按照发动机维修操作规程、工艺规范作业，遵守企业安全生产制度、环保管理制度和"6S"管理制度。	30
2	XE60挖掘机发动机功率不足故障诊断与排除	某工程机械维修企业接收了一台XE60挖掘机，操作人员反映发动机功率不足，上级主管安排工程机械维修工在2天内完成故障诊断与排除，并交付验收。 　　学生从教师处接受XE60挖掘机发动机功率不足故障诊断与排除任务，阅读任务单，明确任务要求；查阅XE60挖掘机电气原理图、发动机装配图、维修手册，制订工作计划；查阅用户手册、操作手	30

2	XE60 挖掘机发动机功率不足故障诊断与排除	册,与教师进行专业沟通,勘查现场,确认 XE60 挖掘机发动机功率不足故障现象;查阅 XE60 挖掘机电气原理图、发动机装配图,确认诊断流程;准备诊断工具,诊断 XE60 挖掘机发动机功率不足故障,确认故障原因;根据工作需要,领取材料,严格按照发动机维修操作规程、工艺规范、世界技能大赛重型车辆维修项目发动机维修标准和企业安全生产制度进行 XE60 挖掘机发动机功率不足故障排除工作;故障诊断与排除任务完成后,进行自检,清理场地,归置物品,处置废弃物;填写用户服务卡,交付验收,并对自己的工作进行总结。 工作过程中,学生应参照《汽车发动机大修竣工出厂技术条件》(GB/T 3799—2021)、《汽车维护、检测、诊断技术规范》(GB/T 18344—2016)、世界技能大赛重型车辆维修项目发动机维修标准、《机动车维修服务规范》(JT/T 816—2021),按照发动机维修操作规程、工艺规范作业,遵守企业安全生产制度、环保管理制度和"6S"管理制度。	
3	ZL50G 装载机发动机冷却液温度过高故障诊断与排除	某工程机械维修企业接收了一台 ZL50G 装载机,操作人员反映发动机冷却液温度过高,上级主管安排工程机械维修工在 2 天内完成故障诊断与排除,并交付验收。 学生从教师处接受 ZL50G 装载机发动机冷却液温度过高故障诊断与排除任务,阅读任务单,明确任务要求;查阅 ZL50G 装载机电气原理图、发动机装配图、维修手册,制订工作计划;查阅用户手册、操作手册,与教师进行专业沟通,勘查现场,确认 ZL50G 装载机发动机冷却液温度过高故障现象;查阅 ZL50G 装载机电气原理图、发动机装配图,确认诊断流程;准备诊断工具,诊断 ZL50G 装载机发动机冷却液温度过高故障,确认故障原因;根据工作需要,领取材料,严格按照发动机维修操作规程、工艺规范、世界技能大赛重型车辆维修项目发动机维修标准和企业安全生产制度进行 ZL50G 装载机发动机冷却液温度过高故障排除工作;故障诊断与排除任务完成后,进行自检,清理场地,归置物品,处置废弃物;填写用户服务卡,交付验收,并对自己的工作进行总结。 工作过程中,学生应参照《汽车发动机大修竣工出厂技术条件》(GB/T 3799—2021)、《汽车维护、检测、诊断技术规范》(GB/T 18344—2016)、世界技能大赛重型车辆维修项目发动机维修标准、《机动车维修服务规范》(JT/T 816—2021),按照发动机维修操作规程、工艺规范作业,遵守企业安全生产制度、环保管理制度和"6S"管理制度。	30

4	ZL50G 装载机发动机尾气烟色异常故障诊断与排除	某工程机械维修企业接收了一台 ZL50G 装载机，操作人员反映发动机尾气烟色异常，上级主管安排工程机械维修工在 2 天内完成故障诊断与排除，并交付验收。 学生从教师处接受 ZL50G 装载机发动机尾气烟色异常故障诊断与排除任务，阅读任务单，明确任务要求；查阅 ZL50G 装载机电气原理图、发动机装配图、维修手册，制订工作计划；查阅用户手册、操作手册，与教师进行专业沟通，勘查现场，确认 ZL50G 装载机发动机尾气烟色异常故障现象；查阅 ZL50G 装载机电气原理图、发动机装配图，确认诊断流程；准备诊断工具，诊断 ZL50G 装载机发动机尾气烟色异常故障，确认故障原因；根据工作需要，领取材料，严格按照发动机维修操作规程、工艺规范、世界技能大赛重型车辆维修项目发动机维修标准和企业安全生产制度进行 ZL50G 装载机发动机尾气烟色异常故障排除工作；故障诊断与排除任务完成后，进行自检，清理场地，归置物品，处置废弃物；填写用户服务卡，交付验收，并对自己的工作进行总结。 工作过程中，学生应参照《汽车发动机大修竣工出厂技术条件》（GB/T 3799—2021）、《汽车维护、检测、诊断技术规范》（GB/T 18344—2016）、世界技能大赛重型车辆维修项目发动机维修标准、《机动车维修服务规范》（JT/T 816—2021），按照发动机维修操作规程、工艺规范作业，遵守企业安全生产制度、环保管理制度和"6S"管理制度。	60

教学实施建议

1. 师资要求

任课教师须具有工程机械发动机故障诊断与排除的企业实践经验，具备工程机械发动机故障诊断与排除工学一体化课程教学设计与实施、工学一体化课程教学资源选择与应用等能力。

2. 教学组织方式方法建议

采用行动导向的教学方法。为确保教学安全，合理使用实训设施设备，提高教学效果，建议采用分组教学的形式（5~6 人/组），同时培养学生的通用能力；在完成工作任务的过程中，教师须加强示范与指导，注重学生职业素养的培养。

有条件的地区，建议通过引企入校或建立校外实训基地为学生提供工程机械发动机故障诊断与排除的真实工作环境，由企业导师与专业教师协同教学。部分不具备条件的院校，可通过仿真软件模拟、观看视频等方式进行学习。

3. 教学资源配备建议

（1）教学场地

工程机械发动机故障诊断与排除教学场地须具备良好的安全、照明和通风条件。其中校内教学场地配备实施工程机械发动机故障诊断与排除工学一体化课程的一体化学习工作站，分为教学区、资讯区、工作区、工具区和展示区，并配备相应的多媒体教学设备等，面积以至少同时容纳 30 人开展教学活动为宜，可进行资料查阅、教师授课、小组研讨、任务实施、成果展示等功能；企业实训基地应具备工程机械发动机故障诊断与排除工作任务实践与技术培训等功能。

（2）工具、材料、设备（按组配置）

工具：套筒扳手、梅花扳手、呆扳手、活扳手、扭力扳手、内六角扳手、退针器、斜口钳、十字旋具、一字旋具、活塞环卡箍、铜棒、橡胶锤、钢丝钳、卡簧钳、刮刀、气门拆装工具、百分表、内径百分表、游标卡尺、塞尺、刀口尺、万用表、发动机故障诊断仪、尾气检测仪、毛刷等。

材料：导线、冷压端子、并线端子、插接器、号码管、热缩管、绝缘胶带、波纹管、尼龙扎带、机油、润滑脂、棉布、清洗液等。

设备：工程机械发动机实训设备、XE60 挖掘机、ZL50G 装载机、行车、活塞加热设备等。

（3）教学资料

以工作页为主，配备信息页、任务单、材料领用单、工程机械电气原理图、发动机装配图、维修手册、用户手册、操作手册、发动机维修操作规程、工艺规范、世界技能大赛重型车辆维修项目发动机维修标准、《汽车发动机大修竣工出厂技术条件》（GB/T 3799—2021）、《汽车维护、检测、诊断技术规范》（GB/T 18344—2016）、《机动车维修服务规范》（JT/T 816—2021）、课件、微课等教学资料。

4. 教学管理制度

执行工学一体化教学场所和教学组织的管理规定，如需要进行校外认识实习和岗位实习，应严格遵守校外实训基地、企业实习等管理制度。

教学考核要求

课程考核采用过程性考核与终结性考核相结合的方式。课程考核成绩 = 过程性考核成绩 ×60%+ 终结性考核成绩 ×40%。

1. 过程性考核（60%）

由 4 个参考性学习任务考核构成过程性考核，各参考性学习任务占比均为 25%。

上述参考性学习任务考核，应以其对应代表性工作任务的职业能力要求为依据，充分考虑任务的关键技能、学习重难点及学生未来的发展需求设计考核内容和评分细则，从专业能力、通用能力、职业素养、思政素养等维度对学生综合职业能力进行考核。

（1）专业能力的考核：主要包括各学习环节产出的学习成果，如任务单的领取和解读，工程机械电气原理图、发动机装配图、维修手册的查阅，工程机械发动机故障诊断与排除工作计划的制订，工程机械发动机故障现象的确认，诊断流程的确认，工程机械发动机故障的诊断与原因确认，工程机械发动机故障排除与检验，工程机械发动机的交付验收等完成任务的关键操作技能和心智技能，输出成果包括但不限于任务单、诊断维修方案、作业流程等多种形式。

（2）通用能力、职业素养和思政素养的考核：在学习任务实施过程中，依据任务的职业能力要求，考核学生的通用能力、职业素养和思政素养的养成。例如：通过解读任务单的准确性，考核学生的理解与表达能力；通过查阅工程机械电气原理图、发动机装配图、维修手册的准确性，制订故障诊断与排除工作计划的合理性和可行性，考核学生的信息检索能力和解决问题能力；通过查阅用户手册、操作手册的准确性，勘查现场、规范操作工程机械发动机各功能、确认发动机故障现象的严谨性，记录故障数据信息的真实性，考核学生的责任意识；通过查阅工程机械电气原理图、发动机装配图，分析故障发动机相关工作原理的正确性，确认诊断流程的逻辑性，考核学生的信息检索能力和解决问题能力；通过利用多种排查方法逐一系统地排查故障点并确认故障原因，考核学生的解决问题能力；通过发动机维修操作规程、工艺规范、世界技能大赛重型车辆维修项目发动机维修标准、企业安全生产制度、环保管理制度和"6S"管理制度的执行性，工程机械发动机故障维修过程的规范性，发动机各功能自检的责任性，清理场地、归置物品、处置废弃物的执行性，考核学生的解决问题能力和成本意识、责任意识；通过工程机械发动机交付流程的完整性、总结报告的撰写，考核学生的服务意识等。

2. 终结性考核（40%）

终结性考核应围绕课程目标，结合课程终结性考核要点，选择企业真实工作任务或设计学习任务进行考核。

学生根据任务情境中的要求，制订工作计划，勘查现场，确认故障现象，查阅工程机械电气原理图、发动机装配图，确认诊断流程，准备诊断工具，诊断工程机械发动机故障，分析并确认故障原因，领取材料，按照作业流程和工艺要求，在规定时间内完成工程机械发动机故障排除，作业完成后应符合工程机械发动机维修验收标准，工程机械性能达到客户要求。

考核说明：本课程的 4 个参考性学习任务属于平行式学习任务，故设计综合性任务 ZL50G 装载机发动机排气温度过高故障诊断与排除为终结性考核任务，该考核任务能够覆盖终结性考核要点。通过该任务的考核，能客观反映课程目标的达成情况。

考核任务案例：ZL50G 装载机发动机排气温度过高故障诊断与排除

【情境描述】

某工程机械维修企业接收了一台 ZL50G 装载机，操作人员反映发动机排气温度过高，为保证装载机正常工作，需要进行故障诊断与排除，现班组长安排你负责该项工作。请你在 2 h 内依据发动机维修操作规程、工艺规范，完成 ZL50G 装载机发动机排气温度过高故障诊断与排除工作。

【任务要求】

根据任务的情境描述，在规定时间内，完成 ZL50G 装载机发动机排气温度过高故障诊断与排除工作。

（1）解读任务单，列出 ZL50G 装载机发动机排气温度过高故障诊断与排除的工作内容及要求，列出与班组长的沟通要点。

（2）查阅 ZL50G 装载机电气原理图、发动机装配图、维修手册，制订合理的故障诊断与排除工作计划。

（3）查阅用户手册、ZL50G 装载机操作手册，勘查现场，规范操作 ZL50G 装载机发动机运行功能，进一步确认发动机排气温度过高故障现象，记录故障数据信息。

（4）参照世界技能大赛重型车辆维修项目发动机维修标准、《汽车发动机大修竣工出厂技术条件》（GB/T 3799—2021）、《汽车维护、检测、诊断技术规范》（GB/T 18344—2016），查阅 ZL50G 装载机电气原理图、发动机装配图，运用故障树、流程图分析法，确认发动机排气温度过高故障诊断流程。

（5）以表格形式列出完成任务所需的工具、材料、设备清单。

（6）根据诊断流程使用呆扳手、发动机故障诊断仪等工具，通过外观检查、听声音、测量、对比、元件替代等方法查找故障点，确认发动机排气温度过高的故障原因。

（7）按照发动机维修操作规程、工艺规范、世界技能大赛重型车辆维修项目发动机维修标准和企业安全生产制度，完成 ZL50G 装载机发动机排气温度过高故障排除。

（8）依据企业质检流程和标准，规范完成 ZL50G 装载机发动机运行功能的自检并记录。

（9）严格遵守《机动车维修服务规范》（JT/T 816—2021）、企业环保管理制度和"6S"管理制度，清理场地，归置物品，处置废弃物。

（10）完成用户服务卡的填写和 ZL50G 装载机的交付验收，并对自己的工作进行总结，提交用户服务卡、总结报告等过程性材料。

【参考资料】

完成上述任务时，可以使用常见的教学资源，如工作页、信息页、任务单、材料领用单、ZL50G 装载机电气原理图、发动机装配图、维修手册、用户手册、操作手册、发动机维修操作规程、工艺规范、世界技能大赛重型车辆维修项目发动机维修标准、《汽车发动机大修竣工出厂技术条件》（GB/T 3799—2021）、《汽车维护、检测、诊断技术规范》（GB/T 18344—2016）、《机动车维修服务规范》（JT/T 816—2021）、企业安全生产制度、环保管理制度、"6S"管理制度等。

（十四）轮式工程机械底盘故障诊断与排除课程标准

工学一体化课程名称	轮式工程机械底盘故障诊断与排除	基准学时	150
典型工作任务描述			

轮式工程机械底盘故障诊断与排除是指针对轮式底盘的工程机械的传动系、行驶系、转向系、制动系产生的单一系统故障，采用常规故障诊断的思路和方法确定故障点，通过零部件更换、调整、维修等方法排除故障的工作过程。轮式工程机械底盘故障诊断与排除主要包括轮式工程机械行驶跑偏故障诊断与排除、轮式工程机械制动无力故障诊断与排除、轮式工程机械换挡困难故障诊断与排除、轮式工程机械转向不稳故障诊断与排除等。

由于工作时间增加或使用、维修不当，轮式工程机械可能出现行驶跑偏、制动无力、换挡困难、转向不稳等底盘故障现象。此时，需要进行故障诊断与排除，以恢复其正常工作性能。轮式工程机械底盘故障诊断与排除工作一般发生在工程机械制造企业、工程施工企业、工程机械维修企业和工程机械租赁企业中，主要由高级工层级的工程机械维修工完成。

工程机械维修工从上级主管处接受轮式工程机械底盘故障诊断与排除任务，阅读任务单，明确任务要求；查阅用户手册、操作手册，与客户进行专业沟通，勘查现场，确认轮式工程机械底盘故障现象；查阅轮式工程机械底盘维修手册，制订工作计划；准备诊断工具，诊断轮式工程机械底盘故障，确认故障原因；根据工作需要，领取材料，按照底盘维修操作规程、工艺规范和企业安全生产制度进行轮式工程机械底盘故障排除工作；故障诊断与排除任务完成后，进行自检，清理场地，归置物品，处置废弃物；填写用户服务卡，交付客户验收，并对自己的工作进行总结。

轮式工程机械底盘故障诊断与排除过程中，应参照《机动车维修服务规范》（JT/T 816—2021），按照底盘维修操作规程、工艺规范作业，遵守企业安全生产制度、环保管理制度和"6S"管理制度。

工作内容分析

工作对象：	工具、材料、设备与资料：	工作要求：
1. 任务单的领取和解读；	1. 工具：套筒扳手、梅花扳手、轴承拉具、百分表、游标卡尺、轮胎气压表等；	1. 解读任务单，分析任务信息；
2. 轮式工程机械底盘故障现象的确认；	2. 材料：油料、清洗液等；	2. 查阅用户手册、操作手册，与客户进行专业沟通，勘查现场，进一步确认轮式工程机械底盘故障现象；
3. 轮式工程机械底盘维修手册的查阅，轮式工程机械底盘故障诊断与排除工作计划的制订；	3. 设备：ZL50G装载机、GR165平地机、举升设备、轮胎拆装机等； 4. 资料：任务单、材料领用单、轮式工程机械底盘维修手册、用户手册、操作手册、底盘维修操作规程、工艺规范、《机动车维修服务规范》（JT/T 816—2021）、企业安全生产制度、环保管理制度、"6S"管理制度、用户服务卡等。	3. 查阅轮式工程机械底盘维修手册，制订轮式工程机械底盘故障诊断与排除工作计划；
4. 诊断工具的准备，轮式工程机械底盘故障的诊断与原因确认；	**工作方法：** 1. 工作现场沟通法； 2. 资料查阅法； 3. 工程机械操作法； 4. 勘查法； 5. 故障树、流程图分析法； 6. 材料领用法； 7. 工具使用法；	4. 遵守企业工具管理制度，依据诊断流程，准备诊断工具，诊断轮式工程机械底盘故障，确认故障原因；
5. 材料的领取，轮式工程机械底盘故障排除与检验，场地清理、物品归置、废弃物处置；	8. 设备使用法； 9. 轮式工程机械底盘故障排查法； 10. 轮式工程机械底盘维修法； 11. 用户服务卡填写法； 12. 轮式工程机械底盘检测法； 13. 工作总结法。	5. 遵守企业材料管理制度，与仓库管理员进行沟通，领取材料，按照底盘维修操作规程、工艺规范和企业安全生产制度进行轮式工程机械底盘故障排除工作；故障诊断与排除任务完成后，进行自检，按照《机动车维修服务规范》（JT/T 816—2021）、企业环保管理制度和"6S"管理制度清理场地，归置物品，处置废弃物；
6. 用户服务卡的填写，交付客户验收，工作总结。	**劳动组织方式：** 以独立的方式进行工作。从上级主管处领取工作任务，与其他部门有效沟通、协调，准备工具，从仓库领取材料，完成轮式工程机械底盘故障诊断与排除，完工自检后交付客户验收。	6. 依据工作流程，填写用户服务卡，将维修合格的轮式工程机械底盘交付客户验收，并对自己的工作进行总结。

课程目标

学习完本课程后，学生应当能够胜任轮式工程机械底盘故障诊断与排除工作，包括：

1. 能解读轮式工程机械底盘故障诊断与排除任务单，分析工程机械使用信息、故障描述、客户信息等任务信息。

2. 能查阅用户手册、操作手册，与教师围绕工程机械使用状况、故障现象等进行沟通交流，勘查现场，规范操作轮式工程机械底盘各功能，进一步确认轮式工程机械底盘故障现象，记录故障数据信息。

3. 能查阅轮式工程机械底盘维修手册，制订轮式工程机械底盘故障诊断与排除工作计划。

4. 能遵守企业工具管理制度，依据诊断流程，使用百分表、轮胎气压表等工具，通过外观检查、听声音、测量、对比、拆解等方法查找故障点，确认故障原因。

5. 能遵守企业材料管理制度，与模拟仓库管理员进行沟通，领取轮式工程机械底盘故障排除所需的材料，熟练运用轮式工程机械底盘维修法，按照底盘维修操作规程、工艺规范和企业安全生产制度，规范完成轮式工程机械底盘故障排除工作；故障诊断与排除任务完成后，进行自检，按照《机动车维修服务规范》（JT/T 816—2021）、企业环保管理制度和"6S"管理制度清理场地，归置物品，处置废弃物。

6. 能依据工作流程，填写用户服务卡，将维修合格的轮式工程机械底盘交付教师验收，并对自己的工作进行总结。

学习内容

本课程的主要学习内容包括：

一、任务单的领取和解读

实践知识：

轮式工程机械底盘故障诊断与排除任务单的使用。

任务单中工程机械使用信息、故障描述、客户信息等任务信息的解读。

理论知识：

任务的交付标准，工程机械使用信息的含义。

二、轮式工程机械底盘故障现象的确认

实践知识：

用户手册、操作手册的使用。

工程机械操作法的应用。

轮式工程机械行驶跑偏、制动无力、换挡困难、转向不稳故障现象的再现操作和确认，故障数据信息的记录。

理论知识：

轮式工程机械底盘传动系、行驶系、转向系、制动系的结构组成、工作原理，轮式工程机械底盘各功能操作注意事项，故障数据信息的含义。

三、轮式工程机械底盘维修手册的查阅，轮式工程机械底盘故障诊断与排除工作计划的制订

实践知识：

轮式工程机械底盘维修手册的使用。

轮式工程机械底盘维修手册的查阅，轮式工程机械底盘故障诊断与排除工作计划的制订。

理论知识：

轮式工程机械底盘故障诊断与排除工作计划的格式、内容与撰写要求。

四、诊断工具的准备，轮式工程机械底盘故障的诊断与原因确认

实践知识：

套筒扳手、梅花扳手、轴承拉具、百分表、游标卡尺、轮胎气压表等工具的使用。

工具使用法（轴承拉具、轮胎气压表的使用）、轮式工程机械底盘故障排查法的应用。

诊断工具的准备，轮式工程机械底盘故障的诊断，故障原因的分析、确认。

理论知识：

轮式工程机械行驶跑偏、制动无力、换挡困难、转向不稳的常见故障原因，外观检查、听声音、测量、对比、拆解等故障排查法的适用场景。

五、材料的领取，轮式工程机械底盘故障排除与检验，场地清理、物品归置、废弃物处置

实践知识：

套筒扳手、梅花扳手、轴承拉具、百分表、游标卡尺、轮胎气压表等工具的使用，油料、清洗液等材料的使用，ZL50G 装载机、GR165 平地机、举升设备、轮胎拆装机等设备的使用，底盘维修操作规程、工艺规范、《机动车维修服务规范》（JT/T 816—2021）、企业安全生产制度、环保管理制度、"6S"管理制度等资料的使用。

设备使用法（举升设备、轮胎拆装机的使用）、轮式工程机械底盘维修法、轮式工程机械底盘检测法的应用。

材料的领取，轮式工程机械行驶跑偏、制动无力、换挡困难、转向不稳故障的排除，轮式工程机械底盘各功能的自检，场地清理、物品归置、废弃物处置。

理论知识：

底盘维修操作规程、工艺规范，企业安全生产制度、环保管理制度和"6S"管理制度，轮式工程机械底盘功能检测标准。

六、用户服务卡的填写，交付客户验收，工作总结

实践知识：

用户服务卡的使用。

将维修合格的轮式工程机械底盘交付客户验收，工作总结。

理论知识：

轮式工程机械底盘功能检测标准。

七、通用能力、职业素养、思政素养

自主学习、自我管理、信息检索、理解与表达、交往与合作、创新思维、解决问题等通用能力，规范意识、安全意识、质量意识、环保意识、责任意识、成本意识、服务意识、优化意识、效率意识等职业素养，以及劳模精神、劳动精神、工匠精神等思政素养。

参考性学习任务

序号	名称	学习任务描述	参考学时
1	ZL50G 装载机行驶跑偏故障诊断与排除	某工程机械维修企业接收了一台 ZL50G 装载机，操作人员反映行驶时出现跑偏现象。为修复 ZL50G 装载机，实现其正常工作性能，需要工程机械维修工进行故障诊断与排除，要求在 2 天内完成并交付验收。 　　学生从教师处接受 ZL50G 装载机行驶跑偏故障诊断与排除任务，阅读任务单，明确任务要求；查阅用户手册、操作手册，与教师进行专业沟通，勘查现场，确认 ZL50G 装载机行驶跑偏故障现象；查阅 ZL50G 装载机底盘维修手册，制订工作计划；准备诊断工具，诊断 ZL50G 装载机行驶跑偏故障，确认故障原因；根据工作需要，领取材料，按照底盘维修操作规程、工艺规范和企业安全生产制度进行 ZL50G 装载机行驶跑偏故障排除工作；故障诊断与排除任务完成后，进行自检，清理场地，归置物品，处置废弃物；填写用户服务卡，交付验收，并对自己的工作进行总结。 　　工作过程中，学生应参照《机动车维修服务规范》（JT/T 816—2021），按照底盘维修操作规程、工艺规范作业，遵守企业安全生产制度、环保管理制度和"6S"管理制度。	30
2	ZL50G 装载机制动无力故障诊断与排除	某工程机械维修企业接收了一台 ZL50G 装载机，操作人员反映制动时感觉制动踏板较硬，制动效果差。为修复 ZL50G 装载机，实现其正常工作性能，需要工程机械维修工进行故障诊断与排除，要求在 2 天内完成并交付验收。 　　学生从教师处接受 ZL50G 装载机制动无力故障诊断与排除任务，阅读任务单，明确任务要求；查阅用户手册、操作手册，与教师进行专业沟通，勘查现场，确认 ZL50G 装载机制动无力故障现象；查阅 ZL50G 装载机底盘维修手册，制订工作计划；准备诊断工具，诊断 ZL50G 装载机制动无力故障，确认故障原因；根据工作需要，领取材料，按照底盘维修操作规程、工艺规范和企业安全生产制度进行 ZL50G 装载机制动无力故障排除工作；故障诊断与排除任务完成后，进行自检，清理场地，归置物品，处置废弃物；填写用户服务卡，交付验收，并对自己的工作进行总结。 　　工作过程中，学生应参照《机动车维修服务规范》（JT/T 816—2021），按照底盘维修操作规程、工艺规范作业，遵守企业安全生产制度、环保管理制度和"6S"管理制度。	30

3	ZL50G 装载机换挡困难故障诊断与排除	某工程机械维修企业接收了一台 ZL50G 装载机，操作人员反映行驶中出现换挡困难、异常振动等现象。为修复 ZL50G 装载机，实现其正常工作性能，需要工程机械维修工进行故障诊断与排除，要求在 2 天内完成并交付验收。 学生从教师处接受 ZL50G 装载机换挡困难故障诊断与排除任务，阅读任务单，明确任务要求；查阅用户手册、操作手册，与教师进行专业沟通，勘查现场，确认 ZL50G 装载机换挡困难故障现象；查阅 ZL50G 装载机底盘维修手册，制订工作计划；准备诊断工具，诊断 ZL50G 装载机换挡困难故障，确认故障原因；根据工作需要，领取材料，按照底盘维修操作规程、工艺规范和企业安全生产制度进行 ZL50G 装载机换挡困难故障排除工作；故障诊断与排除任务完成后，进行自检，清理场地，归置物品，处置废弃物；填写用户服务卡，交付验收，并对自己的工作进行总结。 工作过程中，学生应参照《机动车维修服务规范》（JT/T 816—2021），按照底盘维修操作规程、工艺规范作业，遵守企业安全生产制度、环保管理制度和"6S"管理制度。	30
4	GR165 平地机转向不稳故障诊断与排除	某工程机械维修企业接收了一台 GR165 平地机，操作人员反映转向时出现转向不稳现象。为修复 GR165 平地机，实现其正常工作性能，需要工程机械维修工进行故障诊断与排除，要求在 2 天内完成并交付验收。 学生从教师处接受 GR165 平地机转向不稳故障诊断与排除任务，阅读任务单，明确任务要求；查阅用户手册、操作手册，与教师进行专业沟通，勘查现场，确认 GR165 平地机转向不稳故障现象；查阅 GR165 平地机底盘维修手册，制订工作计划；准备诊断工具，诊断 GR165 平地机转向不稳故障，确认故障原因；根据工作需要，领取材料，按照底盘维修操作规程、工艺规范和企业安全生产制度进行 GR165 平地机转向不稳故障排除工作；故障诊断与排除任务完成后，进行自检，清理场地，归置物品，处置废弃物；填写用户服务卡，交付验收，并对自己的工作进行总结。 工作过程中，学生应参照《机动车维修服务规范》（JT/T 816—2021），按照底盘维修操作规程、工艺规范作业，遵守企业安全生产制度、环保管理制度和"6S"管理制度。	60

教学实施建议

1. 师资要求

任课教师须具有轮式工程机械底盘故障诊断与排除的企业实践经验，具备轮式工程机械底盘故障诊断与排除工学一体化课程教学设计与实施、工学一体化课程教学资源选择与应用等能力。

2. 教学组织方式方法建议

采用行动导向的教学方法。为确保教学安全，合理使用实训设施设备，提高教学效果，建议采用分组教学的形式（5~6人/组），同时培养学生的通用能力；在完成工作任务的过程中，教师须加强示范与指导，注重学生职业素养的培养。

有条件的地区，建议通过引企入校或建立校外实训基地为学生提供轮式工程机械底盘故障诊断与排除的真实工作环境，由企业导师与专业教师协同教学。部分不具备条件的院校，可通过仿真软件模拟、观看视频等方式进行学习。

3. 教学资源配备建议

（1）教学场地

轮式工程机械底盘故障诊断与排除教学场地须具备良好的安全、照明和通风条件。其中校内教学场地配备实施轮式工程机械底盘故障诊断与排除工学一体化课程的一体化学习工作站，分为教学区、资讯区、工作区、工具区和展示区，并配备相应的多媒体教学设备等，面积以至少同时容纳30人开展教学活动为宜，可进行资料查阅、教师授课、小组研讨、任务实施、成果展示等功能；企业实训基地应具备轮式工程机械底盘故障诊断与排除工作任务实践与技术培训等功能。

（2）工具、材料、设备（按组配置）

工具：套筒扳手、梅花扳手、轴承拉具、百分表、游标卡尺、轮胎气压表等。

材料：油料、清洗液等。

设备：ZL50G装载机、GR165平地机、举升设备、轮胎拆装机等。

（3）教学资料

以工作页为主，配备信息页、任务单、材料领用单、轮式工程机械底盘维修手册、用户手册、操作手册、底盘维修操作规程、工艺规范、《机动车维修服务规范》（JT/T 816—2021）、课件、微课等教学资料。

4. 教学管理制度

执行工学一体化教学场所和教学组织的管理规定，如需要进行校外认识实习和岗位实习，应严格遵守校外实训基地、企业实习等管理制度。

教学考核要求

课程考核采用过程性考核与终结性考核相结合的方式。课程考核成绩=过程性考核成绩×60%+终结性考核成绩×40%。

1. 过程性考核（60%）

由4个参考性学习任务考核构成过程性考核，各参考性学习任务占比均为25%。

上述参考性学习任务考核，应以其对应代表性工作任务的职业能力要求为依据，充分考虑任务的关键技能、学习重难点及学生未来的发展需求设计考核内容和评分细则，从专业能力、通用能力、职业素养、思政素养等维度对学生综合职业能力进行考核。

（1）专业能力的考核：主要包括各学习环节产出的学习成果，如任务单的领取和解读，轮式工程机械底盘故障现象的确认，轮式工程机械底盘维修手册的查阅，轮式工程机械底盘故障诊断与排除工作计划的制订，轮式工程机械底盘故障的诊断与原因确认，轮式工程机械底盘故障排除与检验，轮式工程机械底盘的交付验收等完成任务的关键操作技能和心智技能，输出成果包括但不限于任务单、诊断维修方案、作业流程等多种形式。

（2）通用能力、职业素养和思政素养的考核：在学习任务实施过程中，依据任务的职业能力要求，考核学生的通用能力、职业素养和思政素养的养成。例如：通过解读任务单的准确性，考核学生的理解与表达能力；通过查阅用户手册、操作手册的准确性，勘查现场、规范操作轮式工程机械底盘各功能、确认轮式工程机械底盘故障现象的严谨性，记录故障数据信息的真实性，考核学生的责任意识；通过查阅轮式工程机械底盘维修手册的准确性，制订故障诊断与排除工作计划的合理性和可行性，考核学生的信息检索能力和解决问题能力；通过利用多种排查方法逐一系统地排查故障点并确认故障原因，考核学生的解决问题能力；通过底盘维修操作规程、工艺规范、企业安全生产制度、环保管理制度和"6S"管理制度的执行性，轮式工程机械底盘故障维修过程的规范性，轮式工程机械底盘各功能自检的责任性，清理场地、归置物品、处置废弃物的执行性，考核学生的解决问题能力和成本意识、责任意识；通过轮式工程机械底盘交付流程的完整性、总结报告的撰写，考核学生的服务意识等。

2. 终结性考核（40%）

终结性考核应围绕课程目标，结合课程终结性考核要点，选择企业真实工作任务或设计学习任务进行考核。

学生根据任务情境中的要求，勘查现场，确认故障现象，查阅轮式工程机械底盘维修手册，制订工作计划，准备诊断工具，诊断轮式工程机械底盘故障，分析并确认故障原因，领取材料，按照作业流程和工艺要求，在规定时间内完成轮式工程机械底盘故障排除，作业完成后应符合轮式工程机械底盘维修验收标准，工程机械性能达到客户要求。

考核说明：本课程的 4 个参考性学习任务属于平行式学习任务，故设计综合性任务 ZL50G 装载机换挡延时故障诊断与排除为终结性考核任务，该考核任务能够覆盖终结性考核要点。通过该任务的考核，能客观反映课程目标的达成情况。

考核任务案例：ZL50G 装载机换挡延时故障诊断与排除

【情境描述】

某工程机械维修企业的工程机械维修工接到上级主管下发的任务，为修复 ZL50G 装载机，实现其正常工作性能，需要进行 ZL50G 装载机换挡延时故障诊断与排除，现班组长安排你负责该项工作。请你在 2 h 内依据底盘维修操作规程、工艺规范，完成 ZL50G 装载机换挡延时故障诊断与排除工作。

【任务要求】

根据任务的情境描述，在规定时间内，完成 ZL50G 装载机换挡延时故障诊断与排除工作。

（1）解读任务单，列出 ZL50G 装载机换挡延时故障诊断与排除的工作内容及要求，列出与班组长的沟通要点。

（2）查阅用户手册、ZL50G 装载机操作手册，勘查现场，规范操作 ZL50G 装载机换挡功能，进一步确认换挡延时故障现象，记录故障数据信息。

（3）查阅 ZL50G 装载机底盘维修手册，制订合理的故障诊断与排除工作计划。

（4）以表格形式列出完成任务所需的工具、材料、设备清单。

（5）根据诊断流程使用诊断工具，通过外观检查、听声音、测量、对比、拆解等方法查找故障点，确认换挡延时的故障原因。

（6）按照底盘维修操作规程、工艺规范和企业安全生产制度，完成 ZL50G 装载机换挡延时故障排除。

（7）依据企业质检流程和标准，规范完成 ZL50G 装载机换挡功能的自检并记录。

（8）严格遵守《机动车维修服务规范》（JT/T 816—2021）、企业环保管理制度和"6S"管理制度，清理场地，归置物品，处置废弃物。

（9）完成用户服务卡的填写和 ZL50G 装载机的交付验收，并对自己的工作进行总结，提交用户服务卡、总结报告等过程性材料。

【参考资料】

完成上述任务时，可以使用常见的教学资源，如工作页、信息页、任务单、材料领用单、ZL50G 装载机底盘维修手册、用户手册、操作手册、底盘维修操作规程、工艺规范、《机动车维修服务规范》（JT/T 816—2021）、企业安全生产制度、环保管理制度、"6S"管理制度等。

（十五）履带式工程机械底盘故障诊断与排除课程标准

工学一体化课程名称	履带式工程机械底盘故障诊断与排除	基准学时	150

典型工作任务描述

履带式工程机械底盘故障诊断与排除是指针对履带式底盘的工程机械的传动系、行走系、转向系、制动系产生的单一系统故障，采用常规故障诊断的思路和方法确定故障点，通过零部件更换、调整、维修等方法排除故障的工作过程。履带式工程机械底盘故障诊断与排除主要包括履带式工程机械行走跑偏故障诊断与排除、履带式工程机械不行走故障诊断与排除、履带式工程机械单边无动作故障诊断与排除、履带式工程机械履带脱链故障诊断与排除等。

由于工作时间增加或使用、维修不当，履带式工程机械可能出现行走跑偏、不行走、单边无动作、履带脱链等底盘故障现象。此时，需要进行故障诊断与排除，以恢复其正常工作性能。履带式工程机械底盘故障诊断与排除工作一般发生在工程机械制造企业、工程施工企业、工程机械维修企业和工程机械租赁企业中，主要由高级工层级的工程机械维修工完成。

工程机械维修工从上级主管处接受履带式工程机械底盘故障诊断与排除任务，阅读任务单，明确任务要求；查阅用户手册、操作手册，与客户进行专业沟通，勘查现场，确认履带式工程机械底盘故障现象；查阅履带式工程机械底盘维修手册，制订工作计划；准备诊断工具，诊断履带式工程机械底盘故障，确认故障原因；根据工作需要，领取材料，按照底盘维修操作规程、工艺规范和企业安全生产制度进行履带式工程机械底盘故障排除工作；故障诊断与排除任务完成后，进行自检，清理场地，归置物品，处置废弃物；填写用户服务卡，交付客户验收，并对自己的工作进行总结。

履带式工程机械底盘故障诊断与排除过程中，应参照《机动车维修服务规范》（JT/T 816—2021），按照底盘维修操作规程、工艺规范作业，遵守企业安全生产制度、环保管理制度和"6S"管理制度。

工作内容分析

工作对象:	工具、材料、设备与资料:	工作要求:
1. 任务单的领取和解读;	1. 工具:套筒扳手、梅花扳手、履带销压装工具、百分表、游标卡尺、千分尺、钢直尺、压力表等;	1. 解读任务单,分析任务信息;
2. 履带式工程机械底盘故障现象的确认;	2. 材料:油料、清洗液等;	2. 查阅用户手册、操作手册,与客户进行专业沟通,勘查现场,进一步确认履带式工程机械底盘故障现象;
3. 履带式工程机械底盘维修手册的查阅,履带式工程机械底盘故障诊断与排除工作计划的制订;	3. 设备:XE80挖掘机、XE60挖掘机、XE210挖掘机、吊装设备等;	3. 查阅履带式工程机械底盘维修手册,制订履带式工程机械底盘故障诊断与排除工作计划;
	4. 资料:任务单、材料领用单、履带式工程机械底盘维修手册、用户手册、操作手册、底盘维修操作规程、工艺规范、《机动车维修服务规范》(JT/T 816—2021)、企业安全生产制度、环保管理制度、"6S"管理制度、用户服务卡等。	
4. 诊断工具的准备,履带式工程机械底盘故障的诊断与原因确认;	**工作方法:**	4. 遵守企业工具管理制度,依据诊断流程,准备诊断工具,诊断履带式工程机械底盘故障,确认故障原因;
	1. 工作现场沟通法;	
	2. 资料查阅法;	
	3. 工程机械操作法;	
5. 材料的领取,履带式工程机械底盘故障排除与检验,场地清理、物品归置、废弃物处置;	4. 勘查法;	5. 遵守企业材料管理制度,与仓库管理员进行沟通,领取材料,按照底盘维修操作规程、工艺规范和企业安全生产制度进行履带式工程机械底盘故障排除工作;故障诊断与排除任务完成后,进行自检,按照《机动车维修服务规范》(JT/T 816—2021)、企业环保管理制度和"6S"管理制度清理场地,归置物品,处置废弃物;
	5. 故障树、流程图分析法;	
	6. 材料领用法;	
	7. 工具使用法;	
	8. 设备使用法;	
	9. 履带式工程机械底盘故障排查法;	
6. 用户服务卡的填写,交付客户验收,工作总结。	10. 履带式工程机械底盘维修法;	6. 依据工作流程,填写用户服务卡,将维修合格的履带式工程机械底盘交付客户验收,并对自己的工作进行总结。
	11. 用户服务卡填写法;	
	12. 履带式工程机械底盘检测法;	
	13. 工作总结法。	
	劳动组织方式:	
	以独立的方式进行工作。从上级主管处领取工作任务,与其他部门有效沟通、协调,准备工具,从仓库领取材料,完成履带式工程机械底盘故障诊断与排除,完工自检后交付客户验收。	

课程目标

学习完本课程后,学生应当能够胜任履带式工程机械底盘故障诊断与排除工作,包括:

1. 能解读履带式工程机械底盘故障诊断与排除任务单,分析工程机械使用信息、故障描述、客户信息等任务信息。

2. 能查阅用户手册、操作手册，与教师围绕工程机械使用状况、故障现象等进行沟通交流，勘查现场，规范操作履带式工程机械底盘各功能，进一步确认履带式工程机械底盘故障现象，记录故障数据信息。

3. 能查阅履带式工程机械底盘维修手册，制订履带式工程机械底盘故障诊断与排除工作计划。

4. 能遵守企业工具管理制度，依据诊断流程，使用千分尺、百分表、压力表等工具，通过外观检查、听声音、测量、对比、拆解等方法查找故障点，确认故障原因。

5. 能遵守企业材料管理制度，与模拟仓库管理员进行沟通，领取履带式工程机械底盘故障排除所需的材料，熟练运用履带式工程机械底盘维修法，按照底盘维修操作规程、工艺规范和企业安全生产制度，规范完成履带式工程机械底盘故障排除工作；故障诊断与排除任务完成后，进行自检，按照《机动车维修服务规范》（JT/T 816—2021）、企业环保管理制度和"6S"管理制度清理场地，归置物品，处置废弃物。

6. 能依据工作流程，填写用户服务卡，将维修合格的履带式工程机械底盘交付教师验收，并对自己的工作进行总结。

学习内容

本课程的主要学习内容包括：

一、任务单的领取和解读

实践知识：

履带式工程机械底盘故障诊断与排除任务单的使用。

任务单中工程机械使用信息、故障描述、客户信息等任务信息的解读。

理论知识：

任务的交付标准，工程机械使用信息的含义。

二、履带式工程机械底盘故障现象的确认

实践知识：

用户手册、操作手册的使用。

工程机械操作法的应用。

履带式工程机械行走跑偏、不行走、单边无动作、履带脱链故障现象的再现操作和确认，故障数据信息的记录。

理论知识：

履带式工程机械底盘的结构组成、工作原理，履带式工程机械底盘各功能操作注意事项，故障数据信息的含义。

三、履带式工程机械底盘维修手册的查阅，履带式工程机械底盘故障诊断与排除工作计划的制订

实践知识：

履带式工程机械底盘维修手册的使用。

履带式工程机械底盘维修手册的查阅，履带式工程机械底盘故障诊断与排除工作计划的制订。

理论知识：

履带式工程机械底盘故障诊断与排除工作计划的格式、内容与撰写要求。

四、诊断工具的准备，履带式工程机械底盘故障的诊断与原因确认

实践知识：

套筒扳手、梅花扳手、履带销压装工具、百分表、游标卡尺、千分尺、钢直尺、压力表等工具的使用。

工具使用法（履带销压装工具的使用）、履带式工程机械底盘故障排查法的应用。

诊断工具的准备，履带式工程机械底盘故障的诊断，故障原因的分析、确认。

理论知识：

履带式工程机械行走跑偏、不行走、单边无动作、履带脱链的常见故障原因，外观检查、听声音、测量、对比、拆解等故障排查法的适用场景。

五、材料的领取，履带式工程机械底盘故障排除与检验，场地清理、物品归置、废弃物处置

实践知识：

套筒扳手、梅花扳手、履带销压装工具、百分表、游标卡尺、千分尺、钢直尺、压力表等工具的使用，油料、清洗液等材料的使用，XE80挖掘机、XE60挖掘机、XE210挖掘机、吊装设备等设备的使用，底盘维修操作规程、工艺规范、《机动车维修服务规范》（JT/T 816—2021）、企业安全生产制度、环保管理制度、"6S"管理制度等资料的使用。

设备使用法（吊装设备的使用）、履带式工程机械底盘维修法、履带式工程机械底盘检测法的应用。

材料的领取，履带式工程机械行走跑偏、不行走、单边无动作、履带脱链故障的排除，履带式工程机械底盘各功能的自检，场地清理、物品归置、废弃物处置。

理论知识：

底盘维修操作规程、工艺规范，企业安全生产制度、环保管理制度和"6S"管理制度，履带式工程机械底盘功能检测标准。

六、用户服务卡的填写，交付客户验收，工作总结

实践知识：

用户服务卡的使用。

将维修合格的履带式工程机械底盘交付客户验收，工作总结。

理论知识：

履带式工程机械底盘功能检测标准。

七、通用能力、职业素养、思政素养

自主学习、自我管理、信息检索、理解与表达、交往与合作、创新思维、解决问题等通用能力，规范意识、安全意识、质量意识、环保意识、责任意识、成本意识、服务意识、优化意识、效率意识等职业素养，以及劳模精神、劳动精神、工匠精神等思政素养。

参考性学习任务

序号	名称	学习任务描述	参考学时
1	XE80 挖掘机行走跑偏故障诊断与排除	某工程机械维修企业接收了一台 XE80 挖掘机,操作人员反映行走时出现跑偏现象。为修复 XE80 挖掘机,实现其正常工作性能,需要工程机械维修工进行故障诊断与排除,要求在 2 天内完成并交付验收。 学生从教师处接受 XE80 挖掘机行走跑偏故障诊断与排除任务,阅读任务单,明确任务要求;查阅用户手册、操作手册,与教师进行专业沟通,勘查现场,确认 XE80 挖掘机行走跑偏故障现象;查阅 XE80 挖掘机底盘维修手册,制订工作计划;准备诊断工具,诊断 XE80 挖掘机行走跑偏故障,确认故障原因;根据工作需要,领取材料,按照底盘维修操作规程、工艺规范和企业安全生产制度进行 XE80 挖掘机行走跑偏故障排除工作;故障诊断与排除任务完成后,进行自检,清理场地,归置物品,处置废弃物;填写用户服务卡,交付验收,并对自己的工作进行总结。 工作过程中,学生应参照《机动车维修服务规范》(JT/T 816—2021),按照底盘维修操作规程、工艺规范作业,遵守企业安全生产制度、环保管理制度和"6S"管理制度。	30
2	XE60 挖掘机不行走故障诊断与排除	某工程机械维修企业接收了一台 XE60 挖掘机,操作人员反映不能行走。为修复 XE60 挖掘机,实现其正常工作性能,需要工程机械维修工进行故障诊断与排除,要求在 2 天内完成并交付验收。 学生从教师处接受 XE60 挖掘机不行走故障诊断与排除任务,阅读任务单,明确任务要求;查阅用户手册、操作手册,与教师进行专业沟通,勘查现场,确认 XE60 挖掘机不行走故障现象;查阅 XE60 挖掘机底盘维修手册,制订工作计划;准备诊断工具,诊断 XE60 挖掘机不行走故障,确认故障原因;根据工作需要,领取材料,按照底盘维修操作规程、工艺规范和企业安全生产制度进行 XE60 挖掘机不行走故障排除工作;故障诊断与排除任务完成后,进行自检,清理场地,归置物品,处置废弃物;填写用户服务卡,交付验收,并对自己的工作进行总结。 工作过程中,学生应参照《机动车维修服务规范》(JT/T 816—2021),按照底盘维修操作规程、工艺规范作业,遵守企业安全生产制度、环保管理制度和"6S"管理制度。	30

3	XE80挖掘机单边无动作故障诊断与排除	某工程机械维修企业接收了一台XE80挖掘机，操作人员反映行走时出现单边无动作现象。为修复XE80挖掘机，实现其正常工作性能，需要工程机械维修工进行故障诊断与排除，要求在2天内完成并交付验收。 学生从教师处接受XE80挖掘机单边无动作故障诊断与排除任务，阅读任务单，明确任务要求；查阅用户手册、操作手册，与教师进行专业沟通，勘查现场，确认XE80挖掘机单边无动作故障现象；查阅XE80挖掘机底盘维修手册，制订工作计划；准备诊断工具，诊断XE80挖掘机单边无动作故障，确认故障原因；根据工作需要，领取材料，按照底盘维修操作规程、工艺规范和企业安全生产制度进行XE80挖掘机单边无动作故障排除工作；故障诊断与排除任务完成后，进行自检，清理场地，归置物品，处置废弃物；填写用户服务卡，交付验收，并对自己的工作进行总结。 工作过程中，学生应参照《机动车维修服务规范》（JT/T 816—2021），按照底盘维修操作规程、工艺规范作业，遵守企业安全生产制度、环保管理制度和"6S"管理制度。	60
4	XE210挖掘机履带脱链故障诊断与排除	某工程机械维修企业接收了一台XE210挖掘机，操作人员反映行走时出现履带脱链现象。为修复XE210挖掘机，实现其正常工作性能，需要工程机械维修工进行故障诊断与排除，要求在2天内完成并交付验收。 学生从教师处接受XE210挖掘机履带脱链故障诊断与排除任务，阅读任务单，明确任务要求；查阅用户手册、操作手册，与教师进行专业沟通，勘查现场，确认XE210挖掘机履带脱链故障现象；查阅XE210挖掘机底盘维修手册，制订工作计划；准备诊断工具，诊断XE210挖掘机履带脱链故障，确认故障原因；根据工作需要，领取材料，按照底盘维修操作规程、工艺规范和企业安全生产制度进行XE210挖掘机履带脱链故障排除工作；故障诊断与排除任务完成后，进行自检，清理场地，归置物品，处置废弃物；填写用户服务卡，交付验收，并对自己的工作进行总结。 工作过程中，学生应参照《机动车维修服务规范》（JT/T 816—2021），按照底盘维修操作规程、工艺规范作业，遵守企业安全生产制度、环保管理制度和"6S"管理制度。	30

教学实施建议

1. 师资要求

任课教师须具有履带式工程机械底盘故障诊断与排除的企业实践经验，具备履带式工程机械底盘故障诊断与排除工学一体化课程教学设计与实施、工学一体化课程教学资源选择与应用等能力。

2. 教学组织方式方法建议

采用行动导向的教学方法。为确保教学安全，合理使用实训设施设备，提高教学效果，建议采用分组教学的形式（5~6 人 / 组），同时培养学生的通用能力；在完成工作任务的过程中，教师须加强示范与指导，注重学生职业素养的培养。

有条件的地区，建议通过引企入校或建立校外实训基地为学生提供履带式工程机械底盘故障诊断与排除的真实工作环境，由企业导师与专业教师协同教学。部分不具备条件的院校，可通过仿真软件模拟、观看视频等方式进行学习。

3. 教学资源配备建议

（1）教学场地

履带式工程机械底盘故障诊断与排除教学场地须具备良好的安全、照明和通风条件。其中校内教学场地配备实施履带式工程机械底盘故障诊断与排除工学一体化课程的一体化学习工作站，分为教学区、资讯区、工作区、工具区和展示区，并配备相应的多媒体教学设备等，面积以至少同时容纳 30 人开展教学活动为宜，可进行资料查阅、教师授课、小组研讨、任务实施、成果展示等功能；企业实训基地应具备履带式工程机械底盘故障诊断与排除工作任务实践与技术培训等功能。

（2）工具、材料、设备（按组配置）

工具：套筒扳手、梅花扳手、履带销压装工具、百分表、游标卡尺、千分尺、钢直尺、压力表等。

材料：油料、清洗液等。

设备：XE80 挖掘机、XE60 挖掘机、XE210 挖掘机、吊装设备等。

（3）教学资料

以工作页为主，配备信息页、任务单、材料领用单、履带式工程机械底盘维修手册、用户手册、操作手册、底盘维修操作规程、工艺规范、《机动车维修服务规范》（JT/T 816—2021）、课件、微课等教学资料。

4. 教学管理制度

执行工学一体化教学场所和教学组织的管理规定，如需要进行校外认识实习和岗位实习，应严格遵守校外实训基地、企业实习等管理制度。

教学考核要求

课程考核采用过程性考核与终结性考核相结合的方式。课程考核成绩 = 过程性考核成绩 ×60%+ 终结性考核成绩 ×40%。

1. 过程性考核（60%）

由 4 个参考性学习任务考核构成过程性考核，各参考性学习任务占比均为 25%。

上述参考性学习任务考核，应以其对应代表性工作任务的职业能力要求为依据，充分考虑任务的关键技能、学习重难点及学生未来的发展需求设计考核内容和评分细则，从专业能力、通用能力、职业素养、思政素养等维度对学生综合职业能力进行考核。

（1）专业能力的考核：主要包括各学习环节产出的学习成果，如任务单的领取和解读，履带式工程机械底盘故障现象的确认，履带式工程机械底盘维修手册的查阅，履带式工程机械底盘故障诊断与排除工作计划的制订，履带式工程机械底盘故障的诊断与原因确认，履带式工程机械底盘故障排除与检验，履带式工程机械底盘的交付验收等完成任务的关键操作技能和心智技能，输出成果包括但不限于任务单、诊断维修方案、作业流程等多种形式。

（2）通用能力、职业素养和思政素养的考核：在学习任务实施过程中，依据任务的职业能力要求，考核学生的通用能力、职业素养和思政素养的养成。例如：通过解读任务单的准确性，考核学生的理解与表达能力；通过查阅用户手册、操作手册的准确性，勘查现场、规范操作履带式工程机械底盘各功能、确认履带式工程机械底盘故障现象的严谨性，记录故障数据信息的真实性，考核学生的责任意识；通过查阅履带式工程机械底盘维修手册的准确性，制订故障诊断与排除工作计划的合理性和可行性，考核学生的信息检索能力和解决问题能力；通过利用多种排查方法逐一系统地排查故障点并确认故障原因，考核学生的解决问题能力；通过底盘维修操作规程、工艺规范、企业安全生产制度、环保管理制度和"6S"管理制度的执行性，履带式工程机械底盘故障维修过程的规范性，履带式工程机械底盘各功能自检的责任性，清理场地、归置物品、处置废弃物的执行性，考核学生的解决问题能力和成本意识、责任意识；通过履带式工程机械底盘交付流程的完整性、总结报告的撰写，考核学生的服务意识等。

2. 终结性考核（40%）

终结性考核应围绕课程目标，结合课程终结性考核要点，选择企业真实工作任务或设计学习任务进行考核。

学生根据任务情境中的要求，勘查现场，确认故障现象，查阅履带式工程机械底盘维修手册，制订工作计划，准备诊断工具，诊断履带式工程机械底盘故障，分析并确认故障原因，领取材料，按照作业流程和工艺要求，在规定时间内完成履带式工程机械底盘故障排除，作业完成后应符合履带式工程机械底盘维修验收标准，工程机械性能达到客户要求。

考核说明：本课程的 4 个参考性学习任务属于平行式学习任务，故设计综合性任务 XE60 挖掘机爬坡无力故障诊断与排除为终结性考核任务，该考核任务能够覆盖终结性考核要点。通过该任务的考核，能客观反映课程目标的达成情况。

考核任务案例：XE60 挖掘机爬坡无力故障诊断与排除

【情境描述】

某工程机械维修企业的工程机械维修工接到上级主管下发的任务，为修复 XE60 挖掘机，实现其正常工作性能，需要进行 XE60 挖掘机爬坡无力故障诊断与排除，现班组长安排你负责该项工作。请你在 2 h 内依据底盘维修操作规程、工艺规范，完成 XE60 挖掘机爬坡无力故障诊断与排除工作。

【任务要求】

根据任务的情境描述，在规定时间内，完成 XE60 挖掘机爬坡无力故障诊断与排除工作。

（1）解读任务单，列出 XE60 挖掘机爬坡无力故障诊断与排除的工作内容及要求，列出与班组长的沟通要点。

（2）查阅用户手册、XE60 挖掘机操作手册，勘查现场，规范操作 XE60 挖掘机爬坡功能，进一步确认爬坡无力故障现象，记录故障数据信息。

（3）查阅 XE60 挖掘机底盘维修手册，制订合理的故障诊断与排除工作计划。

（4）以表格形式列出完成任务所需的工具、材料、设备清单。

（5）根据诊断流程使用诊断工具，通过外观检查、听声音、测量、对比、拆解等方法查找故障点，确认爬坡无力的故障原因。

（6）按照底盘维修操作规程、工艺规范和企业安全生产制度，完成 XE60 挖掘机爬坡无力故障排除。

（7）依据企业质检流程和标准，规范完成 XE60 挖掘机爬坡功能的自检并记录。

（8）严格遵守《机动车维修服务规范》（JT/T 816—2021）、企业环保管理制度和"6S"管理制度，清理场地，归置物品，处置废弃物。

（9）完成用户服务卡的填写和 XE60 挖掘机的交付验收，并对自己的工作进行总结，提交用户服务卡、总结报告等过程性材料。

【参考资料】

完成上述任务时，可以使用常见的教学资源，如工作页、信息页、任务单、材料领用单、XE60 挖掘机底盘维修手册、用户手册、操作手册、底盘维修操作规程、工艺规范、《机动车维修服务规范》（JT/T 816—2021）、企业安全生产制度、环保管理制度、"6S"管理制度等。

（十六）工程机械液压疑难故障诊断与排除课程标准

工学一体化课程名称	工程机械液压疑难故障诊断与排除	基准学时	150

典型工作任务描述

工程机械液压疑难故障诊断与排除是指针对工程机械液压系统中一些比较难诊断且难维修的故障进行诊断与排除的工作过程。工程机械液压疑难故障诊断与排除主要包括工程机械整机液压系统发热故障诊断与排除、工程机械液压系统异响故障诊断与排除等。

在工程机械工作过程中，工程机械液压系统会出现一些疑难故障，为了满足工程机械的使用要求，恢复工程机械功能，需要对工程机械液压系统产生的疑难故障进行维修。工程机械液压疑难故障诊断与排除工作一般发生在工程机械制造企业、工程施工企业、工程机械维修企业和工程机械租赁企业中，主要由技师层级的工程机械维修工完成。

工程机械维修工从上级主管处接受工程机械液压疑难故障诊断与排除任务，阅读任务单，明确任务要求；指导团队查阅工程机械液压系统装配图、布管图、维修手册，制订工作计划；指导团队查阅用户手册、操作手册，与客户进行专业沟通，勘查现场，确认工程机械液压疑难故障现象；查阅工程机械液压原理图，确认诊断流程；准备诊断工具，诊断工程机械液压疑难故障，组织团队讨论分析，确认故障原因；根据工作需要，领取材料，组织团队严格按照液压系统维修操作规程、工艺规范和企业安全生产制度进行工程机械液压疑难故障排除工作；故障诊断与排除任务完成后，进行自检，清理场地，归置物品，处置废弃物；填写用户服务卡，交付客户验收，并对自己的工作进行总结。

工程机械液压疑难故障诊断与排除过程中,应参照《机动车维修服务规范》(JT/T 816—2021),按照液压系统维修操作规程、工艺规范作业,遵守企业安全生产制度、环保管理制度和"6S"管理制度。

工作内容分析

工作对象:	工具、材料、设备与资料:	工作要求:
1. 任务单的领取和解读; 2. 工程机械液压系统装配图、布管图、维修手册的查阅,工程机械液压疑难故障诊断与排除工作计划的制订; 3. 工程机械液压疑难故障现象的确认; 4. 工程机械液压原理图的查阅,诊断流程的确认; 5. 诊断工具的准备,工程机械液压疑难故障的诊断与原因确认; 6. 材料的领取,工程机械液压疑难故障排除与检验,场地清理、物品归置、废弃物处置; 7. 用户服务卡的填写,交付客户验收,工作总结。	1. 工具:呆扳手、套筒扳手、梅花扳手、活扳手、扭力扳手、内六角扳手、十字旋具、一字旋具、尖嘴钳、密封件拆卸工具、轴承拆卸工具、铜棒、轴用弹簧卡圈、孔用弹簧卡圈、吊环、零件摆放架、压力表、流量计、卷尺、塞尺、液压专用检测仪器等; 2. 材料:液压管路、管路接头、密封圈、尼龙扎带、液压元件、生料带、液压油、纱布、清洗液等; 3. 设备:XE210挖掘机、ZL50G装载机等; 4. 资料:任务单、材料领用单、工程机械液压系统装配图、布管图、维修手册、用户手册、操作手册、工程机械液压原理图、液压系统维修操作规程、工艺规范、《机动车维修服务规范》(JT/T 816—2021)、企业安全生产制度、环保管理制度、"6S"管理制度、用户服务卡等。 **工作方法:** 1. 工作现场沟通法; 2. 资料查阅法; 3. 工程机械操作法; 4. 勘查法; 5. 故障树、流程图分析法; 6. 材料领用法; 7. 工具使用法; 8. 工程机械液压系统故障排查法; 9. 工程机械液压系统维修法; 10. 用户服务卡填写法; 11. 工程机械液压系统检测法; 12. 工作总结法。	1. 解读任务单,有效获取任务信息; 2. 指导团队查阅工程机械液压系统装配图、布管图、维修手册,制订工程机械液压疑难故障诊断与排除工作计划; 3. 指导团队查阅用户手册、操作手册,与客户进行专业沟通,勘查现场,进一步确认工程机械液压疑难故障现象; 4. 查阅工程机械液压原理图,确认诊断流程; 5. 遵守企业工具管理制度,依据诊断流程,准备诊断工具,诊断工程机械液压疑难故障,组织团队讨论分析,确认故障原因; 6. 遵守企业材料管理制度,与仓库管理员进行沟通,领取材料,组织团队按照液压系统维修操作规程、工艺规范和企业安全生产制度进行工程机械液压疑难故障排除工作;故障诊断与排除任务完成后,进行自检,按照《机动车维修服务规范》(JT/T 816—2021)、企业环保管理制度和"6S"管理制度清理场地,归置物品,处置废弃物; 7. 依据工作流程,填写用户服务卡,将维修合格的工程机械液压系统交付客户验收,并对自己的工作进行总结。

劳动组织方式：	
以独立的方式进行工作。从上级主管处领取工作任务，与其他部门有效沟通、协调，准备工具，从仓库领取材料，完成工程机械液压疑难故障诊断与排除，完工自检后交付客户验收。	

课程目标

学习完本课程后，学生应当能够胜任工程机械液压疑难故障诊断与排除工作，包括：

1. 能解读和分析工程机械液压疑难故障诊断与排除任务单，有效获取工程机械使用信息、故障描述、客户信息等任务信息。

2. 能指导团队查阅工程机械液压系统装配图、布管图、维修手册，制订工程机械液压疑难故障诊断与排除工作计划。

3. 能指导团队查阅用户手册、操作手册，与教师围绕工程机械使用状况、故障现象等进行沟通交流，勘查现场，熟练操作工程机械液压系统各功能，进一步确认工程机械液压疑难故障现象，记录故障数据信息。

4. 能参照世界技能大赛重型车辆维修项目液压系统维修标准，查阅工程机械液压原理图，熟练运用故障树、流程图分析法，确认工程机械液压疑难故障诊断流程，并得到教师的认可。

5. 能遵守企业工具管理制度，依据诊断流程，准备呆扳手、内六角扳手等工具，熟练使用工具通过外观检查、听声音、测量、对比、元件替代等方法查找故障点，组织团队讨论分析，确认故障原因。

6. 能遵守企业材料管理制度，与模拟仓库管理员进行沟通，领取工程机械液压疑难故障排除所需的液压元件、纱布等材料，组织团队熟练运用液压系统清洗、元件更换等工程机械液压系统维修法，按照液压系统维修操作规程、工艺规范、世界技能大赛重型车辆维修项目液压系统维修标准和企业安全生产制度，完成工程机械液压疑难故障排除工作；故障诊断与排除任务完成后，进行自检，按照《机动车维修服务规范》（JT/T 816—2021）、企业环保管理制度和"6S"管理制度清理场地，归置物品，处置废弃物。

7. 能依据工作流程，填写用户服务卡，将维修合格的工程机械液压系统交付教师验收，并对自己的工作进行总结，传授经验给团队成员。

学习内容

本课程的主要学习内容包括：

一、任务单的领取和解读

实践知识：

工程机械液压疑难故障诊断与排除任务单的使用。

任务单中工程机械使用信息、故障描述、客户信息等任务信息的解读。

理论知识：

任务的交付标准，工程机械使用信息的含义。

二、工程机械液压系统装配图、布管图、维修手册的查阅，工程机械液压疑难故障诊断与排除工作计划的制订

实践知识：

工程机械液压系统装配图、布管图、维修手册的使用。

工程机械液压系统装配图、布管图、维修手册的查阅，工程机械液压疑难故障诊断与排除工作计划的制订。

理论知识：

工程机械液压系统装配图、布管图，工程机械液压疑难故障诊断与排除工作计划的格式、内容与撰写要求。

三、工程机械液压疑难故障现象的确认

实践知识：

用户手册、操作手册的使用。

工程机械操作法的应用。

工程机械整机液压系统发热、液压系统异响故障现象的再现操作和确认，故障数据信息的记录。

理论知识：

工程机械液压系统各功能操作注意事项，故障数据信息的含义。

四、工程机械液压原理图的查阅，诊断流程的确认

实践知识：

世界技能大赛重型车辆维修项目液压系统维修标准、工程机械液压原理图等资料的使用。

工程机械液压疑难故障诊断与排除工作计划合理性的判断、计划的修改完善，诊断流程的确认。

理论知识：

工程机械整机液压系统的工作原理，工程机械液压疑难故障诊断与排除的原则、工作流程和职责，工程机械液压疑难故障诊断流程。

五、诊断工具的准备，工程机械液压疑难故障的诊断与原因确认

实践知识：

呆扳手、套筒扳手、梅花扳手、活扳手、扭力扳手、内六角扳手、十字旋具、一字旋具、尖嘴钳、密封件拆卸工具、轴承拆卸工具、铜棒、轴用弹簧卡圈、孔用弹簧卡圈、吊环、零件摆放架、压力表、流量计、卷尺、塞尺、液压专用检测仪器等工具的使用。

工程机械液压系统故障排查法（疑难故障的排查）的应用。

诊断工具的准备，工程机械液压疑难故障的诊断（液压元件损坏、液压管路堵塞的诊断等），故障原因的分析、确认。

理论知识：

工程机械液压系统液压油工作油温参数，工程机械整机液压系统发热、液压系统异响的常见故障原因，外观检查、听声音、测量、对比、元件替代等故障排查法的适用场景。

六、材料的领取，工程机械液压疑难故障排除与检验，场地清理、物品归置、废弃物处置

实践知识：

呆扳手、套筒扳手、梅花扳手、活扳手、扭力扳手、内六角扳手、十字旋具、一字旋具、尖嘴钳、密封件拆卸工具、轴承拆卸工具、铜棒、轴用弹簧卡圈、孔用弹簧卡圈、吊环、零件摆放架、压力表、流量计、卷尺、塞尺、液压专用检测仪器等工具的使用，液压管路、管路接头、密封圈、尼龙扎带、液压元件、生料带、液压油、纱布、清洗液等材料的使用，工程机械液压实训设备、XE210 挖掘机、ZL50G装载机等设备的使用，液压系统维修操作规程、工艺规范、世界技能大赛重型车辆维修项目液压系统维修标准、《机动车维修服务规范》（JT/T 816—2021）、企业安全生产制度、环保管理制度、"6S"管理制度等资料的使用。

工程机械液压系统维修法（疑难故障的维修）的应用。

材料的领取，工程机械整机液压系统发热、液压系统异响故障的排除，工程机械液压系统各功能的自检，场地清理、物品归置、废弃物处置。

理论知识：

液压系统维修操作规程、工艺规范、世界技能大赛重型车辆维修项目液压系统维修标准，企业安全生产制度、环保管理制度和"6S"管理制度，工程机械液压系统功能检测标准。

七、用户服务卡的填写，交付客户验收，工作总结

实践知识：

用户服务卡的使用。

将维修合格的工程机械液压系统交付客户验收，工作总结。

理论知识：

工程机械液压系统功能检测标准。

八、通用能力、职业素养、思政素养

自主学习、自我管理、信息检索、理解与表达、交往与合作、创新思维、解决问题等通用能力，规范意识、安全意识、质量意识、环保意识、责任意识、成本意识、服务意识、优化意识、效率意识等职业素养，以及劳模精神、劳动精神、工匠精神等思政素养。

参考性学习任务

序号	名称	学习任务描述	参考学时
1	XE210 挖掘机整机液压系统发热故障诊断与排除	某施工工地的一台 XE210 挖掘机出现整机液压系统发热故障，工程机械维修工接到客服中心下发的任务，需要进行故障诊断与排除，要求在 3 天内完成并交付验收。 学生从教师处接受 XE210 挖掘机整机液压系统发热故障诊断与排除任务，阅读任务单，明确任务要求；指导团队查阅 XE210 挖掘机液压系统装配图、布管图、维修手册，制订工作计划；指导团队查阅用户手册、操作手册，与教师进行专业沟通，勘查现场，确认 XE210 挖掘机整机液压系统发热故障现象；查阅 XE210 挖掘机液压	72

		原理图，确认诊断流程；准备诊断工具，诊断 XE210 挖掘机整机液压系统发热故障，组织团队讨论分析，确认故障原因；根据工作需要，领取材料，组织团队严格按照液压系统维修操作规程、工艺规范、世界技能大赛重型车辆维修项目液压系统维修标准和企业安全生产制度进行 XE210 挖掘机整机液压系统发热故障排除工作；故障诊断与排除任务完成后，进行自检，清理场地，归置物品，处置废弃物；填写用户服务卡，交付验收，并对自己的工作进行总结。	
1	XE210 挖掘机整机液压系统发热故障诊断与排除	工作过程中，学生应参照世界技能大赛重型车辆维修项目液压系统维修标准、《机动车维修服务规范》(JT/T 816—2021)，按照液压系统维修操作规程、工艺规范作业，遵守企业安全生产制度、环保管理制度和"6S"管理制度。	
2	ZL50G 装载机液压系统异响故障诊断与排除	某施工工地的一台 ZL50G 装载机出现液压系统异响故障，工程机械维修工接到客服中心下发的任务，需要进行故障诊断与排除，要求在 3 天内完成并交付验收。 学生从教师处接受 ZL50G 装载机液压系统异响故障诊断与排除任务，阅读任务单，明确任务要求；指导团队查阅 ZL50G 装载机液压系统装配图、布管图、维修手册，制订工作计划；指导团队查阅用户手册、操作手册，与教师进行专业沟通，勘查现场，确认 ZL50G 装载机液压系统异响故障现象；查阅 ZL50G 装载机液压原理图，确认诊断流程；准备诊断工具，诊断 ZL50G 装载机液压系统异响故障，组织团队讨论分析，确认故障原因；根据工作需要，领取材料，组织团队严格按照液压系统维修操作规程、工艺规范、世界技能大赛重型车辆维修项目液压系统维修标准和企业安全生产制度进行 ZL50G 装载机液压系统异响故障排除工作；故障诊断与排除任务完成后，进行自检，清理场地，归置物品，处置废弃物；填写用户服务卡，交付验收，并对自己的工作进行总结。 工作过程中，学生应参照世界技能大赛重型车辆维修项目液压系统维修标准、《机动车维修服务规范》(JT/T 816—2021)，按照液压系统维修操作规程、工艺规范作业，遵守企业安全生产制度、环保管理制度和"6S"管理制度。	78

教学实施建议

1. 师资要求

任课教师须具有工程机械液压疑难故障诊断与排除的企业实践经验，具备工程机械液压疑难故障诊断与排除工学一体化课程教学设计与实施、工学一体化课程教学资源选择与应用等能力。

2. 教学组织方式方法建议

采用行动导向的教学方法。为确保教学安全，合理使用实训设施设备，提高教学效果，建议采用分组教学的形式（5~6人/组），同时培养学生的通用能力；在完成工作任务的过程中，教师须加强示范与指导，注重学生职业素养的培养。

有条件的地区，建议通过引企入校或建立校外实训基地为学生提供工程机械液压疑难故障诊断与排除的真实工作环境，由企业导师与专业教师协同教学。部分不具备条件的院校，可通过仿真软件模拟、观看视频等方式进行学习。

3. 教学资源配备建议

（1）教学场地

工程机械液压疑难故障诊断与排除教学场地须具备良好的安全、照明和通风条件。其中校内教学场地配备实施工程机械液压疑难故障诊断与排除工学一体化课程的一体化学习工作站，分为教学区、资讯区、工作区、工具区和展示区，并配备相应的多媒体教学设备等，面积以至少同时容纳30人开展教学活动为宜，可进行资料查阅、教师授课、小组研讨、任务实施、成果展示等功能；企业实训基地应具备工程机械液压疑难故障诊断与排除工作任务实践与技术培训等功能。

（2）工具、材料、设备（按组配置）

工具：呆扳手、套筒扳手、梅花扳手、活扳手、扭力扳手、内六角扳手、十字旋具、一字旋具、尖嘴钳、密封件拆卸工具、轴承拆卸工具、铜棒、轴用弹簧卡圈、孔用弹簧卡圈、吊环、零件摆放架、压力表、流量计、卷尺、塞尺、液压专用检测仪器等。

材料：液压管路、管路接头、密封圈、尼龙扎带、液压元件、生料带、液压油、纱布、清洗液等。

设备：工程机械液压实训设备、XE210挖掘机、ZL50G装载机等。

（3）教学资料

以工作页为主，配备信息页、任务单、材料领用单、工程机械液压系统装配图、布管图、维修手册、用户手册、操作手册、工程机械液压原理图、液压系统维修操作规程、工艺规范、世界技能大赛重型车辆维修项目液压系统维修标准、《机动车维修服务规范》（JT/T 816—2021）、课件、微课等教学资料。

4. 教学管理制度

执行工学一体化教学场所和教学组织的管理规定，如需要进行校外认识实习和岗位实习，应严格遵守校外实训基地、企业实习等管理制度。

教学考核要求

课程考核采用过程性考核与终结性考核相结合的方式。课程考核成绩 = 过程性考核成绩 ×60%+ 终结性考核成绩 ×40%。

1. 过程性考核（60%）

由2个参考性学习任务考核构成过程性考核，各参考性学习任务占比均为50%。

上述参考性学习任务考核，应以其对应代表性工作任务的职业能力要求为依据，充分考虑任务的关键技能、学习重难点及学生未来的发展需求设计考核内容和评分细则，从专业能力、通用能力、职业素养、思政素养等维度对学生综合职业能力进行考核。

（1）专业能力的考核：主要包括各学习环节产出的学习成果，如任务单的领取和解读，工程机械液压系统装配图、布管图、维修手册的查阅，工程机械液压疑难故障诊断与排除工作计划的制订，工程机械液压疑难故障现象的确认，工程机械液压原理图的查阅，诊断流程的确认，工程机械液压疑难故障的诊断与原因确认，工程机械液压疑难故障排除与检验，工程机械液压系统的交付验收等完成任务的关键操作技能和心智技能，输出成果包括但不限于任务单、诊断维修方案、作业流程等多种形式。

（2）通用能力、职业素养和思政素养的考核：在学习任务实施过程中，依据任务的职业能力要求，考核学生的通用能力、职业素养和思政素养的养成。例如：通过解读任务单的高效性和准确性，考核学生的理解与表达能力；通过指导团队查阅工程机械液压系统装配图、布管图、维修手册的准确性，制订疑难故障诊断与排除工作计划的有效性和可行性，考核学生的交往与合作能力和优化意识；通过指导团队查阅用户手册、操作手册的准确性、勘查现场、熟练操作工程机械液压系统各功能、确认工程机械液压疑难故障现象的严谨性，记录故障数据信息的真实性，考核学生的责任意识；通过查阅工程机械液压原理图，运用故障树、流程图分析法的熟练性，确认诊断流程的逻辑性，考核学生的信息检索能力和解决问题能力；通过利用多种排查方法逐一系统地排查故障点，组织团队讨论分析并确认故障原因，考核学生的交往与合作能力和解决问题能力；通过工程机械液压疑难故障维修过程的创新性，工程机械液压系统各功能自检的责任性，工程机械液压疑难故障排除的高效性，考核学生的创新思维能力和成本意识、效率意识；通过工程机械液压系统交付流程的完整性、总结报告的撰写、工作经验的传授，考核学生的理解与表达能力和服务意识等。

2. 终结性考核（40%）

终结性考核应围绕课程目标，结合课程终结性考核要点，选择企业真实工作任务或设计学习任务进行考核。

学生根据任务情境中的要求，制订工作计划，勘查现场，确认故障现象，查阅工程机械液压原理图，确认诊断流程，准备诊断工具，诊断工程机械液压疑难故障，分析并确认故障原因，领取材料，按照作业流程和工艺要求，在规定时间内完成工程机械液压疑难故障排除，作业完成后应符合工程机械液压系统维修验收标准，工程机械性能达到客户要求。

考核说明：本课程的2个参考性学习任务属于平行式学习任务，故设计综合性任务 XE210 挖掘机回转随动性差故障诊断与排除为终结性考核任务，该考核任务能够覆盖终结性考核要点。通过该任务的考核，能客观反映课程目标的达成情况。

考核任务案例：XE210 挖掘机回转随动性差故障诊断与排除

【情境描述】

某施工工地的一台 XE210 挖掘机出现回转随动性差故障，操作人员将上述故障反映到客服中心，为保证挖掘机正常工作，需要进行故障诊断与排除，现班组长安排你负责该项工作。请你在 2 h 内依据液压系统维修操作规程、工艺规范，完成 XE210 挖掘机回转随动性差故障诊断与排除工作。

【任务要求】

根据任务的情境描述，在规定时间内，完成 XE210 挖掘机回转随动性差故障诊断与排除工作。

（1）解读任务单，列出 XE210 挖掘机回转随动性差故障诊断与排除的工作内容及要求，列出与班组长的沟通要点。

（2）查阅 XE210 挖掘机液压系统装配图、布管图、维修手册，制订合理的故障诊断与排除工作计划。

（3）查阅用户手册、XE210 挖掘机操作手册，勘查现场，规范操作 XE210 挖掘机回转功能，进一步确认回转随动性差故障现象，记录故障数据信息。

（4）参照世界技能大赛重型车辆维修项目液压系统维修标准，查阅 XE210 挖掘机液压原理图，运用故障树、流程图分析法，确认回转随动性差故障诊断流程。

（5）以表格形式列出完成任务所需的工具、材料、设备清单。

（6）根据诊断流程使用呆扳手、内六角扳手等工具，通过外观检查、听声音、测量、对比、元件替代等方法查找故障点，确认回转随动性差的故障原因。

（7）按照液压系统维修操作规程、工艺规范、世界技能大赛重型车辆维修项目液压系统维修标准和企业安全生产制度，完成 XE210 挖掘机回转随动性差故障排除。

（8）依据企业质检流程和标准，规范完成 XE210 挖掘机回转功能的自检并记录。

（9）严格遵守《机动车维修服务规范》（JT/T 816—2021）、企业环保管理制度和"6S"管理制度，清理场地，归置物品，处置废弃物。

（10）完成用户服务卡的填写和 XE210 挖掘机的交付验收，并对自己的工作进行总结，提交用户服务卡、总结报告等过程性材料。

【参考资料】

完成上述任务时，可以使用常见的教学资源，如工作页、信息页、任务单、材料领用单、XE210 挖掘机液压系统装配图、布管图、维修手册、用户手册、操作手册、XE210 挖掘机液压原理图、液压系统维修操作规程、工艺规范、世界技能大赛重型车辆维修项目液压系统维修标准、《机动车维修服务规范》（JT/T 816—2021）、企业安全生产制度、环保管理制度、"6S"管理制度等。

（十七）工程机械电气疑难故障诊断与排除课程标准

工学一体化课程名称	工程机械电气疑难故障诊断与排除	基准学时	150
典型工作任务描述			

工程机械电气疑难故障诊断与排除是指针对可能产生多种故障现象，或者由多种原因造成并产生相同故障现象，从外观上很难发现故障原因，使用仪表也不容易判断的故障，由工程机械维修工进行诊断与排除的工作过程。工程机械电气疑难故障诊断与排除主要包括工程机械全车电压不稳故障诊断与排除、工程机械 CAN 总线通信不良故障诊断与排除、新能源工程机械高压系统无法上电故障诊断与排除等。

由于工作时间增加、维护不到位或维修不当，工程机械电气系统可能出现各种故障，其中的故障原因复杂难明。工程机械电气疑难故障诊断与排除工作一般发生在工程机械制造企业、工程施工企业、工程机械维修企业和工程机械租赁企业中，主要由技师层级的工程机械维修工完成。

工程机械维修工从上级主管处接受工程机械电气疑难故障诊断与排除任务，阅读任务单，明确任务要求；指导团队查阅工程机械电气系统元件布置图、布线图、维修手册，制订工作计划；指导团队查阅用户手册、操作手册，与客户进行专业沟通，勘查现场，确认工程机械电气疑难故障现象；查阅工程机械电气原理图，确认诊断流程；准备诊断工具，诊断工程机械电气疑难故障，组织团队讨论分析，确认故障原因；根据工作需要，领取材料，组织团队严格按照电气系统维修操作规程、工艺规范和企业安全生产制度进行工程机械电气疑难故障排除工作；故障诊断与排除任务完成后，进行自检，清理场地，归置物品，处置废弃物；填写用户服务卡，交付客户验收，并对自己的工作进行总结。

工程机械电气疑难故障诊断与排除过程中，应参照《汽车维护、检测、诊断技术规范》（GB/T 18344—2016）、《纯电动汽车维护、检测、诊断技术规范》（JT/T 1344—2020）、《机动车维修服务规范》（JT/T 816—2021），按照电气系统维修操作规程、工艺规范作业，遵守企业安全生产制度、环保管理制度和"6S"管理制度。

工作内容分析		
工作对象： 1. 任务单的领取和解读； 2. 工程机械电气系统元件布置图、布线图、维修手册的查阅，工程机械电气疑难故障诊断与排除工作计划的制订； 3. 工程机械电气疑难故障现象的确认； 4. 工程机械电气原理图的查阅，诊断流程的确认； 5. 诊断工具的准备，工程机械电气疑难故障的诊断与原因确认； 6. 材料的领取，工程机械电气疑难故障排除与检验，场地清理、物品归	**工具、材料、设备与资料：** 1. 工具：呆扳手、活扳手、棘轮扳手、内六角扳手、退针器、斜口钳、剥线钳、压线钳、一字旋具、十字旋具、电工刀、卷尺、万用表、试灯、CAN 总线分析仪、放电工具、绝缘工具套装等； 2. 材料：导线、冷压端子、并线端子、插接器、号码管、热缩管、绝缘胶带、波纹管、尼龙扎带、电气元件、清洗液等； 3. 设备：ZL50G 装载机、QY25K 汽车起重机、XE210E 新能源挖掘机等； 4. 资料：任务单、材料领用单、工程机械电气系统元件布置图、布线图、维修手册、用户手册、操作手册、工程机械电气原理图、电气系统维修操作规程、工艺规范、《汽车维护、检测、诊断技术规范》（GB/T 18344—2016）、《纯电动汽车维护、检测、诊断技术规范》（JT/T 1344—2020）、《机动车维修服务规范》（JT/T 816—2021）、企业安全生产制度、环保管理制度、"6S"管理制度、用户服务卡等。 **工作方法：** 1. 工作现场沟通法； 2. 资料查阅法； 3. 工程机械操作法；	**工作要求：** 1. 解读任务单，有效获取任务信息； 2. 指导团队查阅工程机械电气系统元件布置图、布线图、维修手册，制订工程机械电气疑难故障诊断与排除工作计划； 3. 指导团队查阅用户手册、操作手册，与客户进行专业沟通，勘查现场，进一步确认工程机械电气疑难故障现象； 4. 参照《汽车维护、检测、诊断技术规范》（GB/T 18344—2016）、《纯电动汽车维护、检测、诊断技术规范》（JT/T 1344—2020），查阅工程机械电气原理图，确认诊断流程； 5. 遵守企业工具管理制度，依据诊断流程，准备诊断工具，诊断工程机械电气疑难故障，组织团队讨论分析，确认故障原因； 6. 遵守企业材料管理制度，与仓库管理员进行沟通，领取材料，组织团队按照电气系统维修操作

置、废弃物处置； 7. 用户服务卡的填写，交付客户验收，工作总结。	4. 勘查法； 5. 故障树、流程图分析法； 6. 材料领用法； 7. 工具使用法； 8. 工程机械电气系统故障排查法； 9. 工程机械电气系统维修法； 10. 用户服务卡填写法； 11. 工程机械电气系统检测法； 12. 工作总结法。 **劳动组织方式：** 以独立的方式进行工作。从上级主管处领取工作任务，与其他部门有效沟通、协调，准备工具，从仓库领取材料，完成工程机械电气疑难故障诊断与排除，完工自检后交付客户验收。	规程、工艺规范和企业安全生产制度进行工程机械电气疑难故障排除工作；故障诊断与排除任务完成后，进行自检，按照《机动车维修服务规范》（JT/T 816—2021）、企业环保管理制度和"6S"管理制度清理场地，归置物品，处置废弃物； 7. 依据工作流程，填写用户服务卡，将维修合格的工程机械电气系统交付客户验收，并对自己的工作进行总结。

课程目标

学习完本课程后，学生应当能够胜任工程机械电气疑难故障诊断与排除工作，包括：

1. 能解读和分析工程机械电气疑难故障诊断与排除任务单，有效获取工程机械使用信息、故障描述、客户信息等任务信息。

2. 能指导团队查阅工程机械电气系统元件布置图、布线图、维修手册，制订工程机械电气疑难故障诊断与排除工作计划。

3. 能指导团队查阅用户手册、操作手册，与教师围绕工程机械使用状况、故障现象等进行沟通交流，勘查现场，熟练操作工程机械电气系统各功能，进一步确认工程机械电气疑难故障现象，记录故障数据信息。

4. 能参照《汽车维护、检测、诊断技术规范》（GB/T 18344—2016）、《纯电动汽车维护、检测、诊断技术规范》（JT/T 1344—2020）、世界技能大赛重型车辆维修项目电气系统维修标准，查阅工程机械电气原理图，熟练运用故障树、流程图分析法，确认工程机械电气疑难故障诊断流程，并得到教师的认可。

5. 能遵守企业工具管理制度，依据诊断流程，准备万用表、CAN 总线分析仪、放电工具等工具，熟练使用工具通过外观检查、听声音、测量、对比、元件替代等方法查找故障点，组织团队讨论分析，确认故障原因。

6. 能遵守企业材料管理制度，与模拟仓库管理员进行沟通，领取工程机械电气疑难故障排除所需的电气元件、导线、并线端子等材料，组织团队熟练运用断线并接、元件更换等工程机械电气系统维修法，按照电气系统维修操作规程、工艺规范、世界技能大赛重型车辆维修项目电气系统维修标准和企业安全生产制度，规范完成工程机械电气疑难故障排除工作；故障诊断与排除任务完成后，进行自检，按照《机动车维修服务规范》（JT/T 816—2021）、企业环保管理制度和"6S"管理制度清理场地，归置物品，处置废弃物。

7. 能依据工作流程，填写用户服务卡，将维修合格的工程机械电气系统交付教师验收，并对自己的工作进行总结，传授经验给团队成员。

学习内容

本课程的主要学习内容包括：

一、任务单的领取和解读

实践知识：

工程机械电气疑难故障诊断与排除任务单的使用。

任务单中工程机械使用信息、故障描述、客户信息等任务信息的解读。

理论知识：

任务的交付标准，工程机械使用信息的含义。

二、工程机械电气系统元件布置图、布线图、维修手册的查阅，工程机械电气疑难故障诊断与排除工作计划的制订

实践知识：

工程机械电气系统元件布置图、布线图、维修手册的使用。

工程机械电气系统元件布置图、布线图、维修手册的查阅，工程机械电气疑难故障诊断与排除工作计划的制订。

理论知识：

工程机械电气系统元件布置图、布线图，工程机械电气疑难故障诊断与排除工作计划的格式、内容与撰写要求。

三、工程机械电气疑难故障现象的确认

实践知识：

用户手册、操作手册的使用。

工程机械操作法的应用。

工程机械全车电压不稳、CAN总线通信不良、新能源高压系统无法上电故障现象的再现操作和确认，故障数据信息的记录。

理论知识：

工程机械电气系统各功能操作注意事项，故障数据信息的含义。

四、工程机械电气原理图的查阅，诊断流程的确认

实践知识：

《汽车维护、检测、诊断技术规范》（GB/T 18344—2016）、《纯电动汽车维护、检测、诊断技术规范》（JT/T 1344—2020）、世界技能大赛重型车辆维修项目电气系统维修标准、工程机械电气原理图等资料的使用。

工程机械电气疑难故障诊断与排除工作计划合理性的判断、计划的修改完善，诊断流程的确认。

理论知识：

工程机械电源系统、CAN总线通信网络、新能源高压系统的工作原理，工程机械电气疑难故障诊断与排除的原则、工作流程和职责，工程机械电气疑难故障诊断流程。

五、诊断工具的准备，工程机械电气疑难故障的诊断与原因确认

实践知识：

呆扳手、活扳手、棘轮扳手、内六角扳手、退针器、斜口钳、剥线钳、压线钳、一字旋具、十字旋具、电工刀、卷尺、万用表、试灯、CAN总线分析仪、放电工具、绝缘工具套装等工具的使用。

工具使用法（CAN总线分析仪、放电工具的使用）、工程机械电气系统故障排查法（疑难故障的排查）的应用。

诊断工具的准备，工程机械电气疑难故障的诊断，故障原因的分析、确认。

理论知识：

工程机械全车电压不稳、CAN总线通信不良、新能源高压系统无法上电的常见故障原因，外观检查、听声音、测量、对比、元件替代等故障排查法的适用场景。

六、材料的领取，工程机械电气疑难故障排除与检验，场地清理、物品归置、废弃物处置

实践知识：

呆扳手、活扳手、棘轮扳手、内六角扳手、退针器、斜口钳、剥线钳、压线钳、一字旋具、十字旋具、电工刀、卷尺、万用表、试灯、CAN总线分析仪、放电工具、绝缘工具套装等工具的使用，导线、冷压端子、并线端子、插接器、号码管、热缩管、绝缘胶带、波纹管、尼龙扎带、电气元件、清洗液等材料的使用，工程机械电气实训设备、ZL50G装载机、QY25K汽车起重机、XE210E新能源挖掘机等设备的使用，电气系统维修操作规程、工艺规范、世界技能大赛重型车辆维修项目电气系统维修标准、《机动车维修服务规范》（JT/T 816—2021）、企业安全生产制度、环保管理制度、"6S"管理制度等资料的使用。

工程机械电气系统维修法（疑难故障的维修）的应用。

材料的领取，工程机械全车电压不稳、CAN总线通信不良、新能源高压系统无法上电故障的排除（电源系统、CAN总线通信网络、新能源高压系统相关电气元件的更换、断线的并接、插接器的拆装等），工程机械电气系统各功能的自检，场地清理、物品归置、废弃物处置。

理论知识：

电气系统维修操作规程、工艺规范、世界技能大赛重型车辆维修项目电气系统维修标准，企业安全生产制度、环保管理制度和"6S"管理制度，工程机械电气系统功能检测标准。

七、用户服务卡的填写，交付客户验收，工作总结

实践知识：

用户服务卡的使用。

将维修合格的工程机械电气系统交付客户验收，工作总结。

理论知识：

工程机械电气系统功能检测标准。

八、通用能力、职业素养、思政素养

自主学习、自我管理、信息检索、理解与表达、交往与合作、创新思维、解决问题等通用能力，规范意识、安全意识、质量意识、环保意识、责任意识、成本意识、服务意识、优化意识、效率意识等职业素养，以及劳模精神、劳动精神、工匠精神等思政素养。

参考性学习任务

序号	名称	学习任务描述	参考学时
1	ZL50G 装载机全车电压不稳故障诊断与排除	某施工工地的一台 ZL50G 装载机出现全车电压不稳故障，主要表现为仪表灯忽亮忽暗。工程机械维修工接到客服中心下发的任务，需要进行故障诊断与排除，要求在 1 天内完成并交付验收。 学生从教师处接受 ZL50G 装载机全车电压不稳故障诊断与排除任务，阅读任务单，明确任务要求；指导团队查阅 ZL50G 装载机电气系统元件布置图、布线图、维修手册，制订工作计划；指导团队查阅用户手册、操作手册，与教师进行专业沟通，勘查现场，确认 ZL50G 装载机全车电压不稳故障现象；查阅 ZL50G 装载机电气原理图，确认诊断流程；准备诊断工具，诊断 ZL50G 装载机全车电压不稳故障，组织团队讨论分析，确认故障原因；根据工作需要，领取材料，组织团队严格按照电气系统维修操作规程、工艺规范、世界技能大赛重型车辆维修项目电气系统维修标准和企业安全生产制度进行 ZL50G 装载机全车电压不稳故障排除工作；故障诊断与排除任务完成后，进行自检，清理场地，归置物品，处置废弃物；填写用户服务卡，交付验收，并对自己的工作进行总结。 工作过程中，学生应参照《汽车维护、检测、诊断技术规范》（GB/T 18344—2016）、世界技能大赛重型车辆维修项目电气系统维修标准、《机动车维修服务规范》（JT/T 816—2021），按照电气系统维修操作规程、工艺规范作业，遵守企业安全生产制度、环保管理制度和"6S"管理制度。	30
2	QY25K 汽车起重机 CAN 总线通信不良故障诊断与排除	某施工工地的一台 QY25K 汽车起重机出现 CAN 总线通信不良故障，主要表现为显示器上 CAN 总线图标变为红色。工程机械维修工接到客服中心下发的任务，需要进行故障诊断与排除，要求在 1 天内完成并交付验收。 学生从教师处接受 QY25K 汽车起重机 CAN 总线通信不良故障诊断与排除任务，阅读任务单，明确任务要求；指导团队查阅 QY25K 汽车起重机电气系统元件布置图、布线图、维修手册，制订工作计划；指导团队查阅用户手册、操作手册，与教师进行专业沟通，勘查现场，确认 QY25K 汽车起重机 CAN 总线通信不良故障现象；查	60

2	QY25K 汽车起重机 CAN 总线通信不良故障诊断与排除	阅 QY25K 汽车起重机电气原理图，确认诊断流程；准备诊断工具，诊断 QY25K 汽车起重机 CAN 总线通信不良故障，组织团队讨论分析，确认故障原因；根据工作需要，领取材料，组织团队严格按照电气系统维修操作规程、工艺规范、世界技能大赛重型车辆维修项目电气系统维修标准和企业安全生产制度进行 QY25K 汽车起重机 CAN 总线通信不良故障排除工作；故障诊断与排除任务完成后，进行自检，清理场地，归置物品，处置废弃物；填写用户服务卡，交付验收，并对自己的工作进行总结。 工作过程中，学生应参照《汽车维护、检测、诊断技术规范》（GB/T 18344—2016）、世界技能大赛重型车辆维修项目电气系统维修标准、《机动车维修服务规范》（JT/T 816—2021），按照电气系统维修操作规程、工艺规范作业，遵守企业安全生产制度、环保管理制度和"6S"管理制度。	
3	XE210E 新能源挖掘机高压系统无法上电故障诊断与排除	某施工工地的一台 XE210E 新能源挖掘机出现高压系统无法上电故障。工程机械维修工接到客服中心下发的任务，需要进行故障诊断与排除，要求在 1 天内完成并交付验收。 学生从教师处接受 XE210E 新能源挖掘机高压系统无法上电故障诊断与排除任务，阅读任务单，明确任务要求；指导团队查阅 XE210E 新能源挖掘机电气系统元件布置图、布线图、维修手册，制订工作计划；指导团队查阅用户手册、操作手册，与教师进行专业沟通，勘查现场，确认 XE210E 新能源挖掘机高压系统无法上电故障现象；查阅 XE210E 新能源挖掘机电气原理图，确认诊断流程；准备诊断工具，诊断 XE210E 新能源挖掘机高压系统无法上电故障，组织团队讨论分析，确认故障原因；根据工作需要，领取材料，组织团队严格按照电气系统维修操作规程、工艺规范、世界技能大赛重型车辆维修项目电气系统维修标准和企业安全生产制度进行 XE210E 新能源挖掘机高压系统无法上电故障排除工作；故障诊断与排除任务完成后，进行自检，清理场地，归置物品，处置废弃物；填写用户服务卡，交付验收，并对自己的工作进行总结。 工作过程中，学生应参照《汽车维护、检测、诊断技术规范》（GB/T 18344—2016）、《纯电动汽车维护、检测、诊断技术规范》（JT/T 1344—2020）、世界技能大赛重型车辆维修项目电气系统维修标准、《机动车维修服务规范》（JT/T 816—2021），按照电气系统维修操作规程、工艺规范作业，遵守企业安全生产制度、环保管理制度和"6S"管理制度。	60

教学实施建议

1. 师资要求

任课教师须具有工程机械电气疑难故障诊断与排除的企业实践经验，具备工程机械电气疑难故障诊断与排除工学一体化课程教学设计与实施、工学一体化课程教学资源选择与应用等能力。

2. 教学组织方式方法建议

采用行动导向的教学方法。为确保教学安全，合理使用实训设施设备，提高教学效果，建议采用分组教学的形式（5~6 人 / 组），同时培养学生的通用能力；在完成工作任务的过程中，教师须加强示范与指导，注重学生职业素养的培养。

有条件的地区，建议通过引企入校或建立校外实训基地为学生提供工程机械电气疑难故障诊断与排除的真实工作环境，由企业导师与专业教师协同教学。部分不具备条件的院校，可通过仿真软件模拟、观看视频等方式进行学习。

3. 教学资源配备建议

（1）教学场地

工程机械电气疑难故障诊断与排除教学场地须具备良好的安全、照明和通风条件。其中校内教学场地配备实施工程机械电气疑难故障诊断与排除工学一体化课程的一体化学习工作站，分为教学区、资讯区、工作区、工具区和展示区，并配备相应的多媒体教学设备等，面积以至少同时容纳 30 人开展教学活动为宜，可进行资料查阅、教师授课、小组研讨、任务实施、成果展示等功能；企业实训基地应具备工程机械电气疑难故障诊断与排除工作任务实践与技术培训等功能。

（2）工具、材料、设备（按组配置）

工具：呆扳手、活扳手、棘轮扳手、内六角扳手、退针器、斜口钳、剥线钳、压线钳、一字旋具、十字旋具、电工刀、卷尺、万用表、试灯、CAN 总线分析仪、放电工具、绝缘工具套装等。

材料：导线、冷压端子、并线端子、插接器、号码管、热缩管、绝缘胶带、波纹管、尼龙扎带、电气元件、清洗液等。

设备：工程机械电气实训设备、ZL50G 装载机、QY25K 汽车起重机、XE210E 新能源挖掘机等。

（3）教学资料

以工作页为主，配备信息页、任务单、材料领用单、工程机械电气系统元件布置图、布线图、维修手册、用户手册、操作手册、工程机械电气原理图、电气系统维修操作规程、工艺规范、《汽车维护、检测、诊断技术规范》（GB/T 18344—2016）、《纯电动汽车维护、检测、诊断技术规范》（JT/T 1344—2020）、世界技能大赛重型车辆维修项目电气系统维修标准、《机动车维修服务规范》（JT/T 816—2021）、课件、微课等教学资料。

4. 教学管理制度

执行工学一体化教学场所和教学组织的管理规定，如需要进行校外认识实习和岗位实习，应严格遵守校外实训基地、企业实习等管理制度。

教学考核要求

课程考核采用过程性考核与终结性考核相结合的方式。课程考核成绩 = 过程性考核成绩 ×60%+ 终结性考核成绩×40%。

1. 过程性考核（60%）

由3个参考性学习任务考核构成过程性考核。各参考性学习任务占比如下：ZL50G 装载机全车电压不稳故障诊断与排除，占比 20%；QY25K 汽车起重机 CAN 总线通信不良故障诊断与排除，占比 40%；XE210E 新能源挖掘机高压系统无法上电故障诊断与排除，占比为 40%。

上述参考性学习任务考核，应以其对应代表性工作任务的职业能力要求为依据，充分考虑任务的关键技能、学习重难点及学生未来的发展需求设计考核内容和评分细则，从专业能力、通用能力、职业素养、思政素养等维度对学生综合职业能力进行考核。

（1）专业能力的考核：主要包括各学习环节产出的学习成果，如任务单的领取和解读，工程机械电气系统元件布置图、布线图、维修手册的查阅，工程机械电气疑难故障诊断与排除工作计划的制订，工程机械电气疑难故障现象的确认，工程机械电气原理图的查阅，诊断流程的确认，工程机械电气疑难故障的诊断与原因确认，工程机械电气疑难故障排除与检验，工程机械电气系统的交付验收等完成任务的关键操作技能和心智技能，输出成果包括但不限于任务单、诊断维修方案、作业流程等多种形式。

（2）通用能力、职业素养和思政素养的考核：在学习任务实施过程中，依据任务的职业能力要求，考核学生的通用能力、职业素养和思政素养的养成。例如：通过解读任务单的高效性和准确性，考核学生的理解与表达能力；通过指导团队查阅工程机械电气系统元件布置图、布线图、维修手册的准确性，制订疑难故障诊断与排除工作计划的有效性和可行性，考核学生的交往与合作能力和优化意识；通过指导团队查阅用户手册、操作手册的准确性、勘查现场、熟练操作工程机械电气系统各功能、确认工程机械电气疑难故障现象的严谨性，记录故障数据信息的真实性，考核学生的责任意识；通过查阅工程机械电气原理图，运用故障树、流程图分析法的熟练性，确认诊断流程的逻辑性，考核学生的信息检索能力和解决问题能力；通过利用多种排查方法逐一系统地排查故障点，组织团队讨论分析并确认故障原因，考核学生的交往与合作能力和解决问题能力；通过工程机械电气疑难故障维修过程的创新性，工程机械电气系统各功能自检的责任性，工程机械电气疑难故障排除的高效性，考核学生的创新思维能力和成本意识、效率意识；通过工程机械电气系统交付流程的完整性、总结报告的撰写、工作经验的传授，考核学生的理解与表达能力和服务意识等。

2. 终结性考核（40%）

终结性考核应围绕课程目标，结合课程终结性考核要点，选择企业真实工作任务或设计学习任务进行考核。

学生根据任务情境中的要求，制订工作计划，勘查现场，确认故障现象，查阅工程机械电气原理图，确认诊断流程，准备诊断工具，诊断工程机械电气疑难故障，分析并确认故障原因，领取材料，按照作业流程和工艺要求，在规定时间内完成工程机械电气疑难故障排除，作业完成后应符合工程机械电气系统维修验收标准，工程机械性能达到客户要求。

考核说明：本课程的3个参考性学习任务属于递进式学习任务，故选择学习任务 XE210E 新能源挖掘机高压系统无法上电故障诊断与排除为终结性考核任务，该考核任务能够覆盖终结性考核要点。通过该任务的考核，能客观反映课程目标的达成情况。

考核任务案例：XE210E 新能源挖掘机高压系统无法上电故障诊断与排除

【情境描述】

某施工工地的一台 XE210E 新能源挖掘机高压系统无法上电，操作人员将上述故障反映到客服中心，为保证新能源挖掘机正常工作，需要进行故障诊断与排除，现班组长安排你负责该项工作。请你在 2 h 内依据电气系统维修操作规程、工艺规范，完成 XE210E 新能源挖掘机高压系统无法上电故障诊断与排除工作。

【任务要求】

根据任务的情境描述，在规定时间内，完成 XE210E 新能源挖掘机高压系统无法上电故障诊断与排除工作。

（1）解读任务单，列出 XE210E 新能源挖掘机高压系统无法上电故障诊断与排除的工作内容及要求，列出与班组长的沟通要点。

（2）查阅 XE210E 新能源挖掘机电气系统元件布置图、布线图、维修手册，制订合理的故障诊断与排除工作计划。

（3）查阅用户手册、XE210E 新能源挖掘机操作手册，勘查现场，规范操作 XE210E 新能源挖掘机高压系统上电功能，进一步确认高压系统无法上电故障现象，记录故障数据信息。

（4）参照《汽车维护、检测、诊断技术规范》（GB/T 18344—2016）、《纯电动汽车维护、检测、诊断技术规范》（JT/T 1344—2020）、世界技能大赛重型车辆维修项目电气系统维修标准，查阅 XE210E 新能源挖掘机电气原理图，运用故障树、流程图分析法，确认高压系统无法上电故障诊断流程。

（5）以表格形式列出完成任务所需的工具、材料、设备清单。

（6）根据诊断流程使用万用表、放电工具、绝缘工具套装等工具，通过外观检查、听声音、测量、对比、元件替代等方法查找故障点，确认高压系统无法上电的故障原因。

（7）按照电气系统维修操作规程、工艺规范、世界技能大赛重型车辆维修项目电气系统维修标准和企业安全生产制度，完成 XE210E 新能源挖掘机高压系统无法上电故障排除。

（8）依据企业质检流程和标准，规范完成 XE210E 新能源挖掘机高压系统上电功能的自检并记录。

（9）严格遵守《机动车维修服务规范》（JT/T 816—2021）、企业环保管理制度和"6S"管理制度，清理场地，归置物品，处置废弃物。

（10）完成用户服务卡的填写和 XE210E 新能源挖掘机的交付验收，并对自己的工作进行总结，提交用户服务卡、总结报告等过程性材料。

【参考资料】

完成上述任务时，可以使用常见的教学资源，如工作页、信息页、任务单、材料领用单、XE210E 新能源挖掘机电气系统元件布置图、布线图、维修手册、用户手册、操作手册、XE210E 新能源挖掘机电气原理图、电气系统维修操作规程、工艺规范、《汽车维护、检测、诊断技术规范》（GB/T 18344—2016）、《纯电动汽车维护、检测、诊断技术规范》（JT/T 1344—2020）、世界技能大赛重型车辆维修项目电气系统维修标准、《机动车维修服务规范》（JT/T 816—2021）、企业安全生产制度、环保管理制度、"6S"管理制度等。

（十八）工程机械发动机疑难故障诊断与排除课程标准

工学一体化课程名称	工程机械发动机疑难故障诊断与排除	基准学时	150

典型工作任务描述

工程机械发动机疑难故障诊断与排除是指针对涉及发动机的多个系统，可能由多个原因共同造成的，按照一般诊断方法无法查明故障原因的发动机故障进行诊断与排除的工作过程。工程机械发动机疑难故障诊断与排除主要包括工程机械发动机异响故障诊断与排除、工程机械发动机爆震故障诊断与排除等。

由于工作时间增加、维护不到位或维修不当，工程机械发动机可能出现各种疑难故障，为了使工程机械正常运行，保证工作性能，工程机械维修工需要对出现故障的发动机进行维修。工程机械发动机疑难故障诊断与排除工作一般发生在工程机械制造企业、工程施工企业、工程机械维修企业和工程机械租赁企业中，主要由技师层级的工程机械维修工完成。

工程机械维修工从上级主管处接受工程机械发动机疑难故障诊断与排除任务，阅读任务单，明确任务要求；指导团队查阅工程机械电气原理图、发动机装配图、维修手册，制订工作计划；指导团队查阅用户手册、操作手册，与客户进行专业沟通，勘查现场，确认工程机械发动机疑难故障现象；查阅工程机械电气原理图、发动机装配图，确认诊断流程；准备诊断工具，诊断工程机械发动机疑难故障，组织团队讨论分析，确认故障原因；根据工作需要，领取材料，组织团队严格按照发动机维修操作规程、工艺规范和企业安全生产制度进行工程机械发动机疑难故障排除工作；故障诊断与排除任务完成后，进行自检，清理场地，归置物品，处置废弃物；填写用户服务卡，交付客户验收，并对自己的工作进行总结。

工程机械发动机疑难故障诊断与排除过程中，应参照《汽车发动机大修竣工出厂技术条件》（GB/T 3799—2021）、《汽车维护、检测、诊断技术规范》（GB/T 18344—2016）、《机动车维修服务规范》（JT/T 816—2021），按照发动机维修操作规程、工艺规范作业，遵守企业安全生产制度、环保管理制度和"6S"管理制度。

工作内容分析

工作对象：	工具、材料、设备与资料：	工作要求：
1. 任务单的领取和解读；	1. 工具：套筒扳手、梅花扳手、呆扳手、活扳手、扭力扳手、内六角扳手、退针器、斜口钳、十字旋具、一字旋具、活塞环卡箍、铜棒、橡胶锤、钢丝钳、卡簧钳、刮刀、气门拆装工具、百分表、内径百分表、游标卡尺、塞尺、刀口尺、万用表、发动机故障诊断仪、尾气检测仪、毛刷等；	1. 解读任务单，有效获取任务信息；
2. 工程机械电气原理图、发动机装配图、维修手册的查阅，工程机械发动机疑难故障诊断与排除工作计划的制订；	2. 材料：导线、冷压端子、并线端子、插接器、号码管、热缩管、绝缘胶带、波纹管、尼龙扎带、机油、润滑脂、棉布、清洗液等；	2. 指导团队查阅工程机械电气原理图、发动机装配图、维修手册，制订工程机械发动机疑难故障诊断与排除工作计划；
3. 工程机械发动机疑难故障现象的确认；	3. 设备：ZL50G 装载机、XS203 压路机、行车、活塞加热设备等；	3. 指导团队查阅用户手册、操作手册，与客户进行专业沟通，勘查现场，进一步确认工程机械发动机疑难故障现象； 4. 参照《汽车发动机大修竣工出厂技术条件》（GB/T 3799—2021）、

4. 工程机械电气原理图、发动机装配图的查阅，诊断流程的确认； 5. 诊断工具的准备，工程机械发动机疑难故障的诊断与原因确认； 6. 材料的领取，工程机械发动机疑难故障排除与检验，场地清理、物品归置、废弃物处置； 7. 用户服务卡的填写，交付客户验收，工作总结。	4. 资料：任务单、材料领用单、工程机械电气原理图、发动机装配图、维修手册、用户手册、操作手册、发动机维修操作规程、工艺规范、《汽车发动机大修竣工出厂技术条件》（GB/T 3799—2021）、《汽车维护、检测、诊断技术规范》（GB/T 18344—2016）、《机动车维修服务规范》（JT/T 816—2021）、企业安全生产制度、环保管理制度、"6S"管理制度、用户服务卡等。 **工作方法：** 1. 工作现场沟通法； 2. 资料查阅法； 3. 工程机械操作法； 4. 勘查法； 5. 故障树、流程图分析法； 6. 材料领用法； 7. 工具使用法； 8. 发动机故障排查法； 9. 发动机维修法； 10. 用户服务卡填写法； 11. 发动机检测法； 12. 工作总结法。 **劳动组织方式：** 以独立的方式进行工作。从上级主管处领取工作任务，与其他部门有效沟通、协调，准备工具，从仓库领取材料，完成工程发动机疑难故障诊断与排除，完工自检后交付客户验收。	《汽车维护、检测、诊断技术规范》（GB/T 18344—2016），查阅工程机械电气原理图、发动机装配图，确认诊断流程； 5. 遵守企业工具管理制度，依据诊断流程，准备诊断工具，诊断工程机械发动机疑难故障，组织团队讨论分析，确认故障原因； 6. 遵守企业材料管理制度，与仓库管理员进行沟通，领取材料，组织团队按照发动机维修操作规程、工艺规范和企业安全生产制度进行工程机械发动机疑难故障排除工作；故障诊断与排除任务完成后，进行自检，按照《机动车维修服务规范》（JT/T 816—2021）、企业环保管理制度和"6S"管理制度清理场地，归置物品，处置废弃物； 7. 依据工作流程，填写用户服务卡，将维修合格的工程机械发动机交付客户验收，并对自己的工作进行总结。

课程目标

学习完本课程后，学生应当能够胜任工程机械发动机疑难故障诊断与排除工作，包括：

1. 能解读和分析工程机械发动机疑难故障诊断与排除任务单，有效获取工程机械使用信息、故障描述、客户信息等任务信息。

2. 能指导团队查阅工程机械电气原理图、发动机装配图、维修手册，制订工程机械发动机疑难故障诊断与排除工作计划。

3. 能指导团队查阅用户手册、操作手册，与教师围绕工程机械使用状况、故障现象等进行沟通交流，勘查现场，熟练操作工程机械发动机各功能，进一步确认工程机械发动机疑难故障现象，记录故障数据信息。

4. 能参照《汽车发动机大修竣工出厂技术条件》（GB/T 3799—2021）、《汽车维护、检测、诊断技术规范》（GB/T 18344—2016）、世界技能大赛重型车辆维修项目发动机维修标准，查阅工程机械电气原理图、发动机装配图，熟练运用故障树、流程图分析法，确认工程机械发动机疑难故障诊断流程，并得到教师的认可。

5. 能遵守企业工具管理制度，依据诊断流程，准备发动机故障诊断仪等工具，熟练使用工具通过外观检查、听声音、测量、对比、元件替代等方法查找故障点，组织团队讨论分析，确认故障原因。

6. 能遵守企业材料管理制度，与模拟仓库管理员进行沟通，领取工程机械发动机疑难故障排除所需的机油等材料，组织团队熟练运用元件清洗、更换、断线并接等发动机维修法，按照发动机维修操作规程、工艺规范、世界技能大赛重型车辆维修项目发动机维修标准和企业安全生产制度，规范完成工程机械发动机疑难故障排除工作；故障诊断与排除任务完成后，进行自检，按照《机动车维修服务规范》（JT/T 816—2021）、企业环保管理制度和"6S"管理制度清理场地，归置物品，处置废弃物。

7. 能依据工作流程，填写用户服务卡，将维修合格的工程机械发动机交付教师验收，并对自己的工作进行总结，传授经验给团队成员。

学习内容

本课程的主要学习内容包括：

一、任务单的领取和解读

实践知识：

工程机械发动机疑难故障诊断与排除任务单的使用。

任务单中工程机械使用信息、故障描述、客户信息等任务信息的解读。

理论知识：

任务的交付标准，工程机械使用信息的含义。

二、工程机械电气原理图、发动机装配图、维修手册的查阅，工程机械发动机疑难故障诊断与排除工作计划的制订

实践知识：

工程机械电气原理图、发动机装配图、维修手册的使用。

工程机械电气原理图、发动机装配图、维修手册的查阅，工程机械发动机疑难故障诊断与排除工作计划的制订。

理论知识：

工程机械电气原理图、发动机装配图，工程机械发动机疑难故障诊断与排除工作计划的格式、内容与撰写要求。

三、工程机械发动机疑难故障现象的确认

实践知识：

用户手册、操作手册的使用。

工程机械操作法的应用。

工程机械发动机异响、爆震故障现象的再现操作和确认，故障数据信息的记录。

理论知识：

工程机械发动机各功能操作注意事项，故障数据信息的含义。

四、工程机械电气原理图、发动机装配图的查阅，诊断流程的确认

实践知识：

《汽车发动机大修竣工出厂技术条件》（GB/T 3799—2021）、《汽车维护、检测、诊断技术规范》（GB/T 18344—2016）、世界技能大赛重型车辆维修项目发动机维修标准、工程机械电气原理图、发动机装配图等资料的使用。

工程机械发动机疑难故障诊断与排除工作计划合理性的判断、计划的修改完善，诊断流程的确认。

理论知识：

工程机械发动机疑难故障诊断与排除的原则、工作流程和职责，工程机械发动机疑难故障诊断流程。

五、诊断工具的准备，工程机械发动机疑难故障的诊断与原因确认

实践知识：

套筒扳手、梅花扳手、呆扳手、活扳手、扭力扳手、内六角扳手、退针器、斜口钳、十字旋具、一字旋具、活塞环卡箍、铜棒、橡胶锤、钢丝钳、卡簧钳、刮刀、气门拆装工具、百分表、内径百分表、游标卡尺、塞尺、刀口尺、万用表、发动机故障诊断仪、尾气检测仪、毛刷等工具的使用。

发动机故障排查法（疑难故障的排查）的应用。

诊断工具的准备，工程机械发动机疑难故障的诊断，故障原因的分析、确认。

理论知识：

工程机械发动机异响、爆震的常见故障原因，外观检查、听声音、测量、对比、元件替代等故障排查法的适用场景。

六、材料的领取，工程机械发动机疑难故障排除与检验，场地清理、物品归置、废弃物处置

实践知识：

套筒扳手、梅花扳手、呆扳手、活扳手、扭力扳手、内六角扳手、退针器、斜口钳、十字旋具、一字旋具、活塞环卡箍、铜棒、橡胶锤、钢丝钳、卡簧钳、刮刀、气门拆装工具、百分表、内径百分表、游标卡尺、塞尺、刀口尺、万用表、发动机故障诊断仪、尾气检测仪、毛刷等工具的使用，导线、冷压端子、并线端子、插接器、号码管、热缩管、绝缘胶带、波纹管、尼龙扎带、机油、润滑脂、棉布、清洗液等材料的使用，工程机械发动机实训设备、ZL50G 装载机、XS203 压路机、行车、活塞加热设备等设备的使用，发动机维修操作规程、工艺规范、世界技能大赛重型车辆维修项目发动机维修标准、《机动车维修服务规范》（JT/T 816—2021）、企业安全生产制度、环保管理制度、"6S"管理制度等资料的使用。

发动机维修法（疑难故障的维修）的应用。

材料的领取，工程机械发动机异响、爆震故障的排除，工程机械发动机各功能的自检，场地清理、物品归置、废弃物处置。

理论知识：

发动机维修操作规程、工艺规范、世界技能大赛重型车辆维修项目发动机维修标准，企业安全生产制度、环保管理制度和"6S"管理制度，发动机功能检测标准。

七、用户服务卡的填写，交付客户验收，工作总结

实践知识：

用户服务卡的使用。

将维修合格的工程机械发动机交付客户验收，工作总结。

理论知识：

发动机功能检测标准。

八、通用能力、职业素养、思政素养

自主学习、自我管理、信息检索、理解与表达、交往与合作、创新思维、解决问题等通用能力，规范意识、安全意识、质量意识、环保意识、责任意识、成本意识、服务意识、优化意识、效率意识等职业素养，以及劳模精神、劳动精神、工匠精神等思政素养。

参考性学习任务

序号	名称	学习任务描述	参考学时
1	ZL50G装载机发动机异响故障诊断与排除	某工程机械维修企业接收了一台ZL50G装载机，操作人员反映发动机运行过程中有异响，上级主管安排工程机械维修工在3天内完成故障诊断与排除，并交付验收。 　　学生从教师处接受ZL50G装载机发动机异响故障诊断与排除任务，阅读任务单，明确任务要求；指导团队查阅ZL50G装载机电气原理图、发动机装配图、维修手册，制订工作计划；指导团队查阅用户手册、操作手册，与教师进行专业沟通，勘查现场，确认ZL50G装载机发动机异响故障现象；查阅ZL50G装载机电气原理图、发动机装配图，确认诊断流程；准备诊断工具，诊断ZL50G装载机发动机异响故障，组织团队讨论分析，确认故障原因；根据工作需要，领取材料，组织团队严格按照发动机维修操作规程、工艺规范、世界技能大赛重型车辆维修项目发动机维修标准和企业安全生产制度进行ZL50G装载机发动机异响故障排除工作；故障诊断与排除任务完成后，进行自检，清理场地，归置物品，处置废弃物；填写用户服务卡，交付验收，并对自己的工作进行总结。 　　工作过程中，学生应参照《汽车发动机大修竣工出厂技术条件》（GB/T 3799—2021）、《汽车维护、检测、诊断技术规范》（GB/T 18344—2016）、世界技能大赛重型车辆维修项目发动机	90

		维修标准、《机动车维修服务规范》（JT/T 816—2021），按照发动机维修操作规程、工艺规范作业，遵守企业安全生产制度、环保管理制度和"6S"管理制度。	
1	ZL50G 装载机发动机异响故障诊断与排除		
2	XS203 压路机发动机爆震故障诊断与排除	某工程机械维修企业接收了一台 XS203 压路机，操作人员反映发动机有敲缸的声音，上级主管安排工程机械维修工在 3 天内完成故障诊断与排除，并交付验收。 　　学生从教师处接受 XS203 压路机发动机爆震故障诊断与排除任务，阅读任务单，明确任务要求；指导团队查阅 XS203 压路机电气原理图、发动机装配图、维修手册，制订工作计划；指导团队查阅用户手册、操作手册，与教师进行专业沟通，勘查现场，确认 XS203 压路机发动机爆震故障现象；查阅 XS203 压路机电气原理图、发动机装配图，确认诊断流程；准备诊断工具，诊断 XS203 压路机发动机爆震故障，组织团队讨论分析，确认故障原因；根据工作需要，领取材料，组织团队严格按照发动机维修操作规程、工艺规范、世界技能大赛重型车辆维修项目发动机维修标准和企业安全生产制度进行 XS203 压路机发动机爆震故障排除工作；故障诊断与排除任务完成后，进行自检，清理场地，归置物品，处置废弃物；填写用户服务卡，交付验收，并对自己的工作进行总结。 　　工作过程中，学生应参照《汽车发动机大修竣工出厂技术条件》（GB/T 3799—2021）、《汽车维护、检测、诊断技术规范》（GB/T 18344—2016）、世界技能大赛重型车辆维修项目发动机维修标准、《机动车维修服务规范》（JT/T 816—2021），按照发动机维修操作规程、工艺规范作业，遵守企业安全生产制度、环保管理制度和"6S"管理制度。	60

教学实施建议

1. 师资要求

任课教师须具有工程机械发动机疑难故障诊断与排除的企业实践经验，具备工程机械发动机疑难故障诊断与排除工学一体化课程教学设计与实施、工学一体化课程教学资源选择与应用等能力。

2. 教学组织方式方法建议

采用行动导向的教学方法。为确保教学安全，合理使用实训设施设备，提高教学效果，建议采用分组教学的形式（5～6 人 / 组），同时培养学生的通用能力；在完成工作任务的过程中，教师须加强示范与指导，注重学生职业素养的培养。

有条件的地区，建议通过引企入校或建立校外实训基地为学生提供工程机械发动机疑难故障诊断与排除的真实工作环境，由企业导师与专业教师协同教学。部分不具备条件的院校，可通过仿真软件模拟、观看视频等方式进行学习。

3. 教学资源配备建议

（1）教学场地

工程机械发动机疑难故障诊断与排除教学场地须具备良好的安全、照明和通风条件。其中校内教学场地配备实施工程机械发动机疑难故障诊断与排除工学一体化课程的一体化学习工作站，分为教学区、资讯区、工作区、工具区和展示区，并配备相应的多媒体教学设备等，面积以至少同时容纳 30 人开展教学活动为宜，可进行资料查阅、教师授课、小组研讨、任务实施、成果展示等功能；企业实训基地应具备工程机械发动机疑难故障诊断与排除工作任务实践与技术培训等功能。

（2）工具、材料、设备（按组配置）

工具：套筒扳手、梅花扳手、呆扳手、活扳手、扭力扳手、内六角扳手、退针器、斜口钳、十字旋具、一字旋具、活塞环卡箍、铜棒、橡胶锤、钢丝钳、卡簧钳、刮刀、气门拆装工具、百分表、内径百分表、游标卡尺、塞尺、刀口尺、万用表、发动机故障诊断仪、尾气检测仪、毛刷等。

材料：导线、冷压端子、并线端子、插接器、号码管、热缩管、绝缘胶带、波纹管、尼龙扎带、机油、润滑脂、棉布、清洗液等。

设备：工程机械发动机实训设备、ZL50G 装载机、XS203 压路机、行车、活塞加热设备等。

（3）教学资料

以工作页为主，配备信息页、任务单、材料领用单、工程机械电气原理图、发动机装配图、维修手册、用户手册、操作手册、发动机维修操作规程、工艺规范、《汽车发动机大修竣工出厂技术条件》（GB/T 3799—2021）、《汽车维护、检测、诊断技术规范》（GB/T 18344—2016）、世界技能大赛重型车辆维修项目发动机维修标准、《机动车维修服务规范》（JT/T 816—2021）、课件、微课等教学资料。

4. 教学管理制度

执行工学一体化教学场所和教学组织的管理规定，如需要进行校外认识实习和岗位实习，应严格遵守校外实训基地、企业实习等管理制度。

教学考核要求

课程考核采用过程性考核与终结性考核相结合的方式。课程考核成绩 = 过程性考核成绩 ×60%+ 终结性考核成绩 ×40%。

1. 过程性考核（60%）

由 2 个参考性学习任务考核构成过程性考核，各参考性学习任务占比均为 50%。

上述参考性学习任务考核，应以其对应代表性工作任务的职业能力要求为依据，充分考虑任务的关键技能、学习重难点及学生未来的发展需求设计考核内容和评分细则，从专业能力、通用能力、职业素养、思政素养等维度对学生综合职业能力进行考核。

（1）专业能力的考核：主要包括各学习环节产出的学习成果，如任务单的领取和解读，工程机械电气原理图、发动机装配图、维修手册的查阅，工程机械发动机疑难故障诊断与排除工作计划的制订，工程机械发动机疑难故障现象的确认，诊断流程的确认，工程机械发动机疑难故障的诊断与原因确认，工程机械发动机疑难故障排除与检验，工程机械发动机的交付验收等完成任务的关键操作技能和心智技能，输出成果包括但不限于任务单、诊断维修方案、作业流程等多种形式。

（2）通用能力、职业素养和思政素养的考核：在学习任务实施过程中，依据任务的职业能力要求，考核学生的通用能力、职业素养和思政素养的养成。例如：通过解读任务单的高效性和准确性，考核学生的理解与表达能力；通过指导团队查阅工程机械电气原理图、发动机装配图、维修手册的准确性，制订疑难故障诊断与排除工作计划的有效性和可行性，考核学生的交往与合作能力和优化意识；通过指导团队查阅用户手册、操作手册的准确性，勘查现场、熟练操作工程机械发动机各功能、确认工程机械发动机疑难故障现象的严谨性，记录故障数据信息的真实性，考核学生的责任意识；通过查阅工程机械电气原理图、发动机装配图，运用故障树、流程图分析法的熟练性，确认诊断流程的逻辑性，考核学生的信息检索能力和解决问题能力；通过利用多种排查方法逐一系统地排查故障点，组织团队讨论分析并确认故障原因，考核学生的交往与合作能力和解决问题能力；通过工程机械发动机疑难故障维修过程的创新性，工程机械发动机各功能自检的责任性，工程机械发动机疑难故障排除的高效性，考核学生的创新思维能力和成本意识、效率意识；通过工程机械发动机交付流程的完整性、总结报告的撰写、工作经验的传授，考核学生的理解与表达能力和服务意识等。

2. 终结性考核（40%）

终结性考核应围绕课程目标，结合课程终结性考核要点，选择企业真实工作任务或设计学习任务进行考核。

学生根据任务情境中的要求，制订工作计划，勘查现场，确认故障现象，查阅工程机械电气原理图、发动机装配图，确认诊断流程，准备诊断工具，诊断工程机械发动机疑难故障，分析并确认故障原因，领取材料，按照作业流程和工艺要求，在规定时间内完成工程机械发动机疑难故障排除，作业完成后应符合工程机械发动机维修验收标准，工程机械性能达到客户要求。

考核说明：本课程的 2 个参考性学习任务属于平行式学习任务，故设计综合性任务 XS203 压路机发动机工作无力故障诊断与排除为终结性考核任务，该考核任务能够覆盖终结性考核要点。通过该任务的考核，能客观反映课程目标的达成情况。

考核任务案例：XS203 压路机发动机工作无力故障诊断与排除

【情境描述】

某工程机械维修企业接收了一台 XS203 压路机，操作人员反映发动机工作无力，为保证压路机正常工作，需要进行故障诊断与排除，现班组长安排你负责该项工作。请你在 2 h 内依据发动机维修操作规程、工艺规范，完成 XS203 压路机发动机工作无力故障诊断与排除工作。

【任务要求】

根据任务的情境描述，在规定时间内，完成 XS203 压路机发动机工作无力故障诊断与排除工作。

（1）解读任务单，列出 XS203 压路机发动机工作无力故障诊断与排除的工作内容及要求，列出与班组长的沟通要点。

（2）查阅 XS203 压路机电气原理图、发动机装配图、维修手册，制订合理的故障诊断与排除工作计划。

（3）查阅用户手册、XS203 压路机操作手册，勘查现场，规范操作 XS203 压路机发动机运行功能，进一步确认发动机工作无力故障现象，记录故障数据信息。

（4）参照《汽车发动机大修竣工出厂技术条件》（GB/T 3799—2021）、《汽车维护、检测、诊断技术规范》（GB/T 18344—2016）、世界技能大赛重型车辆维修项目发动机维修标准，查阅 XS203 压路机电气原理图、发动机装配图，运用故障树、流程图分析法，确认发动机工作无力故障诊断流程。

（5）以表格形式列出完成任务所需的工具、材料、设备清单。

（6）根据诊断流程使用呆扳手、发动机故障诊断仪等工具，通过外观检查、听声音、测量、对比、元件替代等方法查找故障点，确认发动机工作无力的故障原因。

（7）按照发动机维修操作规程、工艺规范、世界技能大赛重型车辆维修项目发动机维修标准和企业安全生产制度，完成 XS203 压路机发动机工作无力故障排除。

（8）依据企业质检流程和标准，规范完成 XS203 压路机发动机运行功能的自检并记录。

（9）严格遵守《机动车维修服务规范》（JT/T 816—2021）、企业环保管理制度和"6S"管理制度，清理场地，归置物品，处置废弃物。

（10）完成用户服务卡的填写和 XS203 压路机的交付验收，并对自己的工作进行总结，提交用户服务卡、总结报告等过程性材料。

【参考资料】

完成上述任务时，可以使用常见的教学资源，如工作页、信息页、任务单、材料领用单、XS203 压路机电气原理图、发动机装配图、维修手册、用户手册、操作手册、发动机维修操作规程、工艺规范、《汽车发动机大修竣工出厂技术条件》（GB/T 3799—2021）、《汽车维护、检测、诊断技术规范》（GB/T 18344—2016）、世界技能大赛重型车辆维修项目发动机维修标准、《机动车维修服务规范》（JT/T 816—2021）、企业安全生产制度、环保管理制度、"6S"管理制度等。

（十九）工程机械总成大修课程标准

工学一体化课程名称	工程机械总成大修	基准学时	150
典型工作任务描述			

工程机械总成大修是指工程机械经过较长时间的运转后，各主要总成因老化均已达到使用极限，为使其性能恢复到出厂时的标准，将总成进行解体、清洗、检查和修理或更换的工作过程。工程机械总成大修主要包括工程机械主泵大修、工程机械主阀大修、工程机械变速器大修等。

当工程机械总成因老化而达到使用极限时，就会失去应有的性能，为了满足使用要求，恢复总成的设计功能，需要按照工艺规范对总成进行大修。工程机械总成大修工作一般发生在工程机械制造企业、工程施工企业、工程机械维修企业和工程机械租赁企业中，主要由技师层级的工程机械维修工完成。

工程机械维修工从上级主管处接受工程机械总成大修任务，阅读任务单，明确任务要求；协同使用单位的技术负责人、管理人员和操作人员等对工程机械总成进行技术分析鉴定，根据分析结果制订大修工作计划；根据工作需要，领取材料，准备工具、设备，做好工作现场准备；组织团队将工程机械总成进行解体、清洗、检查和修理，并按照工艺规范进行工程机械总成装配与装机；依据工程机械总成质量标准及原生产厂家提供的主要技术参数对大修后的工程机械总成进行技术性能测试，给出大修评价；任务完成后，清理场地，归置物品，处置废弃物；填写用户服务卡，交付客户验收，并对自己的工作进行总结。

工程机械总成大修过程中，应参照《机动车维修服务规范》（JT/T 816—2021），按照总成大修操作规程、工艺规范作业，遵守企业安全生产制度、环保管理制度和"6S"管理制度。

工作内容分析

工作对象：	工具、材料、设备与资料：	工作要求：
1. 任务单的领取和解读； 2. 工程机械总成的技术分析鉴定，工程机械总成大修工作计划的制订； 3. 材料的领取，工具、设备的准备； 4. 工程机械总成解体、清洗、检查和修理，工程机械总成装配与装机； 5. 工程机械总成质量标准及原生产厂家提供的主要技术参数的查阅，工程机械总成技术性能的测试，场地清理、物品归置、废弃物处置； 6. 用户服务卡的填写，交付客户验收，工作总结。	1. 工具：扭力扳手、呆扳手、梅花扳手、棘轮扳手、风动扳手、套筒扳手、手锤、铜棒、游标卡尺、千分尺、塞尺、平尺、百分表、内径百分表等； 2. 材料：密封胶、清洗液、制动液、润滑脂、润滑油、齿轮油等； 3. 设备：XE210挖掘机主泵、XE210挖掘机主阀、ZL50G装载机变速器、压力机、部件工装、KPK起重机、行车等； 4. 资料：任务单、材料领用单、总成大修操作规程、工艺规范、《机动车维修服务规范》（JT/T 816—2021）、企业安全生产制度、环保管理制度、"6S"管理制度、用户服务卡等。 **工作方法：** 1. 工作现场沟通法； 2. 资料查阅法； 3. 材料领用法； 4. 工具使用法； 5. 设备使用法； 6. 总成技术分析鉴定法； 7. 总成维修法； 8. 总成技术性能检测法； 9. 用户服务卡填写法； 10. 工作总结法。 **劳动组织方式：** 以独立的方式进行工作。从上级主管处领取工作任务，与其他部门有效沟通、协调，从仓库领取材料，准备工具、设备，完成工程机械总成大修，完工自检后交付客户验收。	1. 解读任务单，有效获取任务信息； 2. 依据任务内容和要求，与使用单位的技术负责人、管理人员、操作人员等进行沟通交流，对工程机械总成进行技术分析鉴定，制订工程机械总成大修工作计划； 3. 遵守企业设备、工具、材料管理制度，与仓库管理员进行沟通，领取材料，准备工具、设备，做好工作现场准备； 4. 按照总成大修操作规程和企业安全生产制度，组织团队将工程机械总成进行解体、清洗、检查和修理，并按照工艺规范进行工程机械总成装配与装机； 5. 依据工程机械总成质量标准及原生产厂家提供的主要技术参数，对大修后的工程机械总成进行技术性能测试；任务完成后，清理场地、归置物品、处置废弃物； 6. 依据工作流程，填写用户服务卡，将维修合格的工程机械总成交付客户验收，并对自己的工作进行总结。

课程目标

学习完本课程后，学生应当能够胜任工程机械总成大修工作，包括：

1. 能解读和分析工程机械总成大修任务单，有效获取工程机械使用信息、故障描述、客户信息等任务信息。

2. 能依据任务内容和要求，与教师进行沟通交流，对工程机械总成进行技术分析鉴定，根据分析结果制订工程机械总成大修工作计划。

3. 能遵守企业设备、工具、材料管理制度，与模拟仓库管理员进行沟通，领取工程机械总成大修所需的材料，准备工具、设备，做好工作现场准备。

4. 能按照总成大修操作规程和企业安全生产制度，组织团队将工程机械总成进行解体、清洗、检查和修理，并严格按照工艺规范进行工程机械总成装配与装机。

5. 能依据工程机械总成质量标准及原生产厂家提供的主要技术参数，对大修后的工程机械总成进行技术性能测试；任务完成后，按照《机动车维修服务规范》（JT/T 816—2021）、企业环保管理制度和"6S"管理制度清理场地、归置物品、处置废弃物。

6. 能依据工作流程，填写用户服务卡，将维修合格的工程机械总成交付教师验收，并对自己的工作进行总结，传授经验给团队成员。

学习内容

本课程的主要学习内容包括：

一、任务单的领取和解读

实践知识：

工程机械总成大修任务单的使用。

任务单中工程机械使用信息、故障描述、客户信息等任务信息的解读。

理论知识：

工程机械主泵、主阀、变速器等总成大修的判定依据，任务的交付标准，工程机械使用信息的含义。

二、工程机械总成的技术分析鉴定，工程机械总成大修工作计划的制订

实践知识：

总成技术分析鉴定法的应用。

工程机械各总成的技术分析鉴定，工程机械总成大修工作计划的制订。

理论知识：

工程机械总成大修工作计划的格式、内容与撰写要求。

三、材料的领取，工具、设备的准备

实践知识：

材料领用单的使用。

材料的领取，工具、设备的准备，材料、工具、设备的检查与确认。

理论知识：

企业设备、工具、材料管理制度，工具、设备的选用原则，设备的精度、量程、型号等，材料的型号、

类别等，材料管理制度和领用流程。

四、工程机械总成解体、清洗、检查和修理，工程机械总成装配与装机

实践知识：

扭力扳手、呆扳手、梅花扳手、棘轮扳手、风动扳手、套筒扳手、手锤、铜棒、游标卡尺、千分尺、塞尺、平尺、百分表、内径百分表等工具的使用，密封胶、清洗液、制动液、润滑脂、润滑油、齿轮油等材料的使用，XE210挖掘机主泵、XE210挖掘机主阀、ZL50G装载机变速器、压力机、部件工装、KPK起重机、行车等设备的使用，总成大修操作规程、工艺规范、企业安全生产制度等资料的使用。

总成维修法的应用。

工程机械总成的解体、清洗、检查和修理，工程机械总成的装配与装机。

理论知识：

总成大修操作规程、工艺规范，企业安全生产制度。

五、工程机械总成质量标准及原生产厂家提供的主要技术参数的查阅，工程机械总成技术性能的测试、场地清理、物品归置、废弃物处置

实践知识：

《机动车维修服务规范》（JT/T 816—2021）、企业环保管理制度、"6S"管理制度等资料的使用。

总成技术性能检测法的应用。

工程机械总成质量标准及原生产厂家提供的主要技术参数的查阅，工程机械总成技术性能的测试，场地清理、物品归置、废弃物处置。

理论知识：

企业环保管理制度和"6S"管理制度，总成技术性能检测标准。

六、用户服务卡的填写，交付客户验收，工作总结

实践知识：

用户服务卡的使用。

将维修合格的工程机械总成交付客户验收，工作总结。

理论知识：

总成技术性能检测标准。

七、通用能力、职业素养、思政素养

自主学习、自我管理、信息检索、理解与表达、交往与合作、创新思维、解决问题等通用能力，规范意识、安全意识、质量意识、环保意识、责任意识、成本意识、服务意识、优化意识、效率意识等职业素养，以及劳模精神、劳动精神、工匠精神等思政素养。

		参考性学习任务	
序号	名称	学习任务描述	参考学时
1	XE210挖掘机主泵大修	某工程机械再制造企业的工程机械维修工接到上级主管下发的任务，需要对XE210挖掘机主泵进行大修，要求在3天内完成并交付验收。	48

1	XE210挖掘机主泵大修	学生从教师处接受XE210挖掘机主泵大修任务，阅读任务单，明确任务要求；对XE210挖掘机主泵进行技术分析鉴定，根据分析结果制订大修工作计划；根据工作需要，领取材料，准备工具、设备，做好工作现场准备；组织团队对XE210挖掘机主泵进行解体、清洗、检查和修理，并按照工艺规范进行XE210挖掘机主泵装配与装机；依据XE210挖掘机主泵质量标准及原生产厂家提供的主要技术参数，对大修后的XE210挖掘机主泵进行技术性能测试，给出大修评价；任务完成后清理场地，归置物品，处置废弃物；填写用户服务卡，交付验收，并对自己的工作进行总结。 工作过程中，学生应参照《机动车维修服务规范》(JT/T 816—2021)，按照总成大修操作规程、工艺规范作业，遵守企业安全生产制度、环保管理制度和"6S"管理制度。	
2	XE210挖掘机主阀大修	某工程机械再制造企业的工程机械维修工接到上级主管下发的任务，需要对XE210挖掘机主阀进行大修，要求在3天内完成并交付验收。 学生从教师处接受XE210挖掘机主阀大修任务，阅读任务单，明确任务要求；对XE210挖掘机主阀进行技术分析鉴定，根据分析结果制订大修工作计划；根据工作需要，领取材料，准备工具、设备，做好工作现场准备；组织团队对XE210挖掘机主阀进行解体、清洗、检查和修理，并按照工艺规范进行XE210挖掘机主阀装配与装机；依据XE210挖掘机主阀质量标准及原生产厂家提供的主要技术参数，对大修后的XE210挖掘机主阀进行技术性能测试，给出大修评价；任务完成后清理场地，归置物品，处置废弃物；填写用户服务卡，交付验收，并对自己的工作进行总结。 工作过程中，学生应参照《机动车维修服务规范》(JT/T 816—2021)，按照总成大修操作规程、工艺规范作业，遵守企业安全生产制度、环保管理制度和"6S"管理制度。	48
3	ZL50G装载机变速器大修	某工程机械再制造企业的工程机械维修工接到上级主管下发的任务，需要对ZL50G装载机变速器进行大修，要求在4天内完成并交付验收。 学生从教师处接受ZL50G装载机变速器大修任务，阅读任务单，明确任务要求；对ZL50G装载机变速器进行技术分析鉴定，根据分析结果制订大修工作计划；根据工作需要，领取材料，准备工具、设备，做好工作现场准备；组织团队对ZL50G装载机变速器进行解体、清洗、检查和修理，并按照工艺规范进行ZL50G装载机变速器装配与装	54

3	ZL50G 装载机变速器大修	机；依据 ZL50G 装载机变速器质量标准及原生产厂家提供的主要技术参数，对大修后的 ZL50G 装载机变速器进行技术性能测试，给出大修评价；任务完成后清理场地，归置物品，处置废弃物；填写用户服务卡，交付验收，并对自己的工作进行总结。 工作过程中，学生应参照《机动车维修服务规范》（JT/T 816—2021），按照总成大修操作规程、工艺规范作业，遵守企业安全生产制度、环保管理制度和"6S"管理制度。	

教学实施建议

1. 师资要求

任课教师须具有工程机械总成大修的企业实践经验，具备工程机械总成大修工学一体化课程教学设计与实施、工学一体化课程教学资源选择与应用等能力。

2. 教学组织方式方法建议

采用行动导向的教学方法。为确保教学安全，合理使用实训设施设备，提高教学效果，建议采用分组教学的形式（5~6 人 / 组），同时培养学生的通用能力；在完成工作任务的过程中，教师须加强示范与指导，注重学生职业素养的培养。

有条件的地区，建议通过引企入校或建立校外实训基地为学生提供工程机械总成大修的真实工作环境，由企业导师与专业教师协同教学。部分不具备条件的院校，可通过仿真软件模拟、观看视频等方式进行学习。

3. 教学资源配备建议

（1）教学场地

工程机械总成大修教学场地须具备良好的安全、照明和通风条件。其中校内教学场地配备实施工程机械总成大修工学一体化课程的一体化学习工作站，分为教学区、资讯区、工作区、工具区和展示区，并配备相应的多媒体教学设备等，面积以至少同时容纳 30 人开展教学活动为宜，可进行资料查阅、教师授课、小组研讨、任务实施、成果展示等功能；企业实训基地应具备工程机械总成大修工作任务实践与技术培训等功能。

（2）工具、材料、设备（按组配置）

工具：扭力扳手、呆扳手、梅花扳手、棘轮扳手、风动扳手、套筒扳手、手锤、铜棒、游标卡尺、千分尺、塞尺、平尺、百分表、内径百分表等。

材料：密封胶、清洗液、制动液、润滑脂、润滑油、齿轮油等。

设备：XE210 挖掘机主泵、XE210 挖掘机主阀、ZL50G 装载机变速器、压力机、部件工装、KPK 起重机、行车等。

（3）教学资料

以工作页为主，配备信息页、任务单、材料领用单、总成大修操作规程、工艺规范、《机动车维修服务规范》（JT/T 816—2021）、课件、微课等教学资料。

4. 教学管理制度

执行工学一体化教学场所和教学组织的管理规定，如需要进行校外认识实习和岗位实习，应严格遵守校外实训基地、企业实习等管理制度。

教学考核要求

课程考核采用过程性考核与终结性考核相结合的方式。课程考核成绩 = 过程性考核成绩 ×60%+ 终结性考核成绩 ×40%。

1. 过程性考核（60%）

由 3 个参考性学习任务考核构成过程性考核。各参考性学习任务占比如下：XE210 挖掘机主泵大修，占比 30%；XE210 挖掘机主阀大修，占比 30%；ZL50G 装载机变速器大修，占比 40%。

上述参考性学习任务考核，应以其对应代表性工作任务的职业能力要求为依据，充分考虑任务的关键技能、学习重难点及学生未来的发展需求设计考核内容和评分细则，从专业能力、通用能力、职业素养、思政素养等维度对学生综合职业能力进行考核。

（1）专业能力的考核：主要包括各学习环节产出的学习成果，如任务单的领取和解读，工程机械总成大修工作计划的制订，工程机械总成解体、清洗、检查和修理，工程机械总成装配与装机，工程机械总成技术性能的测试，工程机械总成的交付验收等完成任务的关键操作技能和心智技能，输出成果包括但不限于任务单、大修方案、作业流程等多种形式。

（2）通用能力、职业素养和思政素养的考核：在学习任务实施过程中，依据任务的职业能力要求，考核学生的通用能力、职业素养和思政素养的养成。例如：通过解读任务单的高效性和准确性，考核学生的理解与表达能力；通过协同沟通的高效性，工程机械总成技术分析鉴定的精准性，制订总成大修工作计划的有效性和可行性，考核学生的交往与合作能力和优化意识；通过领用材料、准备工具和设备的高效性和精准性，考核学生的责任意识；通过工程机械总成大修过程的创新性和高效性，工程机械总成质量自检的责任性，清理场地、归置物品、处置废弃物的执行性，考核学生的创新思维能力和环保意识、成本意识、效率意识；通过工程机械总成交付流程的完整性、总结报告的撰写、工作经验的传授，考核学生的理解与表达能力和服务意识。

2. 终结性考核（40%）

终结性考核应围绕课程目标，结合课程终结性考核要点，选择企业真实工作任务或设计学习任务进行考核。

学生根据任务情境中的要求，对工程机械总成进行技术分析鉴定，制订工作计划，领取材料，准备工具、设备，按照作业流程和工艺要求，在规定时间内完成工程机械总成大修，作业完成后应符合工程机械总成验收标准，工程机械性能达到客户要求。

考核说明：本课程的 3 个参考性学习任务属于平行式学习任务，故设计综合性任务 ZL50G 装载机变矩器 - 变速箱大修为终结性考核任务，该考核任务能够覆盖终结性考核要点。通过该任务的考核，能客观反映课程目标的达成情况。

考核任务案例：ZL50G 装载机变矩器－变速箱大修

【情境描述】

某工程机械再制造企业的工程机械维修工接到上级主管下发的任务，需要对 ZL50G 装载机变矩器－变速箱进行大修，现班组长安排你负责该项工作。请你在 2 h 内依据总成大修操作规程、工艺规范，完成 ZL50G 装载机变矩器－变速箱大修工作，确保 ZL50G 装载机能正常工作。

【任务要求】

根据任务的情境描述，在规定时间内，完成 ZL50G 装载机变矩器－变速箱总成大修工作。

（1）解读任务单，列出 ZL50G 装载机变矩器－变速箱大修的工作内容及要求，列出与班组长的沟通要点。

（2）对 ZL50G 装载机变矩器－变速箱进行技术分析鉴定，制订合理的大修工作计划。

（3）以表格形式列出完成任务所需的工具、材料、设备清单。

（4）按照总成大修操作规程、工艺规范和企业安全生产制度，完成 ZL50G 装载机变矩器－变速箱解体、清洗、检查和修理以及装配与装机。

（5）依据企业质检流程和标准，规范完成 ZL50G 装载机变矩器－变速箱技术性能的自检并记录。

（6）严格遵守《机动车维修服务规范》（JT/T 816—2021）、企业环保管理制度和"6S"管理制度，清理场地，归置物品，处置废弃物。

（7）完成用户服务卡的填写和 ZL50G 装载机变矩器－变速箱的交付验收，并对自己的工作进行总结，提交用户服务卡、总结报告等过程性材料。

【参考资料】

完成上述任务时，可以使用常见的教学资源，如工作页、信息页、任务单、材料领用单、总成大修操作规程、工艺规范、《机动车维修服务规范》（JT/T 816—2021）、企业安全生产制度、环保管理制度、"6S"管理制度等。

（二十）工程机械维修技术指导课程标准

工学一体化课程名称	工程机械维修技术指导	基准学时	150
典型工作任务描述			

工程机械维修技术指导包括工程机械维修现场指导、工程机械维修技术培训。工程机械维修现场指导是指在工程机械维修作业现场，对工程机械维修工进行操作规程、作业流程、疑难技术等指导的工作过程。工程机械维修技术培训是指对工程机械维修工进行故障诊断与排除技术理论知识和操作技能培训的工作过程。工程机械维修技术指导主要包括工程机械维修现场指导、工程机械维修典型案例技术培训、工程机械故障诊断软件技术培训等。

工程机械维修过程中，由于工程机械维修工素质、技术能力等方面的不足，维修效果与效率容易受到影响，因此需要对工程机械维修工进行工作现场指导或专门的技术培训，以提升其作业的规范性和技术水平，最大限度提高客户对维修效果的满意度，实现企业效益的提升。工程机械维修技术指导工作一般发生在工程机械制造企业、工程施工企业、工程机械维修企业和工程机械租赁企业中，主要由技师层级的工程机械维修工完成。

　　工程机械维修工从上级主管处接受工程机械维修技术指导任务，阅读任务单，明确任务要求，与培训对象以及培训对象所在业务部门和人力资源部门的管理人员进行沟通，了解培训需求；与技术部门、客服中心进行沟通，收集图样、故障库、维修案例、软件使用说明书、相关技术标准等技术资料；结合任务要求和培训需求确定培训内容，制订技术指导工作计划；根据培训内容准备培训所需的设备、工具、资料、材料、场地；根据工作计划，组织实施工程机械维修技术指导工作；任务完成后，对培训对象进行考核，并组织培训对象对培训质量进行评价；最后对自己的工作进行总结，分析存在的问题并提出改进措施，撰写技术指导工作总结报告。

　　工程机械维修技术指导过程中，应严格执行企业培训工作规程，遵守企业安全生产制度、环保管理制度和"6S"管理制度。

工作内容分析		
工作对象： 1. 任务单的领取和解读，培训需求的分析； 2. 工程机械维修技术指导相关技术资料的收集、整理； 3. 培训内容的确定，工程机械维修技术指导工作计划的制订； 4. 培训所需设备、工具、资料、材料、场地的准备； 5. 工程机械维修技术指导的组织实施； 6. 培训对象的考核，培训质量的评价； 7. 工程机械维修技术指导工作总结报告的撰写。	**工具、材料、设备与资料：** 1. 工具：通用工具、诊断软件、办公软件、白板、示教板、激光笔等； 2. 材料：工程机械维修零部件、纸、笔、磁贴、标签纸等； 3. 设备：计算机、多媒体教学设备、桌椅、打印机、依据培训内容设置的工作台、工程机械主机、实训设备、教具等； 4. 资料：材料领用单、培训室借用单、工程机械维修相关图样、故障库、维修案例、软件使用说明书、相关技术标准、培训指导手册、理论考试试卷、实操技能考核试卷、培训反馈单、实训设备操作手册、工程机械主机操作手册、安全操作规程等。 **工作方法：** 1. 工作现场沟通法； 2. 资料查阅法； 3. 示范操作法； 4. 讲解法； 5. 小组讨论法； 6. 鱼骨图分析法； 7. 头脑风暴法； 8. 案例分析法；	**工作要求：** 1. 解读任务单，有效获取任务信息，与培训对象以及培训对象所在业务部门和人力资源部门的管理人员进行沟通，了解培训需求； 2. 依据培训目标、培训需求，与技术部门、客服中心进行沟通，收集图样、故障库、维修案例、软件使用说明书、相关技术标准等技术资料并整理成册； 3. 结合任务要求和培训需求确定培训内容，制订工程机械维修技术指导工作计划； 4. 根据培训内容，系统准备培训所需的设备、工具、资料、材料、场地； 5. 按照企业培训工作规程，根据工作计划，有序组织实施工程机械维修技术指导工作； 6. 结合培训内容，合理运用理实结合的考核方式，对培训

	9. 培训考核法； 10. 培训质量评价法； 11. 工作总结法。 **劳动组织方式：** 以独立的方式进行工作。从上级主管处领取工作任务，与其他部门有效沟通、协调，准备培训所需的设备、工具、资料、材料、场地，对工程机械维修工进行维修技术指导，并撰写技术指导工作总结报告。	对象进行考核，并组织培训对象对培训质量进行评价； 7. 结合培训考核及培训质量评价结果，对自己的工作进行总结，分析存在的问题并提出改进措施，撰写技术指导工作总结报告。

课程目标

学习完本课程后，学生应当能够胜任工程机械维修技术指导工作，包括：

1. 能解读和分析工程机械维修技术指导任务单，有效获取培训课题、培训目标、学员信息等任务信息，与模拟培训对象和教师进行沟通，了解培训需求。

2. 能依据培训目标、培训需求，与教师进行沟通，系统收集图样、故障库、维修案例、软件使用说明书、相关技术标准等技术资料，并整理出与工程机械维修技术指导相关的培训资料。

3. 能结合任务要求和培训需求，参考培训资料，遵循知识学习的逻辑性、递进性、理实结合等原则，确定培训内容，制订科学、合理的工程机械维修技术指导工作计划。

4. 能根据培训内容，完成培训课件、培训手册等教学资料的制作，准备培训所需的设备、工具、材料和场地。

5. 能根据工作计划，合理选择小组讨论法、鱼骨图分析法、头脑风暴法、案例分析法、示范操作法等培训方法，灵活运用信息化手段，组织实施工程机械维修技术指导工作。

6. 能结合培训内容，合理运用理论考试和实操技能考核相结合的方式，对模拟培训对象进行考核，并组织模拟培训对象对培训质量进行评价。

7. 能结合培训考核及培训质量评价结果，全面、细致地对工程机械维修技术指导工作进行总结，分析存在的问题并提出改进措施，撰写技术指导工作总结报告。

学习内容

本课程的主要学习内容包括：

一、任务单的领取和解读，培训需求的分析

实践知识：

工程机械维修技术指导任务单的使用。

任务单中培训课题、培训目标、学员信息等任务信息的解读和分析。

理论知识：

工程机械维修现场指导、维修典型案例技术培训、故障诊断软件技术培训的工作内容及工作要求。

二、工程机械维修技术指导相关技术资料的收集、整理

实践知识：

工程机械维修相关图样、故障库、维修案例、软件使用说明书、相关技术标准的使用。

技术资料的收集、查阅、整理、归纳、汇总。

理论知识：

工程机械维修相关图样内的技术参数、工作原理，故障库、维修案例、相关技术标准内的相关维修方法、技巧和标准，软件的使用说明。

三、培训内容的确定，工程机械维修技术指导工作计划的制订

实践知识：

培训指导手册的使用。

培训内容的确定，培训日程的安排，培训课表的制订，培训考核的设计。

理论知识：

工程机械维修技术指导工作计划的格式、内容与撰写要求。

四、培训所需设备、工具、资料、材料、场地的准备

实践知识：

材料领用单、培训室借用单等资料的使用。

设备、工具、资料、材料的检查与确认，培训课件、培训手册的制作，培训场地的布置，培训中存在的安全隐患及处置措施的梳理。

理论知识：

工具、设备的选用原则，设备的精度、量程、型号、使用性能等，材料的型号、类别等，材料管理制度和领用流程。

五、工程机械维修技术指导的组织实施

实践知识：

通用工具、诊断软件、办公软件、白板、示教板、激光笔等工具的使用，工程机械维修零部件、纸、笔、磁贴、标签纸等材料的使用，计算机、多媒体教学设备、桌椅、打印机、依据培训内容设置的工作台、工程机械主机、实训设备、教具等设备的使用，工程机械维修相关图样、故障库、维修案例、软件使用说明书、相关技术标准、实训设备操作手册、工程机械主机操作手册、安全操作规程等资料的使用。

示范操作法、讲解法、小组讨论法、鱼骨图分析法、头脑风暴法、案例分析法的应用。

工程机械维修典型案例、故障诊断软件相关理论知识的讲解、实操技能的示范操作，工程机械主机的操作，培训方法、培训语言艺术的运用。

理论知识：

示范操作法、讲解法、小组讨论法、鱼骨图分析法、头脑风暴法、案例分析法等培训方法的机理和选用依据，培训学员沟通技巧。

六、培训对象的考核，培训质量的评价

实践知识：

理论考试试卷、实操技能考核试卷、工程机械维修相关图样、安全操作规程、培训反馈单等资料的使用。

培训考核法（理论考试、实操技能考核）、培训质量评价法（问卷法、访谈法）的应用。

培训对象的考核，培训质量的评价。

理论知识：

理论考试、实操技能考核等考核方法的选用原则，问卷法、访谈法等培训质量评价法的机理和选用依据。

七、工程机械维修技术指导工作总结报告的撰写

实践知识：

办公软件、计算机、打印机的使用。

工程机械维修技术指导工作总结报告的撰写，培训中存在问题的分析和改进措施的提出。

理论知识：

工程机械维修技术指导工作总结报告的格式、内容与撰写要求等。

八、通用能力、职业素养、思政素养

自主学习、自我管理、信息检索、理解与表达、交往与合作、创新思维、解决问题等通用能力，规范意识、安全意识、质量意识、环保意识、责任意识、成本意识、服务意识、优化意识、效率意识等职业素养，以及劳模精神、劳动精神、工匠精神等思政素养。

参考性学习任务

序号	名称	学习任务描述	参考学时
1	工程机械维修现场指导	某工程机械再制造企业维修车间有若干名工程机械维修工，为了做好生产质量监控，需要对上述人员作业过程的操作规程、作业流程、疑难技术进行现场指导，以保证工作质量，消除安全隐患，要求在3天内完成。 学生从教师处接受工程机械维修现场指导任务，阅读任务单，明确任务要求，了解培训需求；与教师进行沟通，收集图样、相关技术标准等技术资料；结合任务要求和培训需求确定培训内容，制订工程机械维修现场指导工作计划；根据培训内容准备培训所需的设备、工具、资料、材料、场地；根据工作计划，组织实施工程机械维修现场指导工作；任务完成后，对模拟培训对象进行考核，并组织模拟培训对象对培训质量进行评价；最后对自己的工作进行总结，分析存在的问题并提出改进措施，撰写技术指导工作总结报告。 工作过程中，学生应严格执行企业培训工作规程，遵守企业安全生产制度、环保管理制度和"6S"管理制度。	60

2	工程机械维修典型案例技术培训	某工程机械再制造企业维修车间有若干名工程机械维修工，为了进一步提高维修技术能力，需要对上述人员进行工程机械维修典型案例技术培训，分享维修经验，要求在2天内完成。 学生从教师处接受工程机械维修典型案例技术培训任务，阅读任务单，明确任务要求，了解培训需求；与教师进行沟通，收集图样、故障库、维修案例等技术资料；结合任务要求和培训需求确定培训内容，制订工程机械维修典型案例技术培训工作计划；根据培训内容准备培训所需的设备、工具、资料、材料、场地；根据工作计划，组织实施工程机械维修典型案例技术培训工作；任务完成后，对模拟培训对象进行考核，并组织模拟培训对象对培训质量进行评价；最后对自己的工作进行总结，分析存在的问题并提出改进措施，撰写技术指导工作总结报告。 工作过程中，学生应严格执行企业培训工作规程，遵守企业安全生产制度、环保管理制度和"6S"管理制度。	60
3	工程机械故障诊断软件技术培训	随着在线调试、远程诊断和实时监控等技术在工程机械生产制造、使用维护和维修中的运用，工程机械维修工应熟练掌握故障诊断软件的使用。为实现上述目标，需要对工程机械维修工进行工程机械故障诊断软件技术培训，要求在2天内完成。 学生从教师处接受工程机械故障诊断软件技术培训任务，阅读任务单，明确任务要求，了解培训需求；与教师进行沟通，收集软件使用说明书、相关技术标准等技术资料；结合任务要求和培训需求确定培训内容，制订工程机械故障诊断软件技术培训工作计划；根据培训内容准备培训所需的设备、工具、资料、材料、场地；根据工作计划，组织实施工程机械故障诊断软件技术培训工作；任务完成后，对模拟培训对象进行考核，并组织模拟培训对象对培训质量进行评价；最后对自己的工作进行总结，分析存在的问题并提出改进措施，撰写技术指导工作总结报告。 工作过程中，学生应严格执行企业培训工作规程，遵守企业安全生产制度、环保管理制度和"6S"管理制度。	30

教学实施建议

1. 师资要求

任课教师须具有工程机械维修技术指导的企业实践经验，具备工程机械维修技术指导工学一体化课程教学设计与实施、工学一体化课程教学资源选择与应用等能力。

2. 教学组织方式方法建议

采用行动导向的教学方法。为确保教学安全，合理使用实训设施设备，提高教学效果，建议采用分组教学的形式（5~6人/组），同时培养学生的通用能力；在完成工作任务的过程中，教师须加强示范与指导，注重学生职业素养的培养。

有条件的地区，建议通过引企入校或建立校外实训基地为学生提供工程机械维修技术指导的真实工作环境，由企业导师与专业教师协同教学。部分不具备条件的院校，可通过仿真软件模拟、观看视频等方式进行学习。

3. 教学资源配备建议

（1）教学场地

工程机械维修技术指导教学场地须具备良好的安全、照明和通风条件。其中校内教学场地配备实施工程机械维修技术指导工学一体化课程的一体化学习工作站，分为教学区、资讯区、工作区、工具区和展示区，并配备相应的多媒体教学设备等，面积以至少同时容纳30人开展教学活动为宜，可进行资料查阅、教师授课、小组研讨、任务实施、成果展示等功能；企业实训基地应具备工程机械维修技术指导工作任务实践与技术培训等功能。

（2）工具、材料、设备（按组配置）

工具：通用工具、诊断软件、办公软件、白板、示教板、激光笔等。

材料：工程机械维修零部件、纸、笔、磁贴、标签纸等。

设备：计算机、多媒体教学设备、桌椅、打印机、依据培训内容设置的工作台、工程机械主机、实训设备、教具等。

（3）教学资料

以工作页为主，配备信息页、任务单、材料领用单、培训室借用单、工程机械维修相关图样、故障库、维修案例、软件使用说明书、相关技术标准、培训指导手册、理论考试试卷、实操技能考核试卷、培训反馈单、实训设备操作手册、工程机械主机操作手册、安全操作规程、课件、微课等教学资料。

4. 教学管理制度

执行工学一体化教学场所和教学组织的管理规定，如需要进行校外认识实习和岗位实习，应严格遵守校外实训基地、企业实习等管理制度。

教学考核要求

课程考核采用过程性考核与终结性考核相结合的方式。课程考核成绩＝过程性考核成绩×60%+终结性考核成绩×40%。

1. 过程性考核（60%）

由3个参考性学习任务考核构成过程性考核。各参考性学习任务占比如下：工程机械维修现场指导，占比40%；工程机械维修典型案例技术培训，占比30%；工程机械故障诊断软件技术培训，占比为30%。

上述参考性学习任务考核，应以其对应代表性工作任务的职业能力要求为依据，充分考虑任务的关键技能、学习重难点及学生未来的发展需求设计考核内容和评分细则，从专业能力、通用能力、职业素养、思政素养等维度对学生综合职业能力进行考核。

（1）专业能力的考核：主要包括各学习环节产出的学习成果，如任务单的领取和解读，工程机械维修技术指导相关技术资料的收集、整理，培训内容的确定，工程机械维修技术指导工作计划的制订，工程机械维修技术指导的组织实施，培训对象的考核，培训质量的评价，工程机械维修技术指导工作总结报告的撰写等完成任务的关键操作技能和心智技能，输出成果包括但不限于任务单、培训方案、作业流程等多种形式。

（2）通用能力、职业素养和思政素养的考核：在学习任务实施过程中，依据任务的职业能力要求，考核学生的通用能力、职业素养和思政素养的养成。例如：通过解读任务单的高效性和准确性，考核学生的理解与表达能力；通过收集、整理技术资料的系统性，考核学生的信息检索能力；通过制订技术指导工作计划的有效性、合理性和可行性，考核学生的交往与合作能力和优化意识；通过准备培训所需设备、工具、资料、材料、场地的高效性和精准性，考核学生的责任意识和效率意识；通过组织实施工程机械维修技术指导工作的有序性，运用信息化手段的熟练程度，考核学生的交往与合作能力和服务意识；通过总结报告的撰写、存在问题的反思，考核学生的理解与表达能力和服务意识等。

2. 终结性考核（40%）

终结性考核应围绕课程目标，结合课程终结性考核要点，选择企业真实工作任务或设计学习任务进行考核。

考核说明：本课程的3个参考性学习任务属于平行式学习任务，故设计综合性任务技术指导方案编制为终结性考核任务，该考核任务能够覆盖终结性考核要点。通过该任务的考核，能客观反映课程目标的达成情况。

考核任务案例：技术指导方案编制

【情境描述】

某工程机械维修企业为提高工程机械维修工的技能水平和服务能力，安排你编制一份工程机械维修工技术指导方案，请你在2h内完成。

【任务要求】

根据任务的情境描述，在规定时间内，完成技术指导方案编制工作。

（1）解读任务单，列出技术指导方案编制的工作内容及要求。

（2）根据任务要求，查阅、收集和整理技术指导方案编制所需的技术资料。

（3）充分运用图样、故障库、维修案例、相关技术标准等技术资料，结合任务需求梳理技术指导方案的大纲，并简述编制思路。

（4）分析技术资料，编制工程机械维修工技术指导方案。

（5）总结经验，撰写技术指导方案编制工作总结报告。

【参考资料】

完成上述任务时，可以使用常见的教学资源，如工作页、信息页、任务单、技术资料、技术指导方案模板等。

六、实施建议

（一）师资队伍

1. 师资队伍结构。应配备一支与培养规模、培养层级和课程设置相适应的业务精湛、素质优良、专兼结合的工学一体化教师队伍。中、高级技能层级的师生比不低于 1∶20，兼职教师人数不得超过教师总数的三分之一，具有企业实践经验的教师应占教师总数的 20% 以上；预备技师（技师）层级的师生比不低于 1∶18，兼职教师人数不得超过教师总数的三分之一，具有企业实践经验的教师应占教师总数的 25% 以上。

2. 师资资质要求。教师应符合国家规定的学历要求并具备相应的教师资格。承担中、高级技能层级工学一体化课程教学任务的教师应具备高级及以上职业技能等级；承担预备技师（技师）层级工学一体化课程教学任务的教师应具备技师及以上职业技能等级。

3. 师资素质要求。教师思想政治素质和职业素养应符合《中华人民共和国教师法》和教师职业行为准则等要求。

4. 师资能力要求。承担工学一体化课程教学任务的教师应具有独立完成工学一体化课程相应学习任务的工作实践能力。三级工学一体化教师应具备工学一体化课程教学实施、工学一体化课程考核实施、教学场所使用管理等能力；二级工学一体化教师应具备工学一体化学习任务分析与策划、工学一体化学习任务考核设计、工学一体化学习任务教学资源开发、工学一体化示范课设计与实施等能力；一级工学一体化教师应具备工学一体化课程标准转化与设计、工学一体化课程考核方案设计、工学一体化教师教学工作指导等能力。一级、二级、三级工学一体化教师比以 1∶3∶6 为宜。

（二）场地设备

教学场地应满足培养要求中规定的典型工作任务实施和相应工学一体化课程教学的环境及设备设施要求，同时应保证教学场地具备良好的安全、照明和通风条件。其中校内教学场地和设备设施应能支持资料查阅、教师授课、小组研讨、任务实施、成果展示等活动的开展；企业实训基地应具备工作任务实践与技术培训等功能。

其中，校内教学场地和设备设施应按照不同层级技能人才培养要求中规定的典型工作任务实施要求和工学一体化课程教学需要进行配置。具体包括如下要求：

1. 实施工程机械零件手工加工工学一体化课程的工程机械零件加工一体化学习工作站，应配备台式钻床、砂轮机等设备，工程机械零件加工专用工具、游标卡尺、千分尺、游标万能角度尺、刀口形直角尺、游标高度卡尺、百分表、塞规、锉刀、锯弓、锯条、麻花钻、铰刀、丝锥、板牙、台虎钳、平口钳、压板、垫铁、圆柱销、清洗液、润滑油、金属原料、坯料等工具、材料，以及计算机、投影仪等多媒体教学设备。

2. 实施工程机械底盘部件装配工学一体化课程的工程机械底盘部件装配一体化学习工作站，应配备蜗轮蜗杆减速器、回转减速器、分动箱、转向桥、驱动桥、变矩器-变速箱、压力机、部件工装、KPK 起重机、行车等设备，扭力扳手、呆扳手、梅花扳手、棘轮扳手、风动扳手、套筒扳手、手锤、铜棒、游标卡尺、千分尺、塞尺、平尺、百分表、内径百分表、密封胶、清洗液、制动液、润滑脂、机油、齿轮油等工具、材料，以及计算机、投影仪等多媒体教学设备。

3. 实施工程机械发动机装配工学一体化课程的工程机械发动机装配一体化学习工作站、室外调试场，应配备工程机械发动机实训设备、发动机工装、行车、活塞加热设备、XE60 挖掘机、16J 压路机、ZL50G 装载机等设备，套筒扳手、梅花扳手、呆扳手、活扳手、扭力扳手、内六角扳手、十字旋具、一字旋具、活塞环卡箍、铜棒、橡胶锤、钢丝钳、卡簧钳、刮刀、气门拆装工具、百分表、内径百分表、游标卡尺、塞尺、刀口尺、毛刷、清洗液、机油、润滑脂、棉布等工具、材料，以及计算机、投影仪等多媒体教学设备。

4. 实施工程机械液压系统安装与调试、工程机械液压简单故障检修、工程机械液压故障诊断与排除、工程机械液压疑难故障诊断与排除工学一体化课程的工程机械液压系统装调与维修一体化学习工作站、室外调试场，应配备工程机械液压实训设备、ZL50G 装载机、XE60 挖掘机、行车、翻转机、液压油加注机、过滤机、QY25K 汽车起重机、XE210 挖掘机等设备，呆扳手、套筒扳手、梅花扳手、活扳手、扭力扳手、风动扳手、内六角扳手、十字旋具、一字旋具、铜棒、记号笔、卷尺、压力表、尖嘴钳、密封件拆卸工具、轴承拆卸工具、轴用弹簧卡圈、孔用弹簧卡圈、吊环、零件摆放架、流量计、塞尺、液压专用检测仪器、液压元件、液压管路、管路接头、管卡、螺栓、尼龙扎带、液压油、清洗液、密封件、密封圈、生料带、纱布等工具、材料，以及计算机、投影仪等多媒体教学设备。

5. 实施工程机械电气系统安装与调试、工程机械电气简单故障检修、工程机械电气故障诊断与排除、工程机械电气疑难故障诊断与排除工学一体化课程的工程机械电气系统装调与维修一体化学习工作站、室外调试场，应配备工程机械电气实训设备、ZL50G 装载机、XE210 挖掘机、QY25K 汽车起重机、行车、翻转机、XE60 挖掘机、XS203 压路机、XE210E 新能源挖掘机等设备，呆扳手、活扳手、棘轮扳手、内六角扳手、风动扳手、退针器、斜口钳、剥线钳、压线钳、一字旋具、十字旋具、电工刀、卷尺、万用表、试灯、CAN 总线分析仪、放电工具、绝缘工具套装、导线、冷压端子、并线端子、插接器、号码管、热缩管、绝缘胶带、波纹管、尼龙扎带、电气元件、清洗液等工具、材料，以及计算机、投影仪等多媒体教学设备。

6. 实施工程机械发动机简单故障检修、工程机械发动机故障诊断与排除、工程机械发动机疑难故障诊断与排除工学一体化课程的工程机械发动机系统维修一体化学习工作站、室外调试场，应配备工程机械发动机实训设备、ZL50G 装载机、行车、活塞加热设备、XE60 挖掘机、XS203 压路机等设备，套筒扳手、梅花扳手、呆扳手、活扳手、扭力扳手、内六角扳手、十字旋具、一字旋具、活塞环卡箍、铜棒、橡胶锤、钢丝钳、卡簧钳、刮刀、气门拆装工具、百分表、内径百分表、游标卡尺、塞尺、刀口尺、毛刷、退针器、斜口钳、万用表、发动机故障诊断仪、尾气检测仪、导线、冷压端子、并线端子、插接器、号码管、热缩管、绝缘胶带、波纹管、尼龙扎带、清洗液、机油、润滑脂、棉布等工具、材料，以及计算机、投影仪等多媒体教学设备。

7. 实施工程机械液电系统安装与调试工学一体化课程的工程机械液电系统装调一体化学习工作站，应配备工程机械液电实训设备、ZL50G装载机、XS203压路机、GR165平地机、XE230挖掘机、QY25K汽车起重机、行车、翻转机、液压油加注机、过滤机等设备，呆扳手、套筒扳手、梅花扳手、活扳手、扭力扳手、风动扳手、内六角扳手、十字旋具、一字旋具、铜棒、记号笔、卷尺、剥线钳、斜口钳、压线钳、压力表、万用表、液压元件、液压管路、管路接头、管卡、螺栓、电气元件、导线、冷压端子、号码管、波纹管、电工胶带、热缩管、尼龙扎带、液压油、清洗液等工具、材料，以及计算机、投影仪等多媒体教学设备。

8. 实施工程机械操作与维护工学一体化课程的工程机械操作与维护一体化学习工作站、室外调试场，应配备ZL50G装载机、XE210挖掘机、XS203压路机、GR165平地机、QY25K汽车起重机、XM503铣刨机、RP403摊铺机、CPC30叉车、XGT63D塔式起重机、空气压缩机等设备，套筒扳手、梅花扳手、呆扳手、活扳手、扭力扳手、滤清器扳手、盘车工具、千分尺、游标卡尺、螺纹量规、润滑油、润滑脂、棉布、燃油、柴油滤清器滤芯、机油滤清器滤芯、空气滤清器滤芯、液压系统滤芯等工具、材料，以及计算机、投影仪等多媒体教学设备。

9. 实施轮式工程机械底盘故障诊断与排除、履带式工程机械底盘故障诊断与排除工学一体化课程的工程机械底盘维修一体化学习工作站、室外调试场，应配备ZL50G装载机、GR165平地机、举升设备、轮胎拆装机、XE80挖掘机、XE60挖掘机、XE210挖掘机、吊装设备等设备，套筒扳手、梅花扳手、轴承拉具、百分表、游标卡尺、轮胎气压表、履带销压装工具、千分尺、钢直尺、压力表、油料、清洗液等工具、材料，以及计算机、投影仪等多媒体教学设备。

10. 实施工程机械总成大修工学一体化课程的工程机械总成大修一体化学习工作站、室外调试场，应配备XE210挖掘机主泵、XE210挖掘机主阀、ZL50G装载机变速器、压力机、部件工装、KPK起重机、行车等设备，扭力扳手、呆扳手、梅花扳手、棘轮扳手、风动扳手、套筒扳手、手锤、铜棒、游标卡尺、千分尺、塞尺、平尺、百分表、内径百分表、密封胶、清洗液、制动液、润滑脂、润滑油、齿轮油等工具、材料，以及计算机、投影仪等多媒体教学设备。

11. 实施工程机械维修技术指导工学一体化课程的工程机械维修技术指导一体化学习工作站、室外调试场，应配备打印机、依据培训内容设置的工作台、工程机械主机、实训设备、教具等设备，通用工具、诊断软件、办公软件、白板、示教板、激光笔、工程机械维修零部件、纸、笔、磁贴、标签纸等工具、材料，以及计算机、投影仪等多媒体教学设备。

上述学习工作站建议每个工位以5~6人学习与工作的标准进行配置。

（三）教学资源

教学资源应按照培养要求中规定的典型工作任务实施要求和工学一体化课程教学需要进行配置。具体包括：工作页、信息页、教学课件、操作规程、典型案例、技术规范、技术标准和数字化资源等。

（四）教学管理制度

本专业应根据培养模式提出的培养机制实施要求和不同层级运行机制需要，建立有效的教学管理制度，包括学生学籍管理、专业与课程管理、师资队伍管理、教学运行管理、教学安全管理、岗位实习管理、学生成绩管理等文件。其中，中级技能层级的教学运行管理宜采用"学校为主、企业为辅"校企合作运行机制；高级技能层级的教学运行管理宜采用"校企双元、人才共育"校企合作运行机制；预备技师（技师）层级的教学运行管理宜采用"企业为主、学校为辅"校企合作运行机制。

七、考核与评价

（一）综合职业能力评价

本专业可根据不同层级技能人才培养目标及要求，科学设计综合职业能力评价方案并对学生开展综合职业能力评价。评价时应遵循技能评价的情境原则，让学生完成源于真实工作的案例性任务，通过对其工作行为、工作过程和工作成果的观察分析，评价学生的工作能力和工作态度。

评价题目应来源于本职业（岗位或岗位群）的典型工作任务，是通过对从业人员实际工作内容、过程、方法和结果的提炼概括形成的具有普遍性、稳定性和持续性的工作项目。题目可包括仿真模拟、客观题、真实性测试等多种类型，并可借鉴职业能力测评项目及世界技能大赛项目的设计和评估方式。

（二）职业技能评价

本专业的职业技能评价应按照现行职业资格评价或职业技能等级认定的相关规定执行。中级技能层级宜取得工程机械维修工四级/中级工职业技能等级证书；高级技能层级宜取得工程机械维修工三级/高级工职业技能等级证书；预备技师（技师）层级宜取得工程机械维修工二级/技师职业技能等级证书。

（三）毕业生就业质量分析

本专业应对毕业后就业一段时间（毕业半年、毕业一年等）的毕业生开展就业质量调查，宜从毕业生规模、性别、培养层级、持证比例等多维度分析毕业生的总体就业率、专业对口就业率、稳定就业率、就业行业岗位分布、就业地区分布、薪酬待遇水平以及用人单位满意度等。通过开展毕业生就业质量分析，持续提升本专业建设水平。